二氧化碳封存利用

CO₂ Storage and Utilization

宋永臣 张 毅 刘 瑜 著

科 学 出 版 社

北 京

内 容 简 介

本书聚焦 CO_2 封存利用关键科学问题,系统总结了作者团队近年来在 CO_2 高效安全封存利用领域取得的理论与技术研究成果。全书共 10 章,围绕封存储层特性、流体物性、多相多组分传质与渗流规律、封存利用技术四个方面,主要阐释了储层孔渗及润湿特性分析新方法,封存过程储层与原生流体、CO_2 之间的相互作用,地质封存利用流体物性与传质理论,CO_2 强化采油采气及盐水层封存等封存利用方式所涉及的关键理论和技术,并结合封存案例进行了模拟研究,旨在为我国 CO_2 安全高效封存利用提供系统、实用、扎实的理论和技术基础。

本书主要面向 CO_2 封存利用领域专业人士及 CO_2 减排从业人员,也可以作为地质封存利用相关专业本科生、研究生和科技人员的参考书。

图书在版编目(CIP)数据

二氧化碳封存利用=CO$_2$ Storage and Utilization / 宋永臣,张毅,刘瑜著.
—北京:科学出版社,2023.3

ISBN 978-7-03-074160-8

Ⅰ.①二… Ⅱ.①宋… ②张… ③刘… Ⅲ.①二氧化碳–废物综合利用 Ⅳ.①X701.7

中国版本图书馆 CIP 数据核字(2022)第 234536 号

责任编辑:吴凡洁 乔丽维 / 责任校对:王萌萌
责任印制:师艳茹 / 封面设计:赫 健

科学出版社 出版
北京东黄城根北街 16 号
邮政编码:100717
http://www.sciencep.com

北京画中画印刷有限公司 印刷
科学出版社发行 各地新华书店经销

*

2023 年 3 月第 一 版 开本:787×1092 1/16
2024 年 1 月第二次印刷 印张:17 1/4
字数:407 000

定价:258.00 元
(如有印装质量问题,我社负责调换)

序

CO_2 大量排放导致全球气候变化，温室效应正在严重威胁人类的生存发展。世界上已有 136 个国家先后制定了碳中和计划，主要发达国家规划 2050 年实现碳中和，碳达峰与碳中和是全球共同目标。目前，我国 CO_2 排放量居世界第一位，CO_2 减排已成为我国可持续发展的重大挑战，2020 年我国郑重提出"双碳"目标，体现了大国担当。我国能源结构短期内难以改变，化石能源仍是保障能源安全的"压舱石"，而碳中和面临排放基数大、过渡时期短等严峻挑战，在 2060 年前实现碳中和，时间紧迫、任务艰巨。习近平总书记指出，立足富煤贫油少气的基本国情，在降碳的同时确保能源安全；在考察胜利油田 CO_2 封存利用项目时强调，加快清洁高效开发利用，提升能源供给质量、利用效率和减碳水平。CO_2 封存利用是我国重大战略决策，是实现碳中和目标的关键技术支撑。

国际上，欧美发达国家较早开展了 CO_2 封存利用技术研究，近年来我国在 CO_2 封存利用研究领域也取得了一系列进展。但大规模实施 CO_2 封存利用，仍面临储层勘探选址困难、封存潜力不明和长期安全性不确定等难题，亟须完善相关基础理论、提出新方法、开发新技术，以实现 CO_2 高效、安全封存利用。

该书聚焦 CO_2 封存利用关键科学技术问题，围绕封存储层与流体特性、多相多组分传质规律、提高油气采收率与咸水层封存效率等方面，系统总结了作者团队在 CO_2 封存利用领域取得的理论与技术研究成果。书中先后介绍了储层孔渗及润湿特性分析新方法，揭示了封存储层内原生流体、CO_2 之间的相互作用机制，发展了 CO_2 封存利用过程多相传质理论，研发了 CO_2-咸水层封存与提高油气采收率技术，旨在为 CO_2 安全高效封存利用提供理论与技术支撑。

该书作者宋永臣教授长期从事 CO_2 封存利用研究工作，在日本工作期间参与了多项 CO_2 减排重大项目研究工作。回国后组建了大连理工大学 CO_2 封存利用研究团队，聚焦碳达峰碳中和国家重大战略需求，在 973 计划、863 计划、国家重点研发计划、国家自然科学基金重点项目等支持下，针对 CO_2 封存利用过程中涉及的碳迁移机制、封存利用效率、安全性等难题，开展跨尺度系统研究，取得了系列突破与原创性研究成果，获教育部自然科学一等奖 2 项，并成功应用于我国 CO_2 驱油封存示范工程，有力推动了我国"双碳"战略的实施。

该书是作者及其团队近 20 年在 CO_2 封存利用方面研究工作的总结，将有力促进工程热物理、化学工程、渗流力学等相关学科的交叉与融合发展，推进 CO_2 封存利用多相传质研究，为我国实现"双碳"目标提供重要的理论与技术支撑。

姜培学

中国科学院院士

2023 年 2 月

前　　言

随着全球经济的快速发展和化石能源的大量消耗，CO_2 排放量逐年增加，导致全球变暖并引发一系列生态环境问题。气候变化已成为全人类面临的共同挑战，*Science* 将其列为 21 世纪 125 个前沿科学问题之一。我国 CO_2 排放量世界第一，实现碳达峰碳中和目标，是我国重大战略决策。CO_2 封存利用是实现"双碳"目标最有效的途径之一，也是化石能源低碳利用的托底技术。CO_2 封存利用研究已引起国内外广泛关注，并取得一系列研究进展，但因封存储层结构复杂、异质性强、存在多重物理化学作用等，导致储层选址困难、CO_2 封存效率低、安全性难以预测等问题。本书汇集作者团队多年的理论与技术研究成果，旨在与广大科研工作者及工程技术人员共同探讨，以促进 CO_2 封存利用理论与技术发展，推动我国碳达峰碳中和技术进步。

本书围绕安全高效碳封存利用关键科学与技术问题，系统概括了 CO_2 封存储层特性、混合流体基础物性及多相多组分传质特性、资源化利用与封存等方面的理论与技术创新性成果。储层特性的表征是封存利用的前提条件，直接影响 CO_2 封存利用的潜力以及安全性；CO_2-地层流体物性及多相传质特性影响 CO_2 空间展布及稳定性，是 CO_2 安全高效封存利用的基础；提高油气采收率与深部咸水层封存利用，为实现"双碳"目标提供了技术保障。本书涵盖了团队在 CO_2 封存利用领域的主要研究内容，期望能为 CO_2 减排从业人员提供参考。

全书共分为 10 章，第 1 章为绪论，概括介绍本书内容，第 2 章介绍了封存利用储层孔渗特性，第 3 章详细阐述了储层润湿性与流体界面张力，第 4 章重点介绍了储层内流固微观相互作用，上述章节内容是 CO_2 封存利用的基础；第 5 章主要介绍了 CO_2 混合流体密度特性，第 6 章主要阐述 CO_2-咸水多相传质特性，上述章节为储层内 CO_2 运移路径评价提供理论基础；第 7~10 章介绍了四类 CO_2 封存利用方法，包括 CO_2 提高石油、天然气、页岩气采收率技术，咸水层封存技术等。

大连理工大学海洋能源利用与节能教育部重点实验室、低碳能源与碳封存技术教育部工程研究中心为本书工作提供了重要的科研平台。此外，本书工作得到了国家自然科学基金重点项目"致密多孔介质内超临界 CO_2、水及原油输运特性的基础研究"（50736001）、国家重点研发计划"CO_2 地质封存和利用中热力学性质与碳迁移演变规律"（2016YFB0600804）、973 项目"注 CO_2 提高原油采收率的多相多组分相态理论"（2006CB705804）、"多孔介质中 CO_2 地层油体系相态理论与数值模拟"（2011CB707304）、863 项目"CO_2 的封存技术"（2008AA062303）、"CO_2 驱油的油藏工程设计技术研究"（2009AA063402）等项目的大力支持。本书是团队成员共同努力的成果，特此向对本书做出贡献的团队成员表示感谢。

由于能力有限，书中难免出现疏漏、不当之处，希望各位读者不吝赐教。

作　者

2022 年 12 月于大连

目　　录

序

前言

第1章　绪论··1

1.1　碳达峰碳中和战略目标···1

1.2　CO_2封存利用的重要意义···1

1.3　CO_2封存储层特性···2

1.3.1　储层孔渗特性···2

1.3.2　储层润湿特性与界面张力···3

1.3.3　储层内流固微观相互作用···3

1.4　CO_2混合流体基础物性···3

1.4.1　CO_2混合流体密度···4

1.4.2　CO_2流体传质特性···4

1.5　CO_2封存利用技术···4

1.5.1　CO_2提高石油采收率···5

1.5.2　CO_2提高天然气采收率···5

1.5.3　CO_2提高页岩气采收率···5

1.5.4　CO_2咸水层封存···6

1.6　CO_2封存利用发展前沿···6

参考文献··7

第2章　封存利用储层孔渗特性···9

2.1　储层孔渗特性测量方法···9

2.1.1　常规方法···9

2.1.2　MRI方法···10

2.1.3　CT方法···11

2.2　储层孔隙度和渗透率···12

2.2.1　孔隙度分析···12

2.2.2　渗透率模型···19

2.3　孔渗特性分形表征···20

2.3.1　分形维数算法···21

2.3.2　盒维数改进算法···23

2.3.3　岩心孔渗分形分析···26

参考文献··33

第3章　储层润湿性与流体界面张力···35

3.1　润湿性与界面张力分析···35

3.1.1　接触角测量方法···35

　　　　3.1.2　界面张力测量方法 ································· 36
　　　　3.1.3　实验系统介绍 ··································· 40
　　3.2　储层润湿性及影响因素 ······························ 41
　　　　3.2.1　润湿性分析 ···································· 42
　　　　3.2.2　润湿性影响因素 ································· 42
　　3.3　界面张力及影响因素 ······························· 44
　　　　3.3.1　界面张力分析 ·································· 44
　　　　3.3.2　界面张力影响因素 ······························ 46
　　　　3.3.3　界面张力模型 ·································· 51
　　参考文献 ··· 55

第4章　储层内流固微观相互作用 ·························· 57
　　4.1　CO_2-地层流体-固体作用分析方法 ···················· 57
　　　　4.1.1　界面特性分子动力学模拟方法 ······················ 57
　　　　4.1.2　界面微观参数 ·································· 58
　　4.2　储层条件影响机制 ······························· 60
　　　　4.2.1　储层固体表面结构的影响 ························· 60
　　　　4.2.2　压力与温度的影响 ······························ 63
　　　　4.2.3　盐度与组分的影响 ······························ 66
　　4.3　混合气体影响分析 ······························· 70
　　　　4.3.1　模型参数 ····································· 71
　　　　4.3.2　混合气体条件下的界面特性 ······················· 72
　　　　4.3.3　毛细管压力与 CO_2 毛细封存能力 ·················· 74
　　参考文献 ··· 75

第5章　CO_2 混合流体密度特性 ························· 79
　　5.1　流体密度测量方法 ······························· 79
　　　　5.1.1　常规方法 ····································· 79
　　　　5.1.2　磁悬浮天平法 ·································· 79
　　5.2　CO_2-咸水溶液密度 ····························· 80
　　　　5.2.1　CO_2-H_2O-NaCl 溶液密度测量 ················ 81
　　　　5.2.2　CO_2-咸水溶液密度测量 ······················· 85
　　　　5.2.3　CO_2-咸水溶液密度模型 ······················· 87
　　5.3　CO_2-混合烷烃溶液密度 ························· 91
　　　　5.3.1　CO_2-烷烃二元体系 ·························· 91
　　　　5.3.2　CO_2-混合烷烃三元体系 ······················ 95
　　　　5.3.3　CO_2-烷烃多元体系密度模型 ···················· 99
　　参考文献 ··· 107

第6章　CO_2-咸水多相传质特性 ························ 110
　　6.1　CO_2-咸水扩散特性 ···························· 110
　　　　6.1.1　扩散系数测量原理 ······························ 110
　　　　6.1.2　典型工况扩散系数 ······························ 113
　　　　6.1.3　扩散系数影响因素 ······························ 116

6.2 CO_2-咸水溶解特性 ·······118
6.2.1 测量原理与方法 ·······118
6.2.2 气液溶解界面特性 ·······119
6.2.3 非平衡传质特性 ·······123

6.3 CO_2-咸水对流混合特性 ·······126
6.3.1 大体积流体对流混合特性 ·······126
6.3.2 储层内对流混合特性 ·······129
6.3.3 对流混合传质特性 ·······132

参考文献 ·······136

第7章 CO_2提高石油采收率 ·······138

7.1 CO_2-油最小混相压力 ·······138
7.1.1 传统测量方法 ·······138
7.1.2 MRI测量方法 ·······142
7.1.3 CO_2与单组分烷烃的最小混相压力 ·······144
7.1.4 CO_2与其他组分油的最小混相压力 ·······150

7.2 CO_2驱油MRI物理模拟 ·······156
7.2.1 CO_2非混相驱 ·······156
7.2.2 CO_2混相驱 ·······159

7.3 CO_2驱油弥散特性 ·······169
7.3.1 弥散系数分析方法 ·······169
7.3.2 弥散系数影响因素 ·······173

参考文献 ·······177

第8章 CO_2提高天然气采收率 ·······180

8.1 CO_2-CH_4原位驱替特性 ·······180
8.1.1 孔隙结构与孔隙度分布 ·······180
8.1.2 CO_2-CH_4驱替可视化 ·······183
8.1.3 CO_2-CH_4原位弥散特性 ·······187

8.2 CO_2-CH_4表观弥散特性 ·······190
8.2.1 重力效应的影响 ·······191
8.2.2 温度、压力的影响 ·······195
8.2.3 多孔介质粒径的影响 ·······197
8.2.4 杂质气体的影响 ·······198

8.3 CO_2驱替CH_4模拟 ·······200
8.3.1 气藏储层模型 ·······200
8.3.2 均质气藏驱替 ·······203
8.3.3 非均质气藏驱替 ·······207

参考文献 ·······209

第9章 CO_2提高页岩气采收率 ·······211

9.1 气体吸附特性模拟方法 ·······211
9.1.1 吸附特性模型 ·······211
9.1.2 吸附特性关键参数 ·······212

9.2 页岩孔内气体吸附特性 ···213
  9.2.1 纯气体吸附特性 ···213
  9.2.2 混合气体吸附特性 ···219
  9.2.3 吸附选择性 ···228
9.3 气体吸附模型 ···229
  9.3.1 微观特征参数 ···229
  9.3.2 吸附预测模型 ···232
  9.3.3 典型孔隙内吸附特性 ···235
  参考文献 ···239

第 10 章 CO_2 咸水层封存 ···243
10.1 封存储层物性及渗流参数 ···243
  10.1.1 渗流可视化分析 ···244
  10.1.2 典型储层物性参数 ···244
10.2 CO_2-咸水多相渗流特性 ···250
  10.2.1 储层特征的影响 ···250
  10.2.2 注入压力与注入流速的影响 ···254
  10.2.3 注入方向的影响 ···255
10.3 CO_2 咸水层封存模拟实例 ···258
  10.3.1 控制方程 ···260
  10.3.2 实例分析 ···261
  参考文献 ···264

第 1 章 | 绪 论

温室效应导致的全球极端气候和自然灾害严重威胁着人类的生存与发展，减少 CO_2 的大量排放、遏制气候变暖已成为世界各国的共同目标，被 *Science* 列为世界亟待解决的 125 个前沿科学问题之一。我国 CO_2 排放量世界第一，我国的减排行动对全球温室气体排放影响至关重要，为此我国已将实现"双碳"目标作为重大战略决策。CO_2 封存利用技术是化石能源低碳利用的托底技术，更是实现"双碳"目标的重要途径，推广应用具有极其重要的意义。

1.1 碳达峰碳中和战略目标

随着全球经济的快速发展和化石能源的大量消耗，CO_2 排放量逐年增加，导致全球变暖并引发一系列生态环境问题，如气候异常、海平面上升和土地沙漠化等，气候变化已成为人类面临的共同挑战，引起了世界各国的关注[1,2]。2015 年，全球主要国家和地区在巴黎气候变化大会上通过了《巴黎协定》，长期目标是将全球平均气温较前工业化时期上升幅度控制在 2℃ 以内，并努力将气温上升幅度限制在 1.5℃ 以内[3,4]。

2020 年 9 月 22 日，习近平主席代表我国在第七十五届联合国大会上宣布："中国将提高国家自主贡献力度，采取更加有力的政策和措施，二氧化碳排放力争于 2030 年前达到峰值，努力争取 2060 年前实现碳中和。"这是我国履行《巴黎协定》的具体举措，体现了我国推动绿色低碳发展、积极应对全球气候变化的决心和努力[5]。

碳达峰是指 CO_2 等温室气体的排放达到最高峰值不再增长；碳中和则是一段时间内，特定组织或整个社会活动产生的 CO_2 通过植树造林、海洋吸收、地质封存等自然、人为手段被吸收和抵消掉，实现人类活动二氧化碳相对"零排放"。2030 年前实现碳达峰、2060 年前实现碳中和，是党中央经过深思熟虑做出的重大战略部署，也是有世界意义的应对气候变化的庄严承诺，事关中华民族永续发展和人类命运共同体的构建。碳中和是一个"三端共同发力"的体系，即"能源供应端"尽可能用非碳能源替代化石能源发电、制氢，构建"新型电力系统或能源供应系统"；"能源消费端"力争在居民生活、交通、工业、农业、建筑等绝大多数领域中，实现电力、氢能、地热、太阳能等非碳能源对化石能源消费的替代；"人为固碳端"通过生态建设、土壤固碳、碳捕集封存等组合工程去除不得不排放的二氧化碳[6]，形成合力实现碳中和目标。

1.2 CO_2 封存利用的重要意义

2021 年我国化石能源占总能源供给的 83.4%，燃烧排放 CO_2 占人类活动排放总量的

80%以上。虽然近年来新能源、零碳能源占比有所提高，但能源绿色转型是一个长期过程，目前化石能源仍是保障我国能源安全的"压舱石"，短期内很难摆脱对化石能源的依赖。作为能够实现化石能源大规模减排和低碳利用的技术，CO_2 捕集、利用与封存技术（carbon dioxide capture utilization and storage, CCUS）不但是我国实现碳中和目标、保障能源安全的战略选择，而且是构建生态文明和实现可持续发展的重要手段[7,8]。CCUS 技术是将 CO_2 从大型排放源（发电站、水泥厂和钢铁厂等）通过物理或者化学方式进行捕获，然后利用管道、船舶等方式运输到封存利用地点，并储存到适合的地质结构中，以达到减少 CO_2 排放的目的。CO_2 封存利用是 CCUS 技术的主要环节，其中常见的封存地点包括：①废弃的油气田；②CO_2 开采煤层气、页岩气；③CO_2 置换天然气、原油；④陆地或海底咸水层封存等[9-11]。

CO_2 地质封存潜力巨大，适合封存的地层结构较多且分布广泛。在实现碳中和目标情景下，依照现在的技术发展预测，到 2050 年和 2060 年，需要通过地质封存利用技术实现的减排量分别为 6 亿～14 亿 t CO_2 和 10 亿～18 亿 t CO_2。从我国源汇匹配的情况看，CCUS 技术可提供的减排潜力可以满足实现碳中和目标的需求（6 亿～21 亿 t CO_2）[12]。同时 CO_2 利用技术可创造可观的额外经济效益，通过驱替原油、天然气等既可减少 CO_2 排放，又可提高石油、天然气采收率，同步实现油气开采与 CO_2 封存。研究表明，利用 CO_2 进行二次驱替或者三次驱替，最终原油采收率可达 61%[13]，利用天然气藏封存 CO_2 可以使天然气产量提高 5%～15%[14]。目前世界范围内 CO_2 地质封存示范项目大多数也是采用 CO_2 驱替原油，从而将 CO_2 存储在油田的方式。发展地质封存利用技术不但是我国减少 CO_2 排放、保障能源安全的战略选择，而且是构建生态文明和实现可持续发展的重要手段。

1.3 CO_2 封存储层特性

储层特性直接影响 CO_2 封存利用的效果及安全性，实施封存利用需要对储层条件进行分析，从而优选最佳封存场所。在封存利用中，高孔渗储层与结构完好、不渗透盖层形成的储盖组合能够容纳更多的 CO_2，并且可以阻止 CO_2 持续上移。大量注入储层的 CO_2 汇聚在盖层下方，称为构造封存。在 CO_2 运移过程中，受局部毛细管力的作用，部分 CO_2 会被束缚在储层孔隙内，称为毛细管封存。孔隙度、渗透率和润湿性等储层特性显著影响构造封存与毛细管封存，因此探明储层特性是 CO_2 封存利用的必要条件。

1.3.1 储层孔渗特性

储层孔隙结构是指岩石所具有的孔隙和喉道的几何形状、大小、分布及其相互连通关系，具有不连续、非均质和复杂多变的特征。孔隙度是表征储层孔隙特性的重要参数，直接影响封存过程中 CO_2 的封存效率和封存量。储层岩石的渗透性是重要的储层特征参数，表征岩石在一定的压差条件下允许流体（油、气、水）通过的能力，直接影响封存利用过程中 CO_2 流动特性与储层安全。

本书介绍了储层的孔隙度和渗透率特性，以及利用核磁共振成像（magnetic resonance

image, MRI)技术和 X 射线电子计算机断层扫描(computed tomography, CT)技术测量孔隙度和渗透率的新方法;详细阐述了基于 MRI 图像信号强度的平均亮度和阈值分割两种孔隙度计算方法,并在 Kozeny-Carman 渗透率模型的基础上,将 MRI 测量得到的孔隙度和比表面积加入模型中进行修正,获得改进的渗透率模型;阐释了储层岩石孔渗特性的分形维数表征方法,提出了基于 MRI 图像的改进计盒分形维数计算方法,建立岩心孔隙度、渗透率与分形维数的关系式。

1.3.2 储层润湿特性与界面张力

储层润湿特性是封存利用过程中反映岩石和流体间相互作用的重要参数,决定了 CO_2 在储层内克服毛细管力进入孔隙的能力,对能否高效驱替油或咸水具有重要影响。储层中流体的界面张力直接影响其在岩石孔隙中毛细管力的大小和方向,从而影响流体的渗流特性。因此,储层润湿特性和流体界面张力研究对提高油气采收率及 CO_2 地质封存至关重要。

本书介绍了高压、可控温条件下岩石表面接触角和气-液界面张力测量试验系统,通过悬滴法测量在 CO_2 气体氛围下咸水与岩心的接触角及 CO_2-咸水间的界面张力。接触角测量结果表明,岩心润湿性的改变不仅与温度、压力有关,还与岩心物性参数、绝对渗透率和黏土成分相关,阐释了岩心表面在亚临界到超临界 CO_2 相变区域润湿性改变的原因。获得了封存条件下 CO_2 咸水溶液的界面张力,以及随温度、压力和咸水离子种类、浓度的变化关系,并建立了 CO_2-咸水界面张力的预测模型。

1.3.3 储层内流固微观相互作用

封存过程中,除温度、压力外,封存气体组分、地层流体组分、储层固体结构等因素也制约着储层内 CO_2 的动态迁移过程。在多重因素作用下,封存储层内润湿性与流体界面张力等演变规律复杂,储层内 CO_2-地层流体-固体相互作用机理有待深入探讨。掌握封存储层内气-液-固三相微观相互作用机制,探究润湿性和界面张力关键影响因素及其微观机理,是实现润湿性与界面张力调控、控制储层内 CO_2 动态迁移过程的基础。

本书介绍了封存储层内 CO_2-地层流体-固体微观相互作用,利用分子模拟方法构建不同封存条件下的界面张力模型及不同固体表面官能团结构下的润湿性模型,分析温度、压力、气体组成、储层固体表面结构等对界面张力及润湿性的影响规律,阐明了 CO_2-咸水-固体体系固-液氢键、固-气吸附等微观作用变化特性,揭示了 CO_2-地层流体-固体微观相互作用对界面张力及润湿性的影响机制。

1.4 CO_2 混合流体基础物性

CO_2 注入到封存储层后,部分 CO_2 会逐渐溶解于地层流体中,并以溶解态的方式通过扩散或者对流在储层中进行运移,CO_2 混合流体的密度、相态等基础物性对扩散、对流和运移有着重要影响。封存储层结构各异、气液传质复杂导致 CO_2-地层水相间传质效率低、相间界面不稳定,从而影响 CO_2 空间展布及安全性,因此探明混合流体密度变化、气液相间传质规律，揭示传质控制机理，是 CO_2 安全高效封存的重要保障。

1.4.1 CO_2 混合流体密度

沉积盆地深部咸水层、油藏封存潜力巨大，将 CO_2 注入其中可以实现深度减排。掌握地下 CO_2-咸水密度的变化规律，是 CO_2 运移特性和封存安全性研究的基础。同样，在 CO_2 驱油过程中，原油溶解 CO_2 后密度发生变化，CO_2-油溶液密度对封存利用效果同样十分重要[15]。因此，CO_2 混合流体密度特性是开展封存利用数值模拟和工程应用的重要参数。

本书针对咸水层封存及驱油利用过程中涉及的 CO_2-咸水、CO_2 烷烃混合流体的密度特性变化展开论述。CO_2-H_2O-NaCl 溶液的物理性质接近于 CO_2-地下咸水，通过测量 CO_2-H_2O-NaCl 溶液的密度，并分析温度、压力、CO_2 浓度、NaCl 浓度等因素对溶液密度的影响，掌握 CO_2 注入咸水层后密度的变化规律，可以为封存量评价、安全性分析和选址提供理论依据。针对驱油利用过程中的 CO_2-油溶液密度特性，本书在实验测量基础上，建立了油藏条件下 CO_2 烷烃体系高精度密度模型，系统分析了温度、压力、CO_2 浓度、烷烃碳数等对 CO_2 混合烷烃溶液密度的影响，并进一步探讨了其对流动特性及封存利用效果的影响规律。

1.4.2 CO_2 流体传质特性

封存过程中，注入的 CO_2 与地层流体发生相间传质并形成混溶，主要以扩散、溶解和对流混合传质为主。扩散系数是确定气体溶解能力、溶解速度及最佳驱替速度的关键参数，CO_2 与地层流体溶解产生的密度差会产生对流混合效应，并进一步促进 CO_2 传质。CO_2 传质与渗流相互耦合，并受储层结构非均质性、温度、压力等多因素影响，气-液相间传质呈现各向异性特征。传质过程中 CO_2 随着地层流体缓慢迁移，且迁移速率小于气相 CO_2，降低了 CO_2 泄漏的风险。为了有效评价 CO_2 封存的安全性，需要掌握多孔介质内 CO_2 传质规律及影响因素。

本书主要介绍多孔介质内 CO_2 扩散、溶解和对流混合等传质特性；研究了饱和流体岩心内 CO_2 扩散过程，建立储层条件下基于温度-压力的 CO_2 扩散系数模型，探讨了温度、压力、渗透率、咸水浓度等对 CO_2 在咸水中扩散系数的影响规律；进一步研究多孔介质内 CO_2-咸水相间界面动态演变特性，发展经典传质模型，探讨 CO_2 非平衡传质系数时空分布与演化规律；研究了储层条件下多孔介质内对流混合形成与发展特性，探讨其对 CO_2 溶解传质的影响规律。

1.5 CO_2 封存利用技术

CO_2 封存利用是指通过工程技术手段将从碳排放工业源捕集的 CO_2 直接注入地下 $800 \sim 3500m$ 深度范围内的地质构造中，通过一系列的岩石物理束缚、溶解和矿化作用将 CO_2 封存在地质体中，可用于封存 CO_2 的地质体有咸水层、枯竭油气田、页岩气藏等。当前，全球 CO_2 封存利用技术以 CO_2 驱油和深部咸水层封存最为成熟，驱油工程已安全投入商业运营近 50 年。截至 2020 年底，全球目前共有 26 个正在运行的商业化封存利用项目，合计捕集 CO_2 规模约 4000 万 t/a。深部咸水层封存项目正在逐步从小规模示范向大规模集成过渡[12]。

1.5.1　CO_2 提高石油采收率

将 CO_2 注入地下油藏既可以提高原油采收率(CO_2 enhanced oil recovery，CO_2-EOR)，又可以实现 CO_2 地下封存，是最具应用前景和经济效益的碳中和有效手段之一。为了提高 CO_2-EOR 工程设计的合理性和经济性，需要对 CO_2-油体系的最小混相压力、CO_2 在饱和油多孔介质中的渗流规律进行深入探索。MRI 技术作为强大的无损检测技术，在多参数可视化分析多孔介质中流体的传质和流动特性中展示出巨大的潜力[16]。

本书首先对 CO_2-油体系最小混相压力的传统测量方法进行了概括介绍，进一步详细介绍了 MRI 技术测量 CO_2-油体系最小混相压力的理论和试验方法，并对 CO_2-油混合过程相态变化进行了分析；然后利用 MRI 技术实现了对多孔介质内 CO_2 驱油过程中各相流体赋存位置变化、气体窜流以及 CO_2 前缘及混相区的形成、发展及运移过程的动态可视化监测，分析了 CO_2 非混相驱油、混相驱油的微观渗流规律差异，利用 MRI 图像所获多孔介质内"原位"饱和度数据，结合达西公式得到了多孔介质内各相流体的局部达西相速度，并对驱替过程中毛细管力、黏性力及重力的影响进行了评估；最后根据 MRI 数据计算得到 CO_2 混相驱油弥散系数和佩克莱数，定量评价了 CO_2 混相驱油的弥散现象。

1.5.2　CO_2 提高天然气采收率

CO_2 提高天然气采收率(CO_2 enhanced gas recovery，CO_2-EGR)技术因能同时实现天然气增产与 CO_2 地质封存的特性，近年来受到广泛关注。CO_2 驱替天然气过程中，作为描述多孔介质内 CO_2 与天然气之间混相程度的弥散特性，影响着天然气纯度、采收率及 CO_2 封存效果，对 CO_2-EGR 实施具有重要作用[17]。

本书基于微焦点 X 射线 CT，搭建了多孔介质内 CO_2 天然气驱替可视化及弥散原位测量系统，开展填砂岩心中 CO_2 驱替 CH_4 过程原位弥散特性研究。通过 CT 成像技术获取填砂岩心的三维孔隙及骨架结构，可视化分析驱替过程 CO_2 和 CH_4 分布及流动特征，直观描述混相过渡带及其驱替行为特征，原位测量混相驱替过程的弥散系数，分析了重力效应等多种因素对混相驱替弥散的作用机理，模拟研究注入参数对天然气采收率的影响，阐明 CO_2 运移与天然气采收率变化规律，分析不同开采时期 CO_2 注入效果，获得了最佳注入时机及压力，为 CO_2-EGR 实施提供了理论及技术支持。

1.5.3　CO_2 提高页岩气采收率

随着世界能源危机日益加剧，页岩气已成为满足未来不断增长的能源需求的关键资源之一，同时页岩基质具有巨大的 CO_2 封存潜力。在此背景下，提出了 CO_2 封存和提高页岩气采收率技术并获得全世界关注。CO_2 强化页岩气开采主要是通过向页岩储层内注

入高压 CO_2，压裂页岩孔隙，同时 CO_2 置换页岩气，实现页岩气开采与 CO_2 封存一体化。页岩气大量储存在页岩基质缝隙中，其中以吸附态存在的气体占 85% 以上。作为页岩气中的主要成分，CH_4 在页岩孔隙内的吸附特性决定着页岩储层的资源含量，CO_2 在页岩孔隙内的吸附行为制约着页岩储层内 CO_2 的封存量，CO_2 和 CH_4 在页岩孔隙内的竞争吸附特性控制着 CO_2 强化页岩气产出的效率。

本书将介绍页岩孔隙内单气体和多气体竞争吸附特性。首先，分析页岩孔内单气体吸附特性，探明气体密度分布、总吸附量、绝对吸附量和过余吸附量随压力、孔径和气体特性的响应关系。然后，分析页岩孔内 CO_2 和 CH_4 混合吸附特性，阐明不同气体配比、孔径及压力条件下，气体混合吸附过程总吸附量、绝对吸附量、密度分布等参数的变化规律。在此基础上，分析气体吸附选择性随储层特征及开采参数的演变机制。最后，通过提取气体吸附的微观特征，构建页岩储层内气体吸附的预测模型，用于分析典型储层条件下页岩气吸附特性。

1.5.4　CO_2 咸水层封存

CO_2 咸水层封存过程涉及不同时间尺度下的多种封存机制，如地质结构封存、毛管封存、溶解封存、矿物封存等。在这些封存机制的共同作用下，CO_2 被永久固定在地下，从而避免了泄漏。与地质结构封存不同，毛管封存、溶解封存、矿物封存的封存速度慢、持续时间长，CO_2 封存总量是一个关于时间的函数，咸水层封存过程是多相流体渗流、传质与储层介质变形耦合的动态过程[18]。

本书研究了 CO_2 地质封存过程中多相流体运移特性，以及多孔介质内 CO_2-水的相互耦合作用机理下封存的安全性，构建了多孔介质相关物性及多相渗流可视化研究方法，探明了多孔介质内多相流体分布与运移特性，揭示了多孔介质骨架结构、注入压力与注入流速、注入量与注入方向等多相流体渗流特性影响规律。以美国伊利诺伊州 CO_2 地质封存示范项目为例，构建考虑非均质特性的储层模型，研究 CO_2 多相流动过程，预测 CO_2 的运移路径及 CO_2 封存储量，验证封存技术可行性及安全性。

1.6　CO_2 封存利用发展前沿

大规模 CO_2 封存是实现"双碳"目标与碳循环利用的重要途径，我国 CO_2 封存利用理论容量为 1.21 万亿～4.13 万亿 t，可封存我国全部排放的 CO_2（到 2060 年仅需动用理论容量的 10%～30%）[12]。

CO_2 海洋封存是实现 CO_2 减排的一项极具发展潜力的方法，海洋面积占地球表面积的 71%，是陆地表面积的两倍多。海洋是自然界最大的碳汇，封存潜力在 2 万亿 t 以上，海洋封存多级吸纳能力强，其环境风险小于陆地封存，因此海洋在全球碳循环中具有相当重要的作用，对 CO_2 减排具有不可估量的潜力[19]。近年来，水合物法固态封存 CO_2 具有稳定性好、储量巨大、封藏地点分布广泛等优势，主要包括海洋 CO_2 溶解联合水合物盖层封存、CO_2 置换开采天然气水合物封存。

海洋 CO_2 溶解联合水合物盖层封存是通过生成气体水合物实现海底地质封存的过程。当液态 CO_2 注入深海沉积物时，一方面在负浮力区域通过重力捕获稳定存在，另一方面在高压、低温区域形成 CO_2 水合物被捕获，并在水合物生成区域上部形成非渗透盖层，以两种 CO_2 捕获形态稳定封存。封存过程中，CO_2 气体扩散占据主导地位，伴随着 CO_2 及其水合物相变、多相多组分渗流以及传热非等温效应的复杂物理过程，因此 CO_2 水合物晶体盖层形成速率是实现 CO_2 长期稳定大量封存的关键。

CO_2 置换开采天然气水合物在实现天然气开采的同时，也能封存 CO_2 减缓温室效应[20]，具有利用地点广泛、储量巨大的优点。将 CO_2（或 CO_2/N_2 的混合物）注入海底水合物赋存区域，将甲烷从笼形化合物中置换出来，并将 CO_2 进行固定封存，生成的 CO_2 水合物能够稳定储层，防止天然气水合物相变分解引起的地层塌陷失稳，从而保障我国海洋环境安全。目前沉积层多孔介质内 CO_2 置换开采天然气水合物进程的内在控制机制仍不清晰，因此提出高效置换的相态调控方法，是未来 CO_2 置换封存利用的发展方向。

参 考 文 献

[1] Cramer W, Bondeau A, Woodward F I, et al. Global response of terrestrial ecosystem structure and function to CO_2 and climate change:results from six dynamic global vegetation models. Global Change Biology, 2001, 7(4): 357-373.

[2] Anderson T R, Hawkins E, Jones P D. CO_2, the greenhouse effect and global warming: From the pioneering work of Arrhenius and Callendar to today's earth system models. Endeavour, 2016, 40(3): 178-187.

[3] Rogelj J, Den Elzen M, Höhne N, et al. Paris Agreement climate proposals need a boost to keep warming well below 2 ℃. Nature, 2016, 534: 631-639.

[4] Bodansky D. The Paris climate change agreement: A new hope. American Journal of International Law, 2017, 110(2): 288-319.

[5] 解振华. 坚持积极应对气候变化战略定力继续做全球生态文明建设的重要参与者、贡献者和引领者——纪念《巴黎协定》达成五周年. 环境与可持续发展, 2021, 46(1): 3-10.

[6] 丁仲礼. 碳中和对中国的挑战和机遇. 中国新闻发布(实务版), 2022, (01):16-23.

[7] Wang F, Harindintwali J D, Yuan Z Z, et al. Technologies and perspectives for achieving carbon neutrality. Innovation, 2022, 2(4): 100180.

[8] 胥蕊娜, 姜培学. CO_2 地质封存与利用技术研究进展. 中国基础科学, 2018, 20(4): 44-48.

[9] 王保登, 赵兴雷, 崔倩, 等. 中国神华煤制油深部咸水层 CO_2 地质封存示范项目监测技术分析. 环境工程, 2018, 36(2): 33-41.

[10] Wang F Y, Zhu Z H, Massarotto P, et al. Mass transfer in coal seams for CO_2 sequestration. AIChE Journal, 2007, 53 (4): 1028-1049.

[11] Michael K, Golab A, Shulakova V, et al. Geological storage of CO_2 in saline aquifers-A review of the experience from existing storage operations. International Journal of Greenhouse Gas Control, 2010, 4(4):659-667.

[12] 雷英杰. 中国二氧化碳捕集利用与封存(CCUS)年度报告(2021)发布建议开展大规模 CCUS 示范与产业化集群建设. 环境经济, 2021, (16): 40-42.

[13] Talebian S H, Masoudi R, Tan I M, et al. Foam assisted CO_2-EOR: A review of concept, challenges, and future prospects. Journal of Petroleum Science & Engineering, 2014, 120: 202-215.

[14] Oldenburg C M, Benson S M. CO_2 injection for enhanced gas production and carbon sequestration. Berkeley: Lawrence Berkeley National Lab, 2001.

[15] Zhao C Z, Lu D, Chen K, et al. Review of Density Measurements and predictions of CO_2–alkane solutions for enhancing oil recovery. Energy & Fuels, 2021, 35（4）: 2914-2935.

[16] 刘瑜. 二氧化碳地下封存与强化采油利用基础研究. 大连: 大连理工大学, 2011.

[17] Liu S Y, Song Y C, Zhao C Z, et al. The horizontal dispersion properties of CO_2-CH_4 in sand packs with CO_2 displacing the simulated natural gas. Journal of Natural Gas Science & Engineering, 2018, 50: 293-300.

[18] 蒋兰兰. CO_2地质封存多孔介质内气液两相渗流特性研究. 大连: 大连理工大学, 2014.

[19] 孙玉景, 周立发, 李越. CO_2海洋封存的发展现状. 地质科技情报, 2018, 37（4）: 212-218.

[20] Song Y C, Tian M R, Zheng J N, et al. Thermodynamics analysis and ice behavior during the depressurization process of methane hydrate reservoir. Energy, 2022, 250: 123801.

第2章 封存利用储层孔渗特性

CO_2 地质封存需要对储层条件进行分析评估，从而选择最佳地质封存场所。储层岩石孔渗特性在一定程度上决定了储层的封存能力。储层的孔隙度、渗透率是 CO_2 封存渗流研究的重要输入参数，为 CO_2 地质封存技术评估和安全性评价奠定基础。本章主要介绍地质封存储层岩石孔渗特性实验技术、数值模型及评价方法。

2.1 储层孔渗特性测量方法

封存地层孔渗特性是阐明 CO_2 在封存地层中输运规律的重要基础。本节介绍孔隙度和渗透率的基本概念、储层孔渗的常规测量方法，以及利用核磁共振成像和 X 射线断层扫描的新型测量方法。

2.1.1 常规方法

孔隙度和渗透率是地质封存储层的两个重要参数。孔隙度决定了储层对 CO_2 的容纳能力，即单位体积岩石中能够封存的 CO_2 体积量。渗透率是表征岩石在一定的注入压力下允许流体通过的能力。

岩石中没有被固体物质占据的空间称为空隙或者孔隙。通常封存地层孔隙被原始流体(如咸水、油气)填充，CO_2 注入地层后驱走原始流体并占据这些孔隙空间，从而实现封存。孔隙度的定义是岩石中孔隙体积 V_p 与岩石总体积 V 的比值，通常用 φ 表示，其表达式为

$$\varphi = \frac{V_p}{V} \tag{2.1}$$

地质封存储层的多数孔隙相互连通，孔隙内 CO_2 等流体的流动称为渗流，常用渗透率来表征流体在储层内的流动性。根据达西定律，孔隙中不可压缩流体在一定压力差条件下发生流动，其渗流关系可以表达为

$$Q = K \frac{A \cdot \Delta p}{\mu L} \tag{2.2}$$

式中，Q 为在压差 Δp 下流体通过岩心的流量，cm^3/s；A 为垂直于流动方向岩心的截面积，cm^2；L 为岩心的长度，cm；μ 为流体黏度，$mPa \cdot s$；Δp 为流体流过岩石两端的压差，Pa；K 为岩石的渗透率，μm^2。

渗透率具有面积量纲，能够反映储层中孔隙通道面积的大小。渗透率越高，通道面积越大，则渗透性越好。

已有诸多实验方法用于获得孔隙度和渗透率特性参数。孔隙度的测量主要采用饱和称重法、压汞实验法、声速反演法、光学/电子显微成像法等[1-3]。渗透率的测量主要采用达西渗透实验方法、核磁共振反演法和基于孔渗关系经验公式的计算方法[4-6]。

1) 孔隙度测量

根据孔隙度的定义，只要获得岩石总体积 V、骨架体积 V_s 和孔隙体积 V_p 中的任意两个参数，就可以计算孔隙度。因此，各种孔隙度测量方法均围绕上述三个参数。对于规则柱状岩石样品，可以通过测量直径和长度获得岩石总体积。孔隙体积的测量通常采用饱和流体法，将洗净、烘干的岩石样品在空气中称重记为 w_1，采用非挥发性的液体(一般是煤油或者咸水)将岩石饱和，再次称重记为 w_2，两次质量之差即为进入岩石的流体质量。若流体的密度为 ρ，则岩石的孔隙体积可采用式(2.3)计算：

$$V_p = \frac{w_2 - w_1}{\rho} \tag{2.3}$$

2) 渗透率

通过实验测量获得流量 Q、压差 Δp 等参数后，代入式(2.2)即可求得渗透率 K。孔隙被单一流体饱和时测得的渗透率称为绝对渗透率，是岩石本身固有的特性，与流体性质无关。测定和计算岩石绝对渗透率时需要满足以下条件：

(1) 岩石孔隙被单一流体饱和，流体不可压缩；

(2) 岩石中流体处于稳定的一维渗流状态；

(3) 流体性质稳定，对岩石孔隙结构和物理化学性质没有影响。

常用的测试流体包括氮气等惰性气体以及咸水、油等。

2.1.2 MRI 方法

近几年，MRI、CT 等技术开始被用于定量描述岩石复杂孔隙空间。通过扫描获得岩石断面图像后建立孔隙结构模型，能够更加准确地描述孔隙结构特性。其中，MRI 的优势在于可以对水、油等流体进行选择性成像，进而直接获得流体速度分布，为 CO_2 等流体在岩石孔隙中的流动分析提供了有效方法[7,8]。

1) MRI 孔隙度测量

在 MRI 测量过程中，岩石骨架不产生核磁共振信号，孔隙中含氢流体是核磁共振信号的主要来源。也就是说，岩石核磁共振性质研究一般是指孔隙中含氢流体的核磁共振性质。由核磁共振理论可知，核磁共振信号的强度取决于静磁场中核自旋量子数 $I \neq 0$ 的核磁子的个数(液体中的 ^1H) 及静磁场强度。可以认为，核磁共振信号强度取决于岩石孔隙中流体的含量[9-11]。因此，只要获取孔隙被含氢流体饱和后的 MRI 数据，并将其核磁共振信号强度与标准孔隙度样品进行比对就可以确定多孔介质的有效孔隙度。通常将测量含氢流体饱和后的岩心整体磁化强度 M_{0i} 与已知孔隙度为 φ_c 的标准样品的整体磁化强度 M_{0c} 相比，就可确定样本上任意体元的有效孔隙度：

$$\varphi_i = \frac{M_{0i}}{M_{0c}} \cdot \varphi_c \tag{2.4}$$

上述方法中，可以选用油或水作为含氢流体，油与水的含氢指数基本相同，因此二者具有同样效果。但如果孔隙中含有气体，此方法不再适用，因为气的含氢密度太小，核磁仪器很难获得相应的核磁共振信号。

2）MRI 渗透率测量

采用 MRI 无法直接获得岩石渗透率，通常采用间接法测量[12]。研究人员通过大量实验数据总结获得了岩石孔隙度与渗透率间的经验关系，最常见的是 Kozeny-Carman 公式（K-C 模型）[13]：

$$K = \frac{\varphi r^2}{8\tau} \tag{2.5}$$

式中，φ 为孔隙度；r 为平均毛细管半径；τ 为迂曲度。

对于不同样品，已知孔隙度 φ、毛细管半径 r 和迂曲度 τ，代入式(2.5)即可获得样品渗透率。利用 K-C 模型计算的渗透率与实际值相差较大，因此 K-C 模型常用于渗透率简单预测，在实际研究中应用较少。

比表面积是表征渗透特性的一个重要参数，但是其测量较为困难，是制约 K-C 模型精度提升和应用的主要因素。比表面积测量方法主要包括：气体吸附、岩样学图像分析和可视化技术。随着可视化技术发展，MRI 和 CT 技术可以准确获得多孔介质比表面积，进而为建立耦合比表面积的 K-C 模型奠定了基础。利用 MRI 技术准确获得比表面积参数，并拟合渗透率与比表面积的关系，即可获得渗透率计算模型。对式(2.5)进行改进后，可得

$$K = \frac{c_0}{S_{gv}^2} \frac{\varphi^3}{(1-\varphi)^2} \tag{2.6}$$

式中，常数 c_0 与孔隙特性和流体特性相关；S_{gv} 为比表面积，表示每单位体积固体颗粒的孔隙表面积，可以近似由孔隙周长和颗粒面积获得

$$S_{gv} = L_p / A_g \tag{2.7}$$

式中，L_p 为孔隙的周长，m；A_g 为多孔介质颗粒所占的面积，m^2。对于 MRI 片层灰度图形，经过去噪、二值化处理，可利用后期软件直接获得孔隙周长和多孔介质颗粒所占的面积，从而计算得到片层的比表面积，再代入式(2.6)即可求得渗透率。

2.1.3 CT 方法

应用 CT 测量岩石孔隙度是通过分析 CT 获得的岩石断面灰度图像，区分出岩石中的孔隙部分和骨架部分，再通过计算孔隙部分所占的像素比例即可计算出孔隙度。通常的操作方法是：首先将 CT 获得的灰度图像转化为只包括黑和白两种颜色的二值图像，其中黑色代表孔隙，白色代表骨架；其次通过图像处理软件分别计算一定区域内黑色和白色的像素数；最后根据黑色像素数占全部像素数的比例即可算出孔隙度。由此可见，用 CT 方法测量孔隙度的关键在于获得高质量的扫描图像。

CT 图像分割是整个 CT 图像处理中最重要的步骤。只有准确的图像分割才能保证后续图像分析与计算结果的可靠性。而想要得到正确的图像分割结果，则需要从实验与图

像后处理两个方向进行优化。

1)实验优化

良好的 CT 图像灰度峰值特性是进行准确图像分割的基础，然而在多孔介质领域的 CT 成像中，原始 CT 图像的峰值特性一般很差，多种物质的峰值会很接近甚至相互重合（如水、气、砂），造成图像分割困难。为了提高图像的可分割性，通常采用在孔隙饱和水中加入含重金属离子（如 I⁻）的方法，这样就可大大提高孔隙部分和骨架部分图像的对比度，从而使图像分割更加准确。

2)图像后处理优化

通过对 CT 图像进行滤波、边缘增强、射束硬化校正等，其峰值特性会得到优化。经过图像处理后，可以更加清晰地分辨 CT 图像中孔隙部分和骨架部分。经过优化后的 CT 图像就可以进行图像分割。在含有多相多体系的 CT 图像中，选择合适的图像分割方法对准确区分各项物质非常关键。

基于分割后的 CT 图像，就可以对 CT 图像进行定量分析与表征，进行孔隙度计算。孔隙度的计算公式为

$$\varphi = \frac{I_p}{I_p + I_s} \tag{2.8}$$

式中，I_p 为孔隙所占的像素数；I_s 为岩心骨架所占的像素数。

需要注意的是，这些 CT 图像必须在相同拍摄参数和相同岩心位置得到，不同的拍摄参数或拍摄过程中位置发生变化会造成孔隙度计算误差。

另外一种 CT 测量孔隙度的方法是利用 CT 数的方法。CT 数是通过 CT 穿透被扫描样品的 X 射线衰减量而获得的一个数值，一般空气的 CT 数为 0，纯水的 CT 数为 1000，其他物质都有对应的 CT 数。根据 CT 数测量孔隙度的公式为

$$\varphi_{slice} = \frac{CT_{brine\_saturated} - CT_{dry\_sample}}{CT_{brine} - CT_{air}} \tag{2.9}$$

式中，φ_{slice} 为片层平均孔隙度；$CT_{brine\_saturated}$ 为饱和了咸水的岩心 CT 数；CT_{dry_sample} 为干岩心 CT 数；CT_{brine} 为咸水 CT 数；CT_{air} 为纯空气 CT 数。

2.2　储层孔隙度和渗透率

前面提到，储层孔隙度、渗透率是 CO_2 封存渗流研究的重要参数。本节将对这两个参数的测试过程、分析方法及模型构建进行介绍，重点阐述图像平均亮度法和阈值分割法两种图像处理方法及其对孔隙度、渗透率测量分析的优势，并以案例形式介绍基于 MRI 数据的渗透率模型建立。

2.2.1　孔隙度分析

基于图像信号强度计算孔隙度主要有图像平均亮度法和阈值分割法两种方法。由于 MRI 主要是对孔隙中的水进行成像，根据图像平均亮度与岩心孔隙水体积之间的关系可

以确定岩石孔隙度。阈值分割法是根据样品信号强度的空间分布对样本骨架和孔隙水进行分割。通常 MRI 图像的信号强度分布概率曲线呈双峰状，两峰之间有一个低谷；通常选取低谷作为区分骨架和孔隙水的分界，通过对两部分进行分割获得孔隙体积的大小。通常认为，应用 MRI 测量孔隙度的精度取决于图像的空间分辨率，图像空间分辨率越高，孔隙度测量的精度越高。

1）孔隙度分析流程

由于样本骨架部分不含氢质子，在 MRI 图像中显示为暗色或黑色，含有氢质子的孔隙水部分显示为亮色或者白色，基于此获得的 MRI 信号强度概率分布曲线为明显的双峰曲线。其中，第一个峰值对应的信号强度值小，代表填充样品骨架；第二个峰值对应的信号强度值大、分布概率小，对应含水的样本孔隙。受饱和程度及孔隙分布的影响，不同样品的双峰曲线形状差别比较大。选择不同的 MRI 成像序列，获得的双峰曲线也会有所差异，但是不影响孔隙度分析。基于图像平均亮度法的孔隙度分析流程如图 2.1 所示。

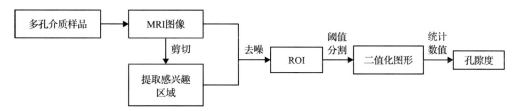

图 2.1　基于图像平均亮度法的孔隙度分析流程
ROI 表示感兴趣的区域

经过处理后的 MRI 图像数据矩阵中，只有黑白（0 和 1）两种元素。因此，图形呈现出明显的黑白效果。通过 Image J 软件（Java 平台下的开放源代码图像分析软件）处理，得到两个峰值（0 和 1）的累积值。孔隙度可由以下公式获得

$$\varphi = \frac{N_1}{N_1 + N_0} \tag{2.10}$$

式中，N_0 为 0 值的累计量值，即表示样本骨架的累积数量；N_1 为 1 值的累积量值，即表示孔隙的累积数量。

2）图像二值化方法

以玻璃砂填充模拟多孔介质为例，介绍 MRI 图像的二值化过程。图 2.2 为标准玻璃

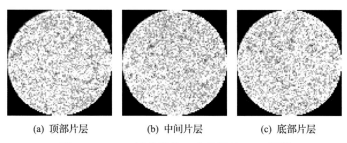

(a) 顶部片层　　　　(b) 中间片层　　　　(c) 底部片层

图 2.2　BZ-02 填砂样品三个片层的 MRI 图像

砂 BZ-02(表 2.1)填砂样品三个片层的 MRI 图像。从图中可清晰地分辨出孔隙水和玻璃砂部分，黑色部分表示玻璃砂，亮色部分表示孔隙水。

从图 2.2 中可以看出，同一样品不同片层的孔隙分布不同，有的片层最大孔隙靠近管壁，也有的片层最大孔隙集中在中间区域。孔隙分布的不均匀性主要受颗粒排列方式及粒径分布的影响。通常而言，玻璃砂球体全部按照正立方体排列称为最松排列，即孔隙度最大；球体全部按照菱形六面体排列称为最紧排列，即孔隙度最小。另外，填砂方式也会对孔隙分布产生影响，不同的填砂方式可能导致管壁处的孔隙分布不同。通常认为，压力增加，分选差的颗粒逐渐紧密排列，颗粒容易发生破碎和塑性变形，在管壁处的孔隙越少。通过统计达到某一 MRI 信号强度的像素个数，可以获得样品某一片层的 MRI 信号强度分布曲线，如图 2.3 所示。

表 2.1 称重法得到的玻璃砂填砂样品的孔隙度

玻璃砂型号	粒径范围/mm	V_w/mL	φ_w/%
BZ-01	0.105～0.125	27.1	36.4
BZ-02	0.177～0.250	27.4	36.8
BZ-04	0.350～0.500	27.6	37.5
BZ-06	0.500～0.710	28.2	38.3
BZ-1	0.991～1.397	29.3	39.8
BZ-2	1.500～2.500	29.4	39.9
BZ-3	2.500～3.500	29.6	40.2
BZ-4	3.962～4.699	31.3	42.5

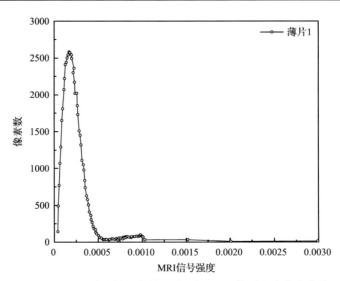

图 2.3 BZ-02 填砂样品内某一片层的 MRI 信号强度分布曲线

通过阈值转换，将灰度图形转为黑白二值化图形。图 2.4 为上述样品内三个片层(对应图 2.2)的二值化图形，图形中只有 0 和 1 值。其中黑色部分表示 0 值，为玻璃砂，而亮色部分表示 1 值，为孔隙水。通过后期软件统计出 0 值和 1 值，利用式 (2.8) 计算得到样品片层孔隙度和整体平均孔隙度。

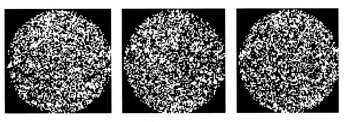

图 2.4　BZ-02 填砂样品三个片层的二值化图形

3) 孔隙度对比分析

采用 8 种玻璃砂填充模拟多孔介质沉积层，玻璃砂尺寸参数如表 2.1 所示。

饱和称重法测量孔隙度的步骤如下：用玻璃砂填满样品管，形成多孔介质的骨架，用天平称重记为 m_0；然后注入去离子水使多孔介质被水充分饱和，再次称重记为 m_1。去离子水的密度取 $1g/cm^3$，得到孔隙内去离子水体积 $V_w=m_1-m_0$。去离子水体积 V_w 与样品管的容积 V_0 之比就是填砂多孔介质的孔隙度，即

$$\varphi_w = \frac{V_w}{V_0} \times 100\% \tag{2.11}$$

MRI 图像信号强度测量方法如下：将上述饱和去离子水的多孔介质样品管放入 MRI 设备中进行图像扫描，对样品中部 25mm 长度段进行片层扫描，每个片层厚度 1mm，片层间隔 5mm，共得到样品段的 5 张扫描片层图像，样品断面的扫描选层方式如图 2.5 所示。

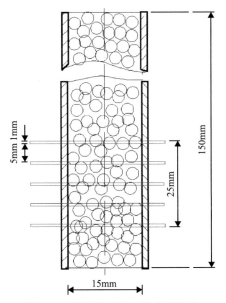

图 2.5　样品断面的扫描选层方式

每种填砂样品得到 5 个扫描断面的 MRI 图像，图 2.6 所示为 BZ-1 样品的 5 个断面扫描图像。为了能够计算断面的孔隙度，在每种玻璃砂样品的扫描片层中加入了一个纯水片层作为参考片层（图 2.6 最左侧的图像）。得到各玻璃砂模拟沉积层的断面图像之后，采用图像平均亮度法和阈值分割法进行断面孔隙度的分析计算。

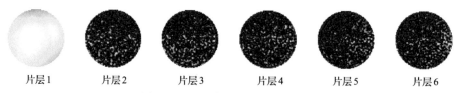

片层1　　　片层2　　　片层3　　　片层4　　　片层5　　　片层6

图 2.6　BZ-1 填砂的 MRI 断面图像

（1）图像平均亮度法。

将 6 个片层断面图像导入 Image J 软件，对片层图像的灰度进行分析，得到的所选 5 个片层和 1 个纯水片层的 MRI 图像平均亮度数据如图 2.7 所示。由于片层图像的平均亮度能够反映出片层中的质子密度，即含水量的大小，可以通过对片层图像亮度的分析来获取片层中含水量，从而间接得到片层中孔隙面积占整个片层面积的百分比，即每个片层的局部孔隙度。然后根据每个片层的孔隙度再推演获得整个样品段的体积孔隙度。片层数量越多，获取的孔隙度数据就越接近孔隙度真实值。

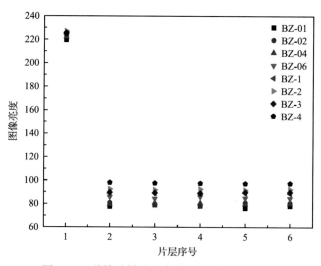

图 2.7　8 种填砂样品 6 个片层图像的亮度分布

假定片层 1（即纯水片层）的孔隙度为 100%（不包含多孔介质骨架，全部为孔隙），片层 2～6 的平均亮度 I_i（i=2,3,4,5,6）与片层 1 的平均亮度 I_1 的比值定义为该片层的 MRI 局部孔隙度，即

$$\varphi_{\mathrm{m}i} = \frac{I_i}{I_1}, \quad i = 2,3,4,5,6 \tag{2.12}$$

对 5 个片层的 MRI 孔隙度取平均值：

$$\varphi_{\mathrm{m}} = \frac{\Sigma \varphi_{mi}}{5}, \quad i = 2,3,4,5,6 \tag{2.13}$$

图像平均亮度法得到的玻璃砂填砂样品的孔隙度如表 2.2 所示。可以看出，应用图像平均亮度法获得的平均孔隙度与传统的孔隙度测量方法结果比较一致，而且能够获得某一个断面的局部孔隙度，这是饱和称重法难以实现的。

表 2.2　图像平均亮度法得到的玻璃砂填砂样品的孔隙度

玻璃砂型号	图像平均亮度法孔隙度/%	饱和称重法孔隙度/%	相对误差/%
BZ-01	35.4	36.4	−2.7
BZ-02	35.8	36.8	−2.8
BZ-04	36.1	37.5	−3.7
BZ-06	37.9	38.3	−1.0
BZ-1	39.6	40.0	−1.0
BZ-2	40.5	40.0	1.3
BZ-3	39.7	40.3	1.5
BZ-4	43.2	42.5	1.6

(2)阈值分割法。

对图 2.6 进行处理后，可以获得每个断面图像信号强度的像素分布。图 2.8 为某一断面的信号强度分布，图中两个峰分别代表断面中亮度较高的含水部分(右边的峰)和亮度较低的玻璃砂颗粒部分(左边的峰)。选取一个在低谷处的灰度值作为分割的界限，大于该值的认为是含水部分，小于该值的则认为是玻璃砂颗粒部分。

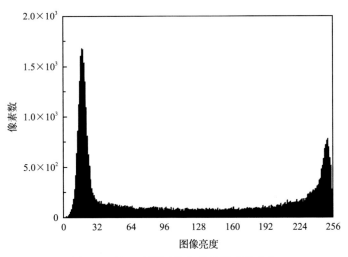

图 2.8　某一片层图像亮度的像素数分布

如图 2.9 所示，该方法通过阈值的选取将灰度图像转变为只含有黑(数值 0)和白(数值 1)两种颜色的二值图像，通过分析白色像素占整个断面像素的比例，根据式(2.10)就可以计算出断面孔隙度的大小。

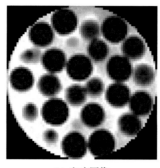 

(a) 灰度图像　　　　　　　　　　　　(b) 二值图像

图 2.9　样品断面的灰度图像与二值图像

上述 8 种填砂样品全部按照上面的方法进行处理，计算结果如表 2.3 所示。阈值分割法中阈值的选择具有一定的主观性，因此得到的孔隙度存在较大的偏差，特别是当图像对比度较低时，应用阈值分割法会造成更大的偏差。因此，在实验中应优先采用图像平均亮度法来测量填砂多孔介质的孔隙度。

表 2.3　阈值分割法得到的孔隙度

玻璃砂型号	双峰阈值分割法/%	饱和称重法/%	相对误差/%
BZ-01	37.6	36.4	3.3
BZ-02	38.0	36.8	3.3
BZ-04	38.3	37.5	2.1
BZ-06	38.9	38.3	1.6
BZ-1	39.5	40.0	−1.3
BZ-2	39.7	40.0	−0.8
BZ-3	39.8	40.3	−1.2
BZ-4	41.6	42.5	−2.1

选取 5 个片层无法准确反映整段填砂样本孔隙度，上述两种图像分析法获得的平均孔隙度与饱和称重法存在一定的偏差。为了进一步验证 MRI 方法测量平均孔隙度的有效性，增加扫描片层数量并进行重复实验，选择图像平均亮度法，增加扫描片层数量后对 BZ-4、BZ-3、BZ-2 和 BZ-1 进行再次测量，得到的灰度数据如图 2.10 所示。

从图 2.10 中可以看出，四种玻璃砂各断面的灰度并不完全相同，这也说明了各个断面的局部孔隙度存在差异。玻璃砂的粒径越大，片层填充的不均匀性就越大，从而造成了灰度分布的差异较大。计算得到的孔隙度对比如表 2.4 所示。

可以看出，增加扫描层数后，图像平均亮度法测量孔隙度与饱和称重法测量孔隙度之间误差在 ±1% 以内。可以认为图像平均亮度法对填砂模拟多孔介质孔隙度测量可以获得较高的精度。实验结果表明，粒径较大时和粒径较小时的测量精度相对偏低，原因是颗粒较大时各个层面上砂颗粒分布不均匀，图像亮度分布波动较大；而随着玻璃砂粒径的减小，MRI 信号强度减弱得较大，噪声信号增强而导致误差变大。应用 MRI 测量玻璃砂孔隙度时，在其分辨率范围内，层面分布越均匀，测量的精度越高。

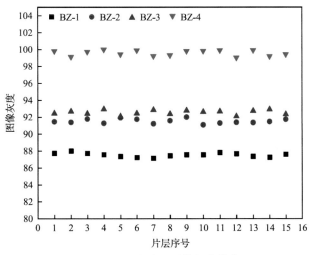

图 2.10　15 个片层图像灰度分布

表 2.4　15 个片层计算平均孔隙度

玻璃砂型号	图像平均亮度法孔隙度/%	饱和称重法孔隙度/%	相对误差/%
BZ-4	42.2	42.5	0.7
BZ-3	40.1	40.3	−0.5
BZ-2	40.2	40.0	0.5
BZ-1	39.7	40.0	−0.8

综上所述，应用 MRI 法测量多孔介质平均孔隙度能够得到与传统的饱和称重法基本一致的测量结果。值得一提的是，MRI 图像法测量的优势在于能够获得单片层局部孔隙度，可以用于深入解析多孔介质内部孔隙结构。

2.2.2　渗透率模型

K-C 模型假定多孔介质为毛细管束，且管束内流动适用 Navier-Stocks 方程；一般来说，对于均质多孔介质，其渗透率与孔隙参数(如渗透率与孔隙直径)之间存在一定的关联关系。大部分学者认为渗透率可用经验公式、毛管模型、稳态模型及水力半径理论获得。其中，好的经验公式应该至少包括三个与多孔介质结构和流体本身相关的参数，如孔隙特征参数和流体黏度。孔隙特征参数又可分为孔隙大小、迂曲度、比表面积和连通性等。式(2.14)是式(2.5)的一个改进模型，其中包含了更多的参数信息。

$$K = C_1 \frac{g}{\mu_w \rho_w} \frac{\varphi^3}{S_{gv}^2 D'^2 (1-\varphi)^2} \tag{2.14}$$

式中，K 为渗透率；C_1 为常数；g 为重力加速度，m/s^2；μ_w 为水的动力黏度，$Pa \cdot s$；ρ_w 为水的密度，kg/m^3；S_{gv} 为比表面积，m^2；D' 为玻璃砂的比重，$D' = \rho_s / \rho_w$ (ρ_s 为玻璃砂的密度，kg/m^3)。对于不同的多孔介质材料，C_1 的取值范围为 0.2~0.5。

另外，K-C 模型主要适用于刚性玻璃珠和砂岩样品，不能应用于黏土样品渗透率计算。实际应用中，由于比表面积的测量难度大，K-C 模型的推广也受到了限制。1992 年，Chapuis 和 Aubertin[14]提出了一种非黏结玻璃砂比表面积的测量方法，他们认为比表面积与组成多孔介质样品的颗粒粒径和密度相关，具体计算公式为

$$S_{gv} = \frac{6}{d\rho_s} \tag{2.15}$$

式中，d 为玻璃砂粒径，mm；ρ_s 为玻璃砂的密度，kg/m^3。对于粒径分布较为均匀的玻璃砂，其整体粒径可用不同粒径所占百分比计算，比表面积可由几何结构特性参数计算，如下所示：

$$S_{gv} = \frac{\Sigma(P_{N_0 d_2} - P_{N_0 d_1})}{d} \tag{2.16}$$

式中，$P_{N_0 d_2} - P_{N_0 d_1}$ 为粒径介于 d_1 和 d_2 之间的颗粒数量百分比。

对于粒径分布不均匀的颗粒填充而成的多孔介质样品，其粒径 d 可用等效粒径 d_e 来替代，等效粒径与颗粒最小粒径相关，即

$$d_e = \frac{1}{D_{min}} \int_0^{D_{min}} x^2 dx = \frac{D_{min}^2}{3} \tag{2.17}$$

根据式(2.14)，可获得 BZ-2 和 BZ-02 样品比表面积，玻璃砂密度 ρ_s 为 $1.5 \times 10^3 kg/m^3$。

将计算得到的比表面积代入式(2.14)，C_1 取 0.2，水的动力黏度、密度和比重已知，就可以利用孔隙度结果计算渗透率，计算得到 BZ-2 和 BZ-02 两种样品的绝对渗透率，如表 2.5 所示。

表 2.5 改进的 K-C 模型计算 BZ-2 和 BZ-02 样品的绝对渗透率

玻璃砂编号	粒径/mm	比表面积/m²	渗透率/cm²	
			传统法测量	改进的 K-C 模型计算
BZ-2	2.0	1.987	50.9	9382.1
BZ-02	0.2	19.868	13.3	24.7

由表 2.5 可知，对于大粒径玻璃砂填充成的样品(BZ-2)，改进的 K-C 模型计算的渗透率与传统法测量的渗透率之间的偏差较大。这是由于对于多孔介质样品，粒径越小，其分选越好，计算得到的比表面积越准确，因此改进的 K-C 模型计算得到的渗透率也越准确。而粒径越大，计算得到的比表面积越不准确，导致改进的 K-C 模型计算得到的渗透率不真实。也就是说，改进的 K-C 模型适合粒径较小的玻璃砂样品，该模型可推广应用于均质岩心的渗透率预测。

2.3 孔渗特性分形表征

地质封存储层多具有复杂且不规则微观结构，直接影响 CO_2 封存量。传统实验方法获得的宏观孔隙参数和欧几里得几何理论难以描述封存储层复杂结构，需要借助先进实

验方法或数学描述手段，实现微观孔隙结构复杂性和不规则性特征参数的量化描述。研究表明，储层岩石孔隙结构具有统计自相似性和典型分形特征，分形维数(fractal dimension，FD)可以用于描述孔隙分布的分形特征。利用分形理论研究多孔介质孔隙结构，刻画岩石微观孔隙结构特征，是近年来被广泛应用的描述孔隙结构和孔渗特性的方法[15-17]。本节介绍分形维数传统算法及改进算法，并利用其对典型储层孔渗进行分形分析。

2.3.1 分形维数算法

分形维数是分形几何理论及其应用中最为重要的概念，它是度量物体或分形体复杂性和不规则性的最主要指标，是定量描述分形自相似性程度大小的参数[18]。

欧几里得几何中，维数一般有两种含义：

(1)欧几里得空间中的 4 个维数($D_T = 0,1,2,3$)。

(2)一个动力系统所含的变量个数。

欧几里得几何中的对象都用整数维来描述，如点、直线、平面和立体分别具有 0、1、2 和 3 的整数维数，这些整数维数统称为拓扑维数。分形维数与欧几里得几何中的拓扑维数之间有一定的联系，例如，一条直线是由许多点集合而成的，实际上是由无数个 $D_T=0$ 的几何点累积组成了 $D_T=1$ 的直线。由此理解，从点变为直线的过程中，所形成的几何图形的维数是介于 0 和 1 之间的分数维数，分数维数的几何意义是它能够描述组成直线的"点"的密度。换而言之，形成直线的点的密度不同，其分数维数将是不同的分数数值。推而广之，平面密度不同所形成的空间体的分数维数介于 2 和 3。从以上分析可以看出，整数维数是被包含在分数维数中的。分数维数就是自然现象中由细小局部特征构成整体系统行为的相关性的一种表征，即对于一个对象，只有通过使用非整数数值的维数尺度去度量它，才能准确地反映其所具有的不规则性和复杂程度。

分形几何理论中，用于计算分形维数的方法有很多，根据计算方法的不同，分形维数分别被冠以不同的名称，具体介绍如下。

1) Hausdorff 维数

Hausdorff 维数(Hausdorff dimension)是一种能够精确测量复杂集(如分形)维数的方法，其具有严格的数学定义。Hausdorff 维数以 Hausdorff 测度为基础，它是最基本的一种分形维数。

Hausdorff 测度定义为：设 $s \geqslant 0$，对任意一个 $F \subseteq \mathbf{R}^n$ 和 $\sigma > 0$，令

$$H_\sigma^s(F) = \inf \left\{ \sum |U_i|^s : \{U_i\} \text{ 是} F \text{的一个} \sigma\text{-覆盖} \right\} \tag{2.18}$$

基于 Hausdorff 测度，Hausdorff 维数的精确定义如下：

$$\dim_H F = \inf \left\{ s : H^s(F) = 0 \right\} = \sup \left\{ s : H^s(F) = \infty \right\} \tag{2.19}$$

并且 Hausdorff 测度[即 $H^s(F)$]应满足

$$H^s(F) = \begin{cases} \infty, & s < \dim_H \\ 0, & s > \dim_H \end{cases} \tag{2.20}$$

也就是说，对于一个给定的集合 F，如果把 $H^s(F)$ 看成 s 的一个函数，那么 F 的 Hausdorff 维数 $(\dim_H F)$ 是使得 $H^s(F)$ 从 ∞ 跳跃到 0 的一个临界点。即当 $s=\dim_H F$ 是有限数时，$H^s(F)$ 可能等于 0 或者 ∞，也可能满足关系式：

$$0 < H^s(F) < \infty \tag{2.21}$$

如果 F 是一个 Borel 集，并且其 Hausdorff 测度满足式 (2.20)。例如，设 F 为 $\mathbf{R}^3$ 中具有单位半径的平面圆盘，由长度、面积和体积的性质可知：

$$H^1(F) = \text{length}(F) = \infty$$

$$H^2(F) = \frac{1}{2} \times \text{area}(F) < \infty$$

$$H^3(F) = \frac{1}{6} \times \text{vol}(F) = 0 \tag{2.22}$$

于是，$s < 2$，$H^s(F) = \infty$，$s > 2$，$H^s(F) = 0$，则 $\dim_H F = 2$。

在分形理论及其应用中，对于一个给定的分形体，计算其 Hausdorff 维数是非常困难的，而且其 Hausdorff 维数的下边界也很难确定。由于其计算方法实际操作性差，限制了 Hausdorff 维数的应用。

2) 相似维数

与 Hausdorff 维数数学定义的严密性相比，相似维数 (similarity dimension, D_S) 的定义比较直观易懂：一个分形对象 A，如果能够被划分为 $N(A, r)$ 个同等大小的子集，并且每个子集与原集合以一定的比例 (r) 相似，那么集合 A 的相似维数 D_S 定义为

$$D_S = \lim_{r \to 0} \frac{\ln N(A, r)}{\ln(1/r)} = -\lim_{r \to 0} \frac{\ln N(A, r)}{\ln r} \tag{2.23}$$

3) 盒维数

盒维数也称计盒维数 (box-counting dimension)，其定义为：设 A 是 $\mathbf{R}^n$ 空间的任意非空有界子集，对于任意的一个 $r > 0$，$N_r(A)$ 为覆盖 A 所需要边长为 r 的 n 维立方体 (盒子) 的最小数目。如果存在一个数 d，使得当 $r \to 0$ 时：

$$N_r(A) \propto 1/r^d \tag{2.24}$$

那么称 d 为 A 的计盒维数 (即盒维数)，而且存在唯一正数 k 使得

$$\lim_{r \to 0} \frac{N_r(A)}{1/r^d} = k \tag{2.25}$$

对上述方程两边取对数，可进一步求得

$$d = \lim_{r \to 0} \frac{\ln k - \ln N_r(A)}{\ln r} = -\lim_{r \to 0} \frac{\ln N_r(A)}{\ln r} \tag{2.26}$$

由于 $0 < r < 1$，$\ln r$ 为负数，所以 d 为正数，通常用 D_b 来表示盒维数。

根据实际情况，统计出一系列 r 下覆盖 A 分别所需的盒子个数 $N_r(A)$，在以 $-\ln r$ 为横坐标、$\ln N_r(A)$ 为纵坐标的对数坐标系中绘出 $[-\ln r_i, \ln N_r(A)]$，最后通过这些点的拟合线斜率便可求出集合 A 的盒维数，可采用最小二乘法的线性回归分析计算斜率。

$$\ln N_r(A) = d\ln(1/r) + \ln k \tag{2.27}$$

由上述可以看出，分形维数有不同的定义和计算方法，没有一种定义和计算方法对任何分形对象都适用。对于不同的分形对象，应根据其特点选择不同的分形维数和相应的计算方法。本书后续内容重点介绍盒维数及其计算方法。

2.3.2 盒维数改进算法

多孔介质孔隙空间和孔隙界面都具有分形结构，并且具有相同的分形维数。分形维数可以用于预测多孔介质孔隙度，分形几何研究可以作为研究储层特征、成岩作用和储层分类的重要依据和新手段。在实际计算分形维数的算法程序中，需要首先得到分形体的数字图像，再根据图像进行分形维数计算。根据所使用图像的不同类型，盒维数算法又可分为基于二值图像的盒维数算法、基于灰度图像的差分盒维数算法和基于三维系列图像的三维分形盒维数算法。

1. 盒维数算法的基本步骤

通常情况下，研究对象的物理信息可以通过各种途径加以记录，得到各种图形图像，大量图形图像可以转化为数字图像，最终得到由一系列二进制数字(0 和 1)表示的二维矩阵(二值图)。盒维数算法是基于二值图像的一种分形维数计算方法，是由 Russel 等[18]最先提出的，它包含三个主要步骤：

(1)利用不同步长尺寸划分图像。

(2)计算包含对象的盒子数量。

(3)对 $\ln N_r$ 和 $\ln(1/r)$ 进行最小二乘法回归分析，拟合线斜率即为盒维数。

文献指出，在盒维数算法中盒子尺寸序列的选择对分形维数最终计算结果的影响很大[19-21]。在本书研究中也发现，对于单纯的盒维数算法，盒子尺寸序列的选择是其计算精度的主要影响因素。但是，对于不同的应用对象，影响其计算精度的因素还包括二值划分阈值和仪器成像分辨率等。

已有研究中，几何序列(等比序列)和算术序列(等差序列)是广泛使用的选取盒子尺寸序列的两种算法，其合理盒子序列范围为 $1 \leqslant s \leqslant M/2$[19-22]。虽然两种序列在一般情况都能计算出较为精确的分形维数，但在大多情况下都存在边界效应。

2. 改进的盒序列选取方法

为解决以上两种算法存在的局限问题，作者团队提出了一种改进的盒子序列选取方法——因数序列方法。简要描述如下：

假设图像大小为 $M \times N$，记 GCD 为 M 和 N 的最大公约数。如果 GCD $\neq M$ 或 N，盒

子序列 s 将选为 GCD 全部因数。如果 GCD=M 或 N，则 s 选为除去 GCD 本身的所有因数。例如，如果图像尺寸为 96×96，对于几何序列，s={1, 2, 4, 8, 16, 32, 64}；对于算术序列，如果步长选为 2，则 s={1, 3, 5, …, 45, 47}；对于因数序列，其尺寸序列为 s={1, 2, 3, 8, 12, 16, 24, 32, 48}，且刚好满足 $1 \leqslant s \leqslant M/2$ 的要求。

3. 基于灰度图像的盒维数算法

工程实际中获得的图像多数为灰度图像，如通过 CT、MRI、SEM 等获得的图像。在灰度图像二值化过程中，必定会存在信息丢失或者冗余，从而导致计算结果不准确[23]。因此有研究者提出对不需经过二值化处理的灰度图像直接进行分形维数分析的研究方法，并开发了一些相应的算法[24-26]。

在盒维数算法中，差分盒维数算法是专门用来计算这一类图像的。差分计盒（differential box-counting，DBC）算法是由 Sarkar 和 Chaudhuri 提出的一种改进的盒维数算法[27,28]。在计算灰度图像的分形维数时，DBC 算法是一种简单、快速、精确的算法。后续的研究者为了提高 DBC 算法的计算精度，对其进行了一些修正，如 Jin 等的 RDBC 算法[29]、Chen 等的 SDBC 算法[30]、Li 等的改进 DBC 算法[31]等。

1）DBC 算法简介

对于灰度图像，二维图像的灰度值可以放在一个三维空间中考虑，如图 2.11 所示。在三维坐标系中，二维图像的灰度值其实是一个灰度表面[$x, y, z(x, y)$]，其中 $z(x, y)$ 为图像 (x, y) 位置处的灰度值。图像灰度的变化情况反映在该表面的粗糙程度上，使用不同尺度去度量该表面，得到的维数就是图像灰度曲面的分形维数。

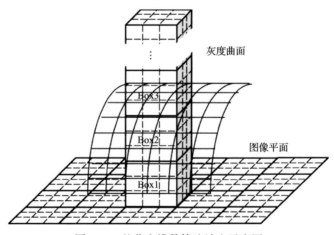

图 2.11　差分盒维数算法计盒示意图

DBC 算法具体如下：设图像大小为 $M \times N$ 像素，利用网格大小为 $s \times s$ 的网格（盒子）去完全覆盖图像，s 为整数且 $M/2 \geqslant s > 1$，记划分比率 $r = s/M$。在每个大小为 $s \times s$ 的网格上，都有一列方盒子（$s \times s \times h$）去划分三维灰度空间，设在第 (i, j) 个网格（盒子）柱中图像灰度的最小值和最大值分别落在第 k 个和第 f 个盒子中，则完全覆盖第 (i, j) 网格中的灰度值所需的盒子数 n_r 为

$$n_r = f - k + 1 \tag{2.28}$$

进而可求出覆盖整个图像所需的盒子数 N_r：

$$N_r = \sum n_r \tag{2.29}$$

改变 s 的取值，重复上述过程，将得到一组新 (N_r, r)。然后根据式 (2.25) 采用最小二乘法对 $[\ln N_r, \ln(1/r)]$ 进行线性拟合，所得拟合线的斜率就是所求得的计盒分形维数。DBC 算法流程图如图 2.12 所示。

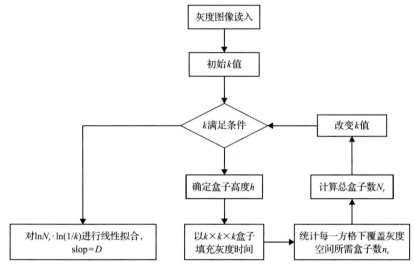

图 2.12　DBC 算法流程图

2）DBC 算法的改进

DBC 算法选取盒子大小和步长是固定的，因此其精度受到限制。为了提高 DBC 算法的精度，对其进行三方面的改进和修正，分别为修正计盒机理、在 (x, y) 平面内移动盒子列、选择适当的盒子尺寸序列。

（1）修正计盒机理。

在 DBC 算法中，盒子以一定的盒子高度被固定在图像亮度空间的特定位置上，也就是采用式 (2.26) 导致算法有时候沿 z 方向上多计盒子数。为了统计在一个盒子列内所需要的最少盒子数，盒子列必须沿着 z 方向做适当移动。本书定义了更加合理的 $n_r(i, j)$：

$$n_r(i, j) = \begin{cases} \mathrm{ceil}\left(\dfrac{I_{\max} - I_{\min} + 1}{s'} \right), & I_{\max} \neq I_{\min} \\ 1, & I_{\max} = I_{\min} \end{cases} \tag{2.30}$$

式 (2.30) 的物理意义是：在给定的 (i, j) 处盒子列内，盒子的计数是从最小的灰度级开始的，而不是 0 级灰度。因此，获得的 $n_r(i, j)$ 也就是覆盖第 (i, j) 盒子列内灰度曲面所需要的最小盒子数。

（2）(x, y) 平面内移动盒子列。

由于少计盒子数发生在具有灰度阶跃的两个相邻盒子列处，改进的方法就是通过在

(x, y) 面上以一定方式移动盒子列，反复统计盒子数后取最优的一个。假设某个图像的大小为 $M×M$，将其图像灰度放在一个三维空间坐标内考虑，(x, y) 平面表示图像平面的像素位置，z 轴代表像素的灰度值。在改进的方法中，(x, y) 平面仍然被分割成大小为 $s×s$ 的非重叠的网格块，在每个网格块上有一列竖直排列的尺寸大小 $s×s×s'$ 的盒子，s' 代表盒子的高度，其值通过 $G/s'=M/s$ 定义，G 为图像的总灰度级数。移动盒子列前，记覆盖第 (i, j) 处网格块内灰度曲面所需要的盒子数为 n_r_old，然后以一定规则（方向）在 (x, y) 面内将这个网格块移动 δ 像素，重新统计盒子数，记为 n_r_new。比较 n_r_old 和 n_r_new 的数值，取数值大的作为最终的 n_r：

$$n_r = \max(n_r\_old, n_r\_new) \tag{2.31}$$

式中，n_r_old 和 n_r_new 皆由式 (2.28) 计算。

经过上述处理，即使两个相邻盒子列处存在剧烈的灰度阶跃，也不会再发生少计盒子数的情况，从而能够捕捉准确灰度曲面阶跃的信息。最后，整幅图像在分割尺寸 s 下所需要的总盒子 N_r 仍通过式 (2.29) 计算，再对 $\ln N_r$ 和 $\ln(1/r)$ ($r=s/M$) 进行最小二乘法的线性拟合，拟合直线的斜率就是计算出的分形维数。

(3) 选择合适的盒子尺寸序列。

差分盒维数算法与常规盒维数算法一样，也存在盒子尺寸选择的问题，盒子尺寸序列的选择对分形维数计算精度的影响也很大。Sarkar 和 Chaudhuri 认为网格盒子尺寸应在 $2 \leqslant s \leqslant M/2$ 范围内[27,28]。本书改进算法也采用此网格盒子尺寸的上界和下界，区别在于改进算法根据图像尺寸的不同选择与之对应的盒子尺寸序列，而不是对所有的图像只选择一种盒子序列。

在本节中，为了消除盒子尺寸序列对算法结果的影响，所有算法的盒子尺寸都选择 $s=2^i$ (i 是整数) 的形式。主要原因是这种等比数列尺寸能够避免反复扫描整幅图像，从而提高算法的计算效率；而且由于试验中所采用的图像大小都是 $2^n×2^n$ 像素 (256×256 或 512×512)，这些网格尺寸序列能够完全将图像分割为整数个格子，即在图像的边缘处不存在尺寸小于 $s×s$ 的部分。当然，如果所采用的图像大小不是 $2^n×2^n$ 像素，则相应程序中需要对盒子尺寸序列进行特殊处理。

2.3.3 岩心孔渗分形分析

前面指出，当 DBC 算法用于具体研究对象时，除其本身盒子尺寸序列影响计算结果外，还受其他因素影响。对于岩心 MRI 图像，进行分形维数计算时，图像分辨率也是影响分形维数评估的一个重要因素。一般而言，图像分辨率越高，越能够获得微观孔隙结构，计算的分形维数也就更加能够反映真实的多孔介质结构。

1. 基于二值化图像的孔渗分形分析

应用上述差分盒维数算法计算岩心 MRI 图像分形维数，并建立其分形维数与孔隙度、渗透率之间的关系，是分形研究的最终目标。作者团队利用四种岩心开展研究（分别记号为 R1、R3、R4 和 R5），FOV=40mm×40mm，考虑到 MRI 仪器的限制因素，成像矩阵选择的大小为 256×256，以使其处于最佳状态。为了消除图像边缘的无效部分，获得的原始 MRI 图像被裁剪为 128×128。通过调整亮度、对比度和去噪，采用最小误差法将 MRI 灰度图像进行二值化阈值分割，二值化后的图像如图 2.13 所示。

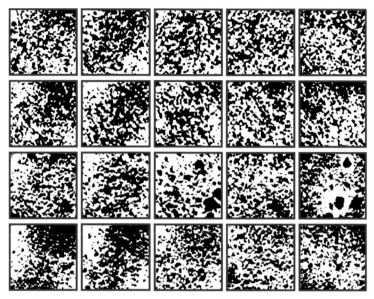

图 2.13　经过图像裁剪，调整亮度、对比度和去噪后获得的岩心截面二值图像

采用差分盒维数算法计算这四个样品的分形维数及相关误差，如表 2.6 所示。可以发现，计算得到的分形维数都有很小的拟合误差，从二值图像中得到的平均孔隙度与传统饱和称重法的测量结果吻合较好，这表明计算结果准确可信。另外，同一岩心不同片层的分形维数也非常接近（R1、R3、R4 和 R5 分形维数的标准差分别为 0.0402、0.0677、0.0836 和 0.0854），但是不同岩心之间的差别就很明显（R1、R3、R4 和 R5 的平均分形维数分别为 1.6517、1.2966、1.7338 和 1.7880）。由此可以得出结论，分形维数可以用于区分不同类型的岩心。

表 2.6　差分盒维数算法计算的四种岩心的分形维数、拟合误差和孔隙度

样品(片层)	分形维数	拟合误差	孔隙度	分形维数平均值(标准差)	孔隙度平均值(标准差)
R1-1	1.6894	0.0162	0.2291		
R1-2	1.6807	0.0159	0.1994		
R1-3	1.6359	0.0188	0.1983	1.6517 (0.0402)	0.2108 (0.0147)
R1-4	1.5898	0.0217	0.2030		
R1-5	1.6628	0.0180	0.2244		
R3-1	1.2728	0.0212	0.1796		
R3-2	1.2214	0.0141	0.1801		
R3-3	1.2733	0.0299	0.1760	1.2966 (0.0677)	0.1789 (0.0022)
R3-4	1.3125	0.0289	0.1773		
R3-5	1.4030	0.0221	0.1814		

续表

样品(片层)	分形维数	拟合误差	孔隙度	分形维数平均值(标准差)	孔隙度平均值(标准差)
R4-1	1.8585	0.0084	0.3802		
R4-2	1.6594	0.0163	0.3080		
R4-3	1.6710	0.0164	0.3094	1.7338 (0.0836)	0.3430 (0.0411)
R4-4	1.7025	0.0162	0.3234		
R4-5	1.7778	0.0115	0.3942		
R5-1	1.8565	0.0072	0.3795		
R5-2	1.8247	0.0088	0.3093		
R5-3	1.6791	0.0177	0.3689	1.7880 (0.0854)	0.3776 (0.0505)
R5-4	1.7148	0.0171	0.3786		
R5-5	1.8648	0.0082	0.4516		

此外，对不同岩心孔隙度(孔隙分布)、渗透率与分形维数的关系也做了进一步研究。分形维数与孔隙度的关系和分形维数与渗透率的关系在趋势上非常相似，如图 2.14(a)和(b)所示，其中，R3 的孔隙度和渗透率是最小的，计算得到的分形维数也是最小的。分形维数与孔隙度、渗透率的关系如图 2.14(c)和(d)所示。为了方便拟合出合理的曲线，在图中增加了两个极值点。在图 2.14(c)中增加的两个极值点是 $(0, 0)$ 和 $(1, 2)$，增加这两个点的原因是当孔隙度为 0 时，图像中没有孔隙结构，盒子捕捉不到对象，对应的分形维数也为 0；而当整个图像中全是孔隙时，孔隙分布就是一个完全二维平面，平面的分形维数为 2。这两个极值的限定足以保证拟合出的分形维数都处于[0, 2]的合理范围内。在图 2.14(d)中增加的两个极值点为 $(0, 0)$ 和 $(3000, 2)$，当渗透率为 0 时，有效孔隙度为 0，所以分形维数也为 0；当图像全是孔隙时，渗透率为最大值，此处取 $(3000, 2)$。从图 2.14(c)和(d)的拟合曲线可以发现，孔隙度变大或渗透率提高都能够得到更高的分形维数，而且分形维数与孔隙度、渗透率的拟合曲线都恰好能够满足关系式：

$$D = a - \frac{a}{1 + (x / b)^c} \tag{2.32}$$

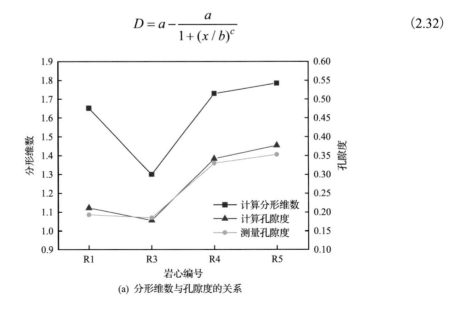

(a) 分形维数与孔隙度的关系

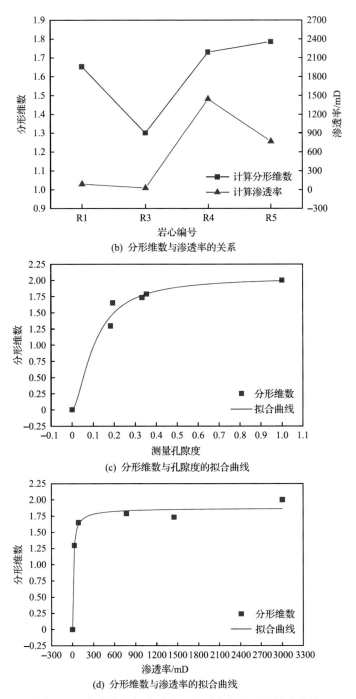

(b) 分形维数与渗透率的关系

(c) 分形维数与孔隙度的拟合曲线

(d) 分形维数与渗透率的拟合曲线

图 2.14 分形维数与孔隙度和渗透率的关系及拟合曲线

对于分形维数与孔隙度的关系：

$$D = 2.045 - \frac{2.045}{1 + (x / 0.107)^{1.622}} \qquad (2.33)$$

拟合的相关系数为 0.9677。

对于分形维数与渗透率的关系：

$$D = 1.875 - \frac{1.875}{1 + (x/11.309)^{0.892}} \tag{2.34}$$

拟合的相关系数为 0.9774。

利用此关系式，可以预测已知孔隙度岩心结构的分形维数，或者已经得到岩心分形维数时预测其孔隙度或渗透率。

2. 基于孔隙分布灰度图像的分形分析

仍然采用 R1、R3、R4 和 R5 四种岩心，经图像裁剪、调整亮度和对比度以及去噪后，获得的灰度图像如图 2.15 所示，除没有最后一步阈值分割外，其他处理过程及相应参数（如图像裁剪大小、滤波参数等）与前面相同。

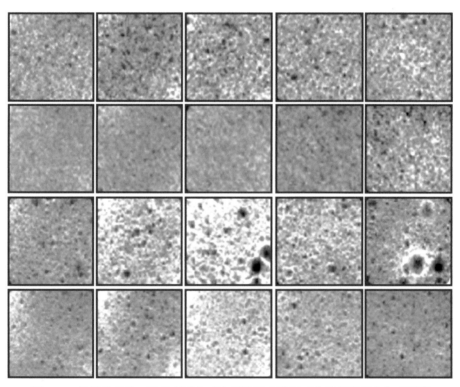

图 2.15　经图像裁剪、调整亮度和对比度以及去噪后对应获得的岩心灰度图像

采用改进的 DBC 算法计算这四个样品的分形维数及相关误差，如表 2.7 所示。从表中可以看出，同一岩心的不同片层灰度图像的分形维数也非常接近（R1、R3、R4 和 R5 分形维数的标准差分别为 0.0116、0.0343、0.0174 和 0.0062），但是不同岩心之间的差别就很明显（R1、R3、R4 和 R5 的平均分形维数分别为 2.4495、2.4174、2.4459 和 2.4215）。由此可以得出结论，灰度图像的分形维数也可以用于区分不同类型的岩心。

表 2.7 改进的 DBC 算法计算的四种岩心灰度图像的分形维数、拟合误差

样品(片层)	分形维数	拟合误差	分形维数平均值(标准差)	孔隙度	渗透率/mD
R1-1	2.4610	0.0144			
R1-2	2.4460	0.0151			
R1-3	2.4489	0.0150	2.4495 (0.0116)	19.36	88
R1-4	2.4323	0.0140			
R1-5	2.4595	0.0151			
R3-1	2.4407	0.0132			
R3-2	2.4018	0.0136			
R3-3	2.3649	0.0120	2.4174 (0.0343)	18.29	29
R3-4	2.4304	0.0150			
R3-5	2.4491	0.0149			
R4-1	2.4301	0.0134			
R4-2	2.4645	0.0156			
R4-3	2.4437	0.0149	2.4459 (0.0174)	33.22	1450
R4-4	2.4630	0.0152			
R4-5	2.4282	0.0143			
R5-1	2.4195	0.0124			
R5-2	2.4164	0.0139			
R5-3	2.4321	0.0125	2.4215 (0.0062)	35.36	771
R5-4	2.4213	0.0137			
R5-5	2.4182	0.0131			

本书也对不同岩心的孔隙度(孔隙分布)、渗透率与灰度图像的分形维数存在的关系做了进一步研究。分形维数与孔隙度的关系以及分形维数与渗透率的关系如图 2.16(a)和(b)所示。从图 2.16(a)可以看出，在四块岩心中，分形维数的变化趋势并不严格同步于孔隙度的变化趋势。其原因是分形维数不仅受片层图像内孔隙多少的影响，还受孔隙分布是否规则的影响。孔隙度大、孔隙多，但是孔隙分布集中、规则、连通性好，对应的灰度图像的灰度曲面也相对规则，因此计算出来的分形维数不是很大；相对而言，孔隙少但是孔隙分布离散、不规则、孔隙通道扭曲多变，对应的灰度图像的灰度曲面起伏就会很大，相应的分形维数就会高。也就是说，灰度图像的分形维数是孔隙多少和分布情况共同作用的结果，所以它与孔隙度并不是线性递增的关系。

渗透率和分形维数的趋势分析类似于孔隙度和分形维数的分析过程，因为渗透率也同时受孔隙多少和分布情况的影响，区别是渗透率与分形维数的总体变化趋势有一定相似性，如图 2.16(b)所示。

为了进一步量化分析孔隙分布灰度图像分形维数与孔隙度和渗透率的关系，将分形维数与孔隙度和渗透率的数据分别进行拟合，如图 2.16(c)和(d)所示。为了方便拟合出合理的曲线，在图中增加了两个极值点。在图 2.16(c)中增加的是(0, 2)和(1, 2)。无论孔隙度是 0 还是 1，对应的灰度图像只有一个灰度等级，计算获得的分形维数总是为 2，

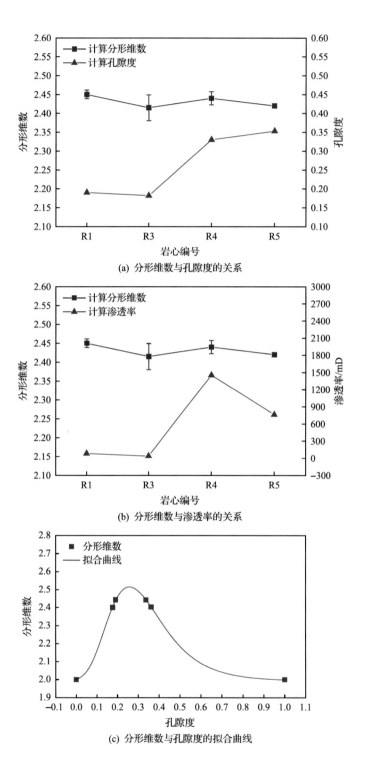

(a) 分形维数与孔隙度的关系

(b) 分形维数与渗透率的关系

(c) 分形维数与孔隙度的拟合曲线

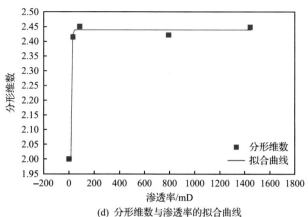

(d) 分形维数与渗透率的拟合曲线

图 2.16 分形维数与孔隙度和渗透率的关系及拟合曲线

所以增加了这两个点。在图 2.16(d)中增加的点是 (0, 2.0)，因为当渗透率为 0 时，图像没有孔隙，只有一个灰度级，所以对应的分形维数仍为 2.0。

从图 2.16(c)和(d)可以发现，分形维数与孔隙度拟合曲线满足

$$D = 1.994 + 0.522 e^{(1 + z - e^z)}, \quad z = \frac{0.258 - x}{0.131} \tag{2.35}$$

拟合的相关系数为 0.9993。

分形维数与渗透率的拟合关系曲线满足

$$D = 2.439 - \frac{0.439}{1 + (x / 23.514)^{14.128}} \tag{2.36}$$

拟合的相关系数为 0.9939。

利用上面的关系式，可以预测已知孔隙度的岩心结构的分形维数，或者根据算出的分形维数来预测这类多孔介质的孔隙度或渗透率。

参 考 文 献

[1] 易敏, 黄瑞瑶, 孙良田, 等. 测量储层多孔介质孔隙度及其分布的新方法. 西南石油学院学报, 2004, 26(2): 43-48.

[2] 高健, 吕静. 应用 CT 成像技术研究岩芯孔隙度分布特征. CT 理论与应用研究, 2009, 18(2): 50-56.

[3] 章钰, 孟凡顺. 基于声波测井资料确定泥质砂岩储层孔隙度的方法研究. 内蒙古石油化工, 2008: 1882-1884.

[4] 刘慧芳, 于吉顺. 电子显微镜图像法测定岩石的孔隙度. 电子显微学报, 2006, 25(B08): 358-359.

[5] 谢然红, 肖立志, 邓克俊. 核磁共振测井孔隙度观测模式与处理方法研究. 地球物理学报, 2006, 49(5): 1567-1572.

[6] 彭石林, 叶朝辉, 刘买利. 多孔介质渗透率的 NMR 测定. 波谱学杂志, 2006, 23(2): 272-283.

[7] Doughty C, Pruess K, Benson S M, et al. Hydrological and geochemical monitoring for a CO_2 sequestration pilot in a brine formation. San Francisco: Lawrence Berkeley National Laboratory, 2004.

[8] Suekane T, Soukawa S, Iwatani S, et al. Behavior of supercritical CO_2 injected into porous media containing water. Energy, 2005, 30: 2370-2382.

[9] Chen S, Kim K H, Qin F, et al. Quantitative NMR imaging of multiphase flow in porous media. Magnetic Resonance Imaging, 1992, 10(5): 815-826.

[10] Merrill M R. Porosity measurements in natural porous rocks using magnetic resonance imaging. Applied Magnetic Resonance, 1993, 5(3-4): 307-321.

[11] Borgia G C, Bortolotti V, Dattilo P, et al. Quantitative determination of porosity: A local assessment by NMR imaging techniques. Magnetic Resonance Imaging, 1996, 14(7-8): 919-921.

[12] Williams J L A, Taylor D G. Measurements of viscosity and permeability of two phase miscible fluid flow in rock cores. Magnetic Resonance Imaging, 1994, 12(2): 317-318.

[13] Carman P C. Fluid flow through granular beds. Transactions of the Institution of Chemical Engineers, 1937, 15: 150-166.

[14] Chapuis R P, Aubertin M. Predicting the coefficient of permeability of soils using the Kozeny-Carman equation. Montreal: École Polytechnique de Montréal, 1992.

[15] Muller J. Characterization of pore space in chalk by multifractal analysis. Journal of Hydrology, 1996, 187: 215-222.

[16] Yu B, Cheng P. A fractal permeability model for bi-dispersed porous media . International Journal of Heat and Mass Transfer, 2002, 45: 2983-2993.

[17] Benoit B M, Michael F M. Encyclopedia of Physical Science and Technology. 3rd ed. New York: Academic Press, 2003: 185-207.

[18] Russel D, Hanson J, Ott E. Dimension of strange attractors . Physical Review Letters, 1980, 45(14): 1175-1178.

[19] Bisoi A K, Mishra J. On calculation of fractal dimension of images . Pattern Recognition Letters, 2001, 22: 631-637.

[20] Buczkowski S, Kyriacos S, Nekka F, et al. The modified box-counting method-analysis of some characteristic parameters . Pattern Recognition, 1998, 31(4): 411-418.

[21] Pruess S. Some remarks on the numerical estimation of fractal dimension//Barton C C, Pointe P R. Fractals in the Earth Sciences. New York: Plenum Press, 2007: 65-75.

[22] Baveye P, Boast C W, Ogawa S, et al. Influence of image resolution and thresholding on the apparent mass fractal characteristics of preferential flow patterns in field soils . Water Resources Research, 1998, 34(11): 2783-2796.

[23] Mendoza F, Verboven P, Ho Q T, et al. Multifractal properties of pore-size distribution in apple tissue using X-ray imaging . Journal of Food Engineering, 2010, 99(2): 206-215.

[24] San José Martínez F, Martín M A, Caniego F J, et al. Multifractal analysis of discretized X-ray CT images for the characterization of soil macropore structures . Geoderma, 2010, 156(1-2): 32-42.

[25] Xu S, Weng Y. A new approach to estimate fractal dimensions of corrosion images . Pattern Recognition Letters, 2006, 27(16): 1942-1947.

[26] 彭瑞东, 杨彦从, 鞠杨, 等. 基于灰度 CT 图像的岩石孔隙分形维数计算. 科学通报, 2011, 56(26): 2256-2266.

[27] Sarkar N, Chaudhuri B B. An efficient differential box-counting approach to compute fractal dimension of image . IEEE Transactions on Systems, Man, and Cybernetics, 1994, 24(1): 115-120.

[28] Sarkar N, Chaudhuri B B. Multifractal and generalized dimensions of gray-tone digital images. Signal Processing, 1995, 42: 181-190.

[29] Jin X C, Ong S H, Jayasooriah. A practical method for estimating fractal dimension. Pattern Recognition Letters, 1995, 16: 457-464.

[30] Chen W S, Yuan S Y, Hsieh C M. Two algorithms to estimate fractal dimension of gray-level images. Optical Engineering, 2003, 42(8): 2452.

[31] Li J, Du Q, Sun C. An improved box-counting method for image fractal dimension estimation. Pattern Recognition, 2009, 42(11): 2460-2469.

第 3 章 储层润湿性与流体界面张力

CO₂ 地质封存中岩石润湿性、界面张力等对孔隙内流体分布、毛细管力方向和大小有显著影响。研究岩石的润湿性、气液界面张力对 CO₂ 地质封存选址、封存量评估及安全性评价具有重要意义。本章介绍岩石润湿性和 CO₂-咸水界面张力的实验测量方法，并分析温度、压力及岩心类型等对润湿性、界面张力的影响。

3.1 润湿性与界面张力分析

润湿性与界面张力是表征流体与岩石以及不同流体之间作用的两个特性参数。由于储层结构的复杂性，整个储层的润湿性难以原位测量，通常采用测量储层岩心表面接触角来代表整个储层的润湿性，对于界面张力，则是在人为构造的储层条件下测量气-液或液-液间的界面张力。

3.1.1 接触角测量方法

润湿性是指一种流体在另一种互不溶的流体氛围下，在岩石表面上的扩散或依附趋势。通常用接触角的大小表征润湿性的强弱，接触角越小，流体对岩石的润湿性越强，反之则越弱。由于储层岩石结构非常复杂，尚没有合适的方法原位测量储层岩石的接触角，而是采用岩石样品（岩心）进行接触角测量来估算储层条件下岩石的整体润湿性。

接触角描述的是气-液-固系统达到最小总能量的平衡状态时三相界面间的关系。根据 Laplace 方程［式（3.1）］可知，接触角是由气-液、液-固和气-固三相两两之间的相互作用决定的。因此，特定的气-液-固三相体系的接触角是一定的，如图 3.1 所示：

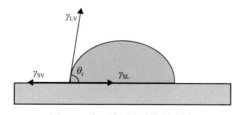

图 3.1 气-液-固系统接触角

$$\gamma_{SV} - \gamma_{SL} - \gamma_{LV}\cos\theta = 0 \tag{3.1}$$

式中，γ_{SV}、γ_{SL}、γ_{LV} 分别表示固-气、固-液、液-气之间的作用力；θ 表示接触角。

通常可用称重法和图像分析法对接触角进行测量。称重法采用润湿天平或渗透法接触角仪来测量接触角，该方法测量过程复杂、结果不直观，因此应用较少。目前应用最广泛、测量最准确与直接的是图像分析方法，它不仅精度高，还可以测量本征接触角（θ_i）、前进角(θ_a)、后退角(θ_r)等不同形式的接触角。图像分析法通过高精度的 CCD(charge coupled device)相机获得置于固体表面上液滴的高清图像,然后采用数字图像处理技术及相应的算法计算接触角。近年来,随着计算机处理能力和数字图像处理技术的进步,图像分析法获得的接触角精度得到显著提高。例如,采用轴对称滴形图像分析法测量的接触角精度可以达到±0.2°。

在 CO_2 和咸水条件下岩石润湿性的研究仍存在争议。一般在两相或三相系统中,气体被认为是非润湿相。Chiquet 等[1]研究了 CO_2 氛围下咸水与云母、石英之间的润湿特性,发现 CO_2 对这些矿物的润湿性几乎没有影响。根据他们的研究,这些矿物润湿性的变化是由于压力增大矿物表面的静电作用力减小引起的,它们的相互作用让矿物表面更倾向亲水性。然而,其他研究者却发现随着压力的增大,岩石表面的润湿性逐渐减弱。此外,Mahadevan[2]提到岩石表面的污染物会影响接触角的测量。

3.1.2 界面张力测量方法

流体间的界面张力对 CO_2 封存的安全性产生重要影响。早期的界面张力实验主要是针对 CO_2 提高石油采收率的研究,CO_2 咸水层封存相关的界面张力实验主要是测量 CO_2 和纯水的界面张力[3-7],或者在较低的咸水浓度下进行,未发现浓度对界面张力的影响。然而,Chalbaud 等[7]实验中发现在一定范围内,界面张力随压力的增大而减小,随温度和咸水浓度的增大而增大,而当系统达到一定压力之后,界面张力达到平稳状态,不再依赖温度和压力。目前在 CO_2 咸水层封存界面张力方面还存在研究数据的空白,开展不同封存条件下 CO_2 和咸水间的界面张力实验研究对 CO_2 封存具有很大的实用价值。

近年来,学者开发了一些界面张力测量方法,包括威廉平板法和吊环法[8]、滴体积法[9]、振荡射流法[10]、毛细管波方法[11]、旋滴法[12]和滴形法[13]。总结这些方法可以发现,每一种方法都无法同时满足简便性、准确性和灵活性的统一。滴形法是通过悬滴、鼓泡或坐滴的图像分析获得界面张力,测量方法简单且准确度相对较高,被许多研究者广泛采用。

滴形法需要的液量少、容易操作、适用的材料范围广泛,可以用于复杂实验条件下,如在高压高温条件下进行界面张力测量。滴形法中液滴的轮廓是由数字图像记录的,不但可以获得静态的界面张力,还可以测出界面张力随时间变化的动态值。其测量原理是:界面张力有让液滴呈现球形的趋势,而重力有让液滴拉长的趋势。当界面张力和重力平衡时,就可以通过分析液滴的形状和已知的液滴重力测出其界面张力。

数学上液滴的界面张力与重力以及其他力之间的关系可以通过毛细管力 Laplace 方程表达[13]。通过式(3.2)建立弯曲面上的压差和界面张力间的关系:

$$\gamma \left(\frac{1}{R_1} + \frac{1}{R_2} \right) = \Delta P \tag{3.2}$$

式中,R_1、R_2 为两个主曲率半径;ΔP 为整个界面上的压差。在除重力之外没有别的外力作用下,ΔP 和液滴高度呈线性关系,即

$$\Delta P = \frac{1}{2}\Delta P_0 + (\Delta\rho)gz \tag{3.3}$$

式中，ΔP_0 为参考面上的压差；z 为被测液滴中参考面的垂直高度。对于已知的 γ，液滴的形状与流体密度和重力、顶端的曲率半径等物理性质和几何性质有关。

为了准确获得液滴的几何参数，Rotenberg[14]开发了一种很强大的轴对称滴形分析 (axisymmetric drop-shape analysis，ADSA)方法，此方法中液滴的轮廓跟 Laplace 曲线相符。ADSA 方法统一了坐滴法和悬滴法，对液滴尺寸没有任何特殊的限制。该方法应用范围广泛，可以获得界面张力、接触角、滴体积、表面积、曲率半径和接触半径。Cheng 等[15]通过图像处理来自动探测液滴边缘的技术简化了 ADSA 方法，并通过液滴实验评估了该方法，提高了其准确性。实验发现，悬滴法中颈部附近的点的数据对结果影响较大，而坐滴法中液-固接触面附近的点的数据对结果影响较大。

ADSA 方法的一般流程为：首先，通过悬滴法或坐滴法得到滴形图像，用图像分析法得到滴形轮廓的坐标值；然后把滴形几何参数和相关的物理特性参数输入数值分析程序中，这些程序把图形参数与已知的界面张力 Laplace 曲线进行匹配，从而得到最适合的结果。

悬滴法是 ADSA 方法的一种，较早应用于界面张力的测量。其基本思想是：当液滴静止悬挂于毛细管管口时，液滴的外形主要取决于重力和界面张力的平衡。因此，通过对液滴外形的测量就能推算出界面张力。ADSA 方法把处理过的滴形图像参数与已知的界面张力 Laplace 曲线进行匹配，从而得到界面张力值。

Laplace 方程是表示被表面分隔的两种均质流体的力学平衡状态方程，它的坐标图如图 3.2 所示。

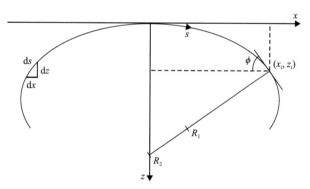

图 3.2 被表面分隔的两种均质流体的坐标图

对于具有对称外形的两种均质流体界面，Laplace 方程可以转化为几何外形的关系，表达式如式(3.4)所示，界面张力关于 z 轴对称，那么第一个曲率半径 R_1 与弧长 s 和界面张力及平板的倾斜角 ϕ 有关：

$$\frac{1}{R_1} = \frac{\mathrm{d}\phi}{\mathrm{d}s} \tag{3.4}$$

第二个曲率半径 R_2 满足

$$\frac{1}{R_2} = \frac{\sin\phi}{x} \tag{3.5}$$

由于界面张力的轴对称性，顶点在各方向上的曲率是不变的，因此两个曲率半径相等，即

$$\frac{1}{R_1} = \frac{1}{R_2} = \frac{1}{R_0} = b \tag{3.6}$$

式中，R_0 和 b 分别为曲率半径和原点的曲率。从式(3.3)可知，原点的压力差可表示为

$$\Delta P_0 = sb\gamma \tag{3.7}$$

把式(3.4)、式(3.5)、式(3.7)代入式(3.2)，并定义毛细管力常数 c，得到

$$\frac{\mathrm{d}\phi}{\mathrm{d}s} = 2b + cz - \frac{\sin\phi}{x} \tag{3.8}$$

$$c = \frac{\Delta\rho g}{\gamma} \tag{3.9}$$

对于悬滴法，毛细管力常数 c 为正值，而对于坐滴法，它为负值。

从式(3.8)液滴形状参数的几何关系可得

$$\frac{\mathrm{d}x}{\mathrm{d}s} = \cos\phi \tag{3.10}$$

$$\frac{\mathrm{d}z}{\mathrm{d}s} = \sin\phi \tag{3.11}$$

把 x、z、ϕ 关于弧长 s 进行一阶微分，其边界条件为

$$x(0) = z(0) = \phi(0) \tag{3.12}$$

而且当 $s=0$ 时

$$\frac{\mathrm{d}\phi}{\mathrm{d}s} = b \tag{3.13}$$

通过以上方程，对已给定的 b、c，可以得到完整的 Laplace 轴对称方程表达式。然而联立方程的一般解析解仍是未知的，需要采用数字集成法来表示 Laplace 曲线。

在 19 世纪末，Bashforth 和 Adams 推导出了一个静力(界面张力对重力)平衡时的悬滴轮廓的方程[16]：

$$2 - \beta \frac{z}{b} = \frac{1}{R/b} + \frac{\sin\phi}{x/b} \tag{3.14}$$

式中，ϕ 为界面点 (x, z) 处切线的倾斜角；R 为滴轮廓线一点 $p(x, z)$ 处的曲率半径；b 为液滴底端的曲率半径；β 为一个复合变量，称为液滴的形状因子，其值直接决定了液滴的形状，表达式为

$$\beta = \frac{g\Delta\rho b^2}{\gamma} = \frac{b^2}{a^2} \tag{3.15}$$

其中，g 为当地重力加速度；γ 为界面张力；$\Delta\rho$ 为两相密度差；a 为毛细管常数，可表示为

$$a = \sqrt{\frac{\gamma}{\Delta\rho g}} \tag{3.16}$$

由于确定 β 和 b 比较困难，Andreas 等[17]忽略了 β 和 b，并进一步简化界面张力计算公式：

$$\gamma = \frac{g\Delta\rho D_e^2}{H} \tag{3.17}$$

式中，D_e 为液滴的赤道直径(图 3.3)；H 为形状参数，它与液滴的形状因子 S 有关，其表达式为

$$S = \frac{D_s}{D_e} \tag{3.18}$$

其中，D_s 为距离液滴底部 D_e 处平面的直径(图 3.3)。

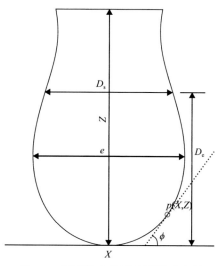

图 3.3 界面张力悬滴法测量示意图

之后，Fordham[18]和 Stauffer[19]用不同的方法总结出适用于普遍液体的 S 和 H 的关系式，并建立对应的经验关系表格。Roe 等[20]通过测量液滴轮廓多出极限位置的特征尺寸，提高了测量的可靠性和精度。因此，当两相的密度差已知时，只要通过图像采集法得到液滴的 D_e 和 D_s 值，就可以计算出两相之间的界面张力值。

现代的基于数字图像的完全液滴轮廓法是通过摄像机/相机抓取一悬滴的图像，并将整个图像处理过程数字化。数字化后的图像由计算机进行处理，测定整个悬滴轮廓的坐标，拟合得到描述悬滴轮廓的 Bashforth-Adams 方程[16]，就可算出毛细管常数 a。在界面两相的密度差和重力加速度已知的情况下，就可以利用式(3.17)计算出界面张力值。基于数字图像的悬滴法计算界面张力的流程图如图 3.4 所示，整个计算过程不需要人工介入，获得图像后，在短时间内就能计算出界面张力值。

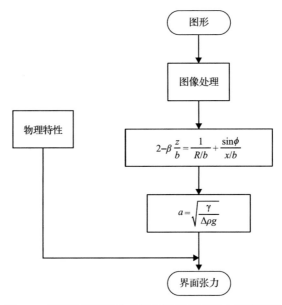

图 3.4　基于数字图像的悬滴法计算界面张力的流程图

3.1.3　实验系统介绍

接触角和界面张力的实验系统原理如图 3.5 所示。整个实验系统放置在无振动的实验台上，实验系统核心由 DropMeter 光学接触角/界面张力测量仪和自行设计的视窗压力容器组成。

DropMeter 光学接触角/界面张力测量仪采用进口 1.7 倍远心光学镜头[图 3.6(a)]，工作距离约 110mm。用于图像采集的 CCD 摄像机为高分辨率 USB 2.0 工业数码相机，其最大分辨率为 1280 像素×1024 像素，最大分辨率时的速度为 25f/s(帧每秒)。CCD 摄像机通过安装在主机上的帧捕获软件获得液滴的数字化录像，用于后期处理。采集并储存的液滴图像被实时导入图形分析和数值处理软件中，软件自动探测液滴轮廓曲线，并计算界面张力和接触角。背光灯用于从背面照亮液滴，背光灯和视窗之间装有毛玻璃片，可以使背光均匀照亮液滴，在图像采集过程中获得亮度分布较均匀的图像。

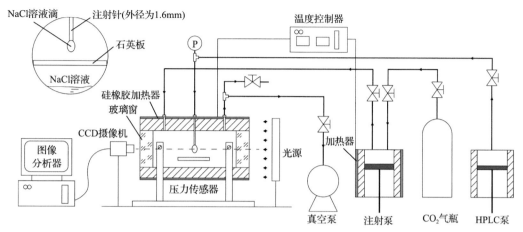

图 3.5 接触角与界面张力测量系统的原理图

(a) 高压反应釜

(b) 进液泵

图 3.6 DropMeter™光学接触角/界面张力实验系统

在悬滴法测量界面张力时，在一个带视窗的高压反应釜[图 3.6(a)]中通过进液泵[图 3.6(b)]注入形成液滴。反应釜腔体材质为不锈钢，两侧带有高透光性的耐高压、耐温玻璃，承压为 20MPa，通过外径为 1/16in 的不锈钢管道与进液泵相连。进液泵的流量控制范围为 0.002～9.998mL/min，最大工作压力为 42MPa；在反应釜上安装一个压力传感器，实时监测反应釜内的压力。反应釜内的 CO_2 气体氛围压力由一个柱塞泵控制，容积为 266.4mL，最大流速为 107mL/min，精度为 0.5%。反应釜的温度由电热控制器来控温，控温范围为 30～80℃，控制精度为 ±0.8℃。反应釜外壁用加热带、保温套包裹，系统管路上也用保温套包裹，以减小散热。

3.2 储层润湿性及影响因素

根据岩石润湿性强弱，接触角在 0°～180°变化。研究表明，储层的润湿特性会随着与流体的接触而发生改变。本章主要研究水对岩石的润湿性，也称亲疏水性。当岩石与水间的接触角为 0°～70°时，认为岩石具有亲水性；当岩石与水间的接触角为 70°～110°时，认为岩石是中性润湿；当岩石与水间的接触角为 110°～180°时，认为岩石具有疏水性。本节采用液滴法测量 CO_2 气氛下咸水与砂岩岩心表面的接触角，并对其主要影响因素进行分析。

3.2.1 润湿性分析

采用均质性较好的 Berea 砂岩岩心作为实验样品，在温度分别为 27℃、35℃和 40℃，压力为 3～12MPa 条件下，测量浓度为 0.102mol/L 的 NaCl 溶液在不同渗透率岩心表面上的接触角。为了减少咸水在 CO_2 气氛中的蒸发引起的误差，注入液滴之前先将咸水与 CO_2 在混合器中充分混合，达到溶解相平衡。实验中研究了温度、压力及岩心成分对接触角的影响。

坐滴法接触角测量是获得固体表面上气–液–固三相接触面之间的切线与基准线之间的夹角，从而用于评估固体表面的润湿性。测量接触角时需要注意以下几点：

(1)表面的粗糙度对接触角的测量影响较大，因此实验要使用表面光滑的岩心。

(2)实验之前，把岩心放在烘温箱里烘干 2h。为了避免岩心表面被污染，用夹子把岩心片放入高压反应釜的支架上。

(3)基准线对测量结果影响很大，基准线的偏差会引起很大的接触角测量误差。特别是在接触角较大（>160°）或很小（<20°）的情况下，液–固交界面较难分辨[21]，更需要准确判断基准线。实验系统中采用的 DropMeter 软件带有自动检测基准线的功能，在每次测量接触角前，系统可以自动确定基准线，大大减少了人工绘制基准线的误差。

3.2.2 润湿性影响因素

实验中使用两块具有不同渗透率的 Berea 岩心，测量在不同温度、压力条件下的接触角，结果如表 3.1 所示。

表 3.1 在不同温度、压力下 CO_2–咸水–岩心的接触角

压力/MPa	1 号 Berea 岩心 (22.92mD)			2 号 Berea 岩心 (96.53mD)		
	27℃	35℃	40℃	27℃	35℃	40℃
3	18.8°	58.9°	32.9°	62.6°	44.1°	49.6°
5	—	—	33.2°	—	—	40.5°
7	—	—	29.5°	—	—	41.1°
8	20.3°	26.9°	30.9°	46.2°	47.1°	40.7°
9	—	—	37.0°	—	—	42.4°
12	21.2°	23.9°	27.5°	34.9°	66.4°	59.2°

由表 3.1 可知，NaCl 咸水溶液在两种岩心上的接触角都随温度和压力的变化有波动。图 3.7 和图 3.8 为 NaCl 咸水溶液在 1 号和 2 号 Berea 岩心表面上的坐滴图像。对于 1 号 Berea 岩心，在 27℃时，其接触角随压力的变化并不明显，但在 40℃时随着压力的

增大，CO_2 从气态逐渐变为超临界态，其接触角有减小的趋势，即随着压力增大，岩心亲水性增强。而对于 2 号 Berea 岩心，当 CO_2 为超临界状态时，其接触角有先减小后增大的趋势，即随压力增大，岩心亲水性先增强后减弱。

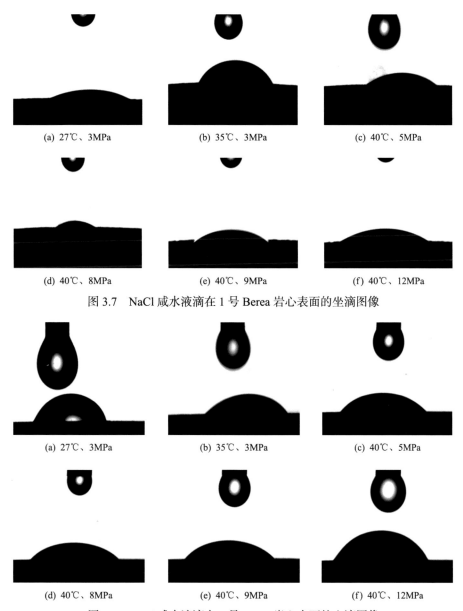

(a) 27℃、3MPa　　　(b) 35℃、3MPa　　　(c) 40℃、5MPa

(d) 40℃、8MPa　　　(e) 40℃、9MPa　　　(f) 40℃、12MPa

图 3.7　NaCl 咸水液滴在 1 号 Berea 岩心表面的坐滴图像

(a) 27℃、3MPa　　　(b) 35℃、3MPa　　　(c) 40℃、5MPa

(d) 40℃、8MPa　　　(e) 40℃、9MPa　　　(f) 40℃、12MPa

图 3.8　NaCl 咸水液滴在 2 号 Berea 岩心表面的坐滴图像

在 CO_2 为超临界状态时，2 号 Berea 号岩心的表面亲水性减弱，岩心变为中性润湿。Jung 和 Wan[22]也发现了 CO_2 发生相变时接触角先减小后增大的现象。这说明在 CO_2 为超临界状态下，岩心的润湿性会发生较大变化。Saraji 等[21]也发现超临界 CO_2 比非超临界 CO_2 更能改变石英玻璃的润湿特性，让其变得更亲 CO_2。

实验中还发现温度对接触角有较明显的影响。在 CO_2 为超临界状态时 1 号 Berea 岩心的接触角随温度的升高稍有增大，即岩心的亲水性逐渐减弱，而 2 号 Berea 岩心的接触角呈现出相反的趋势。在超临界 CO_2 氛围中，NaCl 咸水溶液对两个岩心的润湿性呈现很大的差异，可能与其渗透率有较大关系。实验中所用的 Berea 岩心物性参数如表 3.2 所示。从表中可知，两种岩心的成分相似，而绝对渗透率相差较大。2 号 Berea 岩心的绝对渗透率较大，超临界 CO_2 更容易渗入其内部，因此在 CO_2 为超临界状态时，其润湿性更容易发生变化。

表 3.2　不同 Berea 岩心的物性参数

物性参数	1 号 Berea 岩心	2 号 Berea 岩心
绝对渗透率/mD	22.92	96.53
孔隙度/%	20.19	25.17
成分	SiO_2(85.17%)、Al_2O_3(5.08%)、Fe_2O_3(2.85%)、CaO(2.30%)、K_2O(1.78%)、MgO(1.30%)、TiO_2(0.76%)	SiO_2(88.16%)、Al_2O_3(6.06%)、K_2O(2.40%)、MgO(1.47%)、Fe_2O_3(1.19%)、CaO(0.33%)、Cr_2O_3(0.19%)

在相关文献中，研究者给出了几种 CO_2 为超临界状态时润湿性改变的原因。Dickson 等[23]认为在 CO_2 为超临界状态时，大量的 CO_2 溶解在水里，减小了液滴的 pH，而岩石的 SiO_2 成分对液滴 pH 很敏感，因此出现石英表面接触角增大，甚至发生润湿性翻转的现象。

除溶液的 pH 改变外，CO_2 和固体表面之间的相互作用也是引起固体表面润湿性改变的原因。Bikkina[24]通过一系列实验研究了液滴大小、循环次数、压力及温度对界面润湿性的影响。他们在结论中强调，如果长时间连续暴露在饱和咸水的 CO_2 中，石英表面的亲水性会减弱，在极端情况下甚至变成疏水。这是因为石英长时间暴露在饱和咸水的 CO_2 气氛中，CO_2 分子通过物理扩散附着在石英表面的硅烷醇基上，就会减弱水分子和石英表面的作用力，从而让石英的亲水性降低。

Egermann 等[25]、Chalbaud 等[26]和 Dickson 等[23]通过大量实验也得出固体表面的这种润湿特性趋势。如果固体表面原本是强亲水的，那么在高压条件下其表面仍然是亲水的，水仍然为润湿相。实验中的 Berea 岩心都是亲水的岩心，尽管在超临界 CO_2 氛围下接触角增大，但仍然保持亲水性。

3.3　界面张力及影响因素

界面张力直接影响流体在岩心中的分布及孔隙中毛细管力的大小和方向，从而也直接影响流体的渗流。界面张力是岩心-流体间、流体-流体间相互作用的重要特性，是和岩石孔隙度、渗透率、饱和度等同样重要的储层特性参数。本节介绍采用悬滴法测量 CO_2 与咸水界面张力的操作过程，并对界面张力的结果进行分析讨论。

3.3.1　界面张力分析

在图 3.5 所示的实验系统上，用悬滴法在不同温度和压力下测量 CO_2 和咸水界面张力的步骤如下：

(1)开始实验之前，用去离子水清洗进液管路，并在常温(24℃)、常压条件下测出去离子水在空气中的界面张力，校验实验系统的测量误差。常温常压下纯水与空气的界面张力为 72.3mN/m，如果实验系统测量的界面张力偏差在±0.1mN/m 以内，则证明实验系统工作正常。

(2)用拭镜纸蘸取少量无水乙醇，擦拭可视窗玻璃表面，并用吹风机吹干其表面，然后组装可视窗高压反应釜。连接好各管路后，关闭进液阀门。打开柱塞泵注入 CO_2，把压力升高到 5MPa，用检漏液检查系统密闭性。之后把压力上升到 12MPa，再次检漏。10min 压力下降不超过 0.03MPa，可以认为系统密封性良好。检漏之后，开启真空泵，抽走反应釜里的气体，直到真空度为 0.1%左右。

(3)打开恒流泵进液阀门，以 2mL/min 的速度进液 5min 形成连续液滴；打开柱塞泵和进气阀门，注气达到第一个实验压力 3MPa。压力稳定后，等待 3h，让 CO_2 气体与咸水充分接触，使反应釜内充满饱和咸水的 CO_2 气体。启动控温系统，逐步升到设定温度，保持整个系统的温度稳定并保持恒温 1h。打开柱塞泵注气，逐步升压，达到设定压力后保持 30min。

(4)测量界面张力。启动 DropMeter 系统，调整操作台位置，使液滴在视野范围能清晰成像。实验之前，调整图像亮度、对比度、焦距等参数。将 NaCl 溶液(咸水)以 0.02mL/min 的速度注入到反应釜里形成连续液滴，当液滴能够稳定形成时，关闭进液阀让液滴悬挂在管口，等 10min 左右，让咸水液滴表面和 CO_2 达到相平衡。之后再打开进液阀让液滴滴下，用 CCD 摄像机获取液滴变大到掉下之前的录像。用上述方法获取三滴相邻液滴的形成录像，保存用于后期处理。应用 DropMeter 软件，设置咸水液滴与 CO_2 物性的参数(如密度差)，设定图像放大比例，寻找液滴轮廓边界，计算 CO_2-咸水的界面张力。

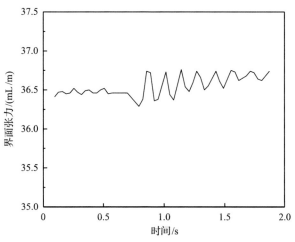

图 3.9 界面张力随时间的变化曲线

由于液滴滴下来时，液滴的体积不断增大，其界面张力会发生波动。图 3.9 为一次在 40℃、11MPa 时界面张力随时间的变化曲线。从图中可以看出，整个过程中界面张力在±1mN/m 范围内波动。

3.3.2 界面张力影响因素

实验中测量了浓度为 0.102mol/L、0.2mol/L、0.5mol/L、1.0mol/L 和 2.0mol/L 的 NaCl 咸水溶液和 CO_2 分别在 27℃、35℃、40℃下，压力从 3～12MPa 每升高 0.5MPa 时的界面张力值，结果如表 3.3～表 3.5 所示。

表 3.3 27℃下不同浓度的 NaCl 咸水溶液和 CO_2 的界面张力

压力/MPa	界面张力/(mN/m)					
	去离子水	0.102mol/L	0.2mol/L	0.5mol/L	1.0mol/L	2.0mol/L
3.0	50.52±0.28	51.65±0.65	51.67±0.14	53.27±0.09	52.98±0.31	55.39±0.15
3.5	48.26±0.34	49.30±0.20	49.72±0.14	49.44±0.48	51.22±0.47	51.28±0.42
4.0	45.10±0.43	47.32±0.35	47.13±0.13	48.13±0.18	48.43±0.36	49.90±0.08
4.5	42.07±0.66	44.61±0.32	44.67±0.12	44.07±0.08	46.18±0.31	45.86±0.40
5.0	40.05±0.10	42.21±0.25	42.43±0.09	42.43±0.11	43.54±0.28	44.50±0.05
5.5	37.31±0.74	39.76±0.33	39.83±0.10	39.54±0.50	41.41±0.29	40.06±0.33
6.0	34.13±0.09	36.70±0.36	37.68±0.06	35.95±0.18	38.22±0.19	38.78±0.05
6.5	33.14±0.39	34.41±0.23	34.60±0.07	30.04±0.35	36.09±0.33	34.11±0.21
7.0	26.20±0.25	30.18±0.14	30.99±0.99	26.14±0.72	32.39±0.07	32.71±0.10
7.5	28.61±0.39	28.57±0.59	33.44±0.02	26.34±0.18	28.73±0.23	27.97±0.13
8.0	27.98±0.17	29.53±0.23	33.14±0.02	27.42±0.91	32.23±0.17	30.14±0.09
8.5	28.05±0.32	29.13+0.21	33.01±0.03	27.70±0.29	29.86±0.29	28.34±0.21
9.5	27.54±0.29	29.02±0.31	33.05±0.05	25.66±0.27	30.13±0.23	29.29±0.50
10.0	26.69±0.28	29.19±0.32	32.81±0.05	25.21±0.17	30.21±0.30	30.86±0.45
10.5	27.31±0.44	28.97±0.34	32.56±0.03	—	31.42±0.27	29.24±0.12
11.0	26.70±0.20	28.59±0.27	32.44±0.04	—	31.00±0.21	31.61±0.11
11.5	27.40±0.44	26.20±0.14	32.59±0.04	—	31.10±0.20	29.51±0.11
12.0	26.99±0.46	28.60±0.20	32.31±0.05	26.88±0.06	30.62±0.18	31.73±0.17

表 3.4 35℃下不同浓度的 NaCl 咸水溶液和 CO_2 的界面张力

压力/MPa	界面张力/(mN/m)					
	去离子水	0.102mol/L	0.2mol/L	0.5mol/L	1.0mol/L	2.0mol/L
3.0	51.10±0.20	52.38±0.74	53.29±0.13	53.33±0.11	54.15±0.21	56.38±0.11
3.5	49.07±0.57	49.63±0.50	51.00±0.14	52.30±0.25	52.81±0.64	53.35±0.18
4.0	47.08±0.09	48.08±0.54	48.70±0.14	47.87±0.26	49.31±0.32	51.25±0.08
4.5	44.90±0.40	46.03±0.57	46.32±0.13	47.14±0.19	48.04±0.47	48.68±0.10
5.0	42.37±0.49	45.20±0.34	44.83±0.16	43.13±0.50	45.68±0.45	46.77±0.07
5.5	40.73±0.30	41.45±0.35	42.64±0.24	42.06±0.36	43.87±0.50	44.62±0.17
6.0	38.96±0.38	40.91±0.38	40.48±0.19	38.54±0.09	41.52±0.31	42.35±0.05

续表

压力/MPa	界面张力/(mN/m)					
	去离子水	0.102mol/L	0.2mol/L	0.5mol/L	1.0mol/L	2.0mol/L
6.5	36.58±0.34	38.16±0.37	38.30±0.22	37.76±0.42	39.51±0.38	40.48±0.27
7.0	34.39±0.63	36.21±0.47	36.04±0.23	33.81±0.30	36.58±0.13	38.21±0.05
7.5	32.62±0.54	34.54±0.37	34.15±0.23	33.72±0.05	35.54±0.41	35.09±0.17
8.0	—	27.76±0.18	—	34.29±0.41	29.72±0.23	33.84±0.34
8.5	33.75±0.29	29.39+0.67	31.75±0.11	—	32.20±0.28	32.65±0.34
9.0	30.44±0.18	27.76±0.18	31.72±0.11	32.23±0.34	28.82±0.19	31.58±0.18
9.5	—	29.26±0.17	31.39±0.12	—	31.72±0.20	31.97±0.10
10.0	—	29.73±0.20	31.22±0.06	31.40±0.46	32.12±0.21	31.35±0.29
10.5	31.59±0.21	29.53±0.30	30.89±0.09	29.37±0.27	32.16±0.20	31.78±0.26
11.5	30.87±0.20	29.53±0.26	30.70±0.06	28.76±0.40	32.05±0.16	31.79±0.33
12.0	31.01±0.22	29.66±0.34	30.24±0.07	29.53±0.32	31.83±0.17	30.47±0.27

表 3.5　40℃下不同浓度的 NaCl 咸水溶液和 CO_2 的界面张力

压力/MPa	界面张力/(mN/m)					
	去离子水	0.102mol/L	0.2mol/L	0.5mol/L	1.0 mol/L	2.0 mol/L
3.0	51.70±0.52	53.93±0.55	53.88±0.20	53.89±0.08	54.36±0.14	56.96±0.13
3.5	49.81±0.52	51.98±0.69	51.83±0.16	51.79±0.15	53.37±0.34	54.30±0.28
4.0	47.76±0.54	49.54±0.23	49.97±0.14	49.57±0.08	50.23±0.23	52.55±0.12
4.5	45.88±0.50	47.85±0.76	47.51±0.12	47.16±0.71	49.25±0.34	49.98±0.42
5.0	44.00±0.50	45.83±0.54	45.28±0.15	45.39±0.08	46.23±0.32	48.03±0.07
5.5	42.75±0.48	44.00±0.86	43.51±0.07	42.55±0.11	45.43±0.30	45.55±0.40
6.0	40.08±0.38	41.65±0.29	41.55±0.07	41.14±0.06	42.47±0.30	43.67±0.04
6.5	38.23±0.34	39.45±0.87	39.54±0.12	39.16±0.33	41.30±0.45	41.38±0.27
7.0	36.21±0.23	37.56±0.11	37.82±0.10	37.09±0.05	38.83±0.26	39.85±0.07
7.5	34.29±0.19	36.78±0.86	35.98±0.08	36.29±0.42	37.19±0.51	37.95±0.16
8.0	33.38±0.30	33.62±0.19	34.77±0.08	33.76±0.03	34.48±0.20	36.04±0.11
8.5	34.61±0.33	33.93+0.45	35.01±0.09	32.20±0.10	34.34±0.42	35.51±0.24
9.0	—	30.83±0.42	—	34.89±0.17	34.16±0.40	34.32±0.32
9.5	—	32.33±0.13	35.07±0.10	—	33.06±0.27	32.66±0.26
10.0	33.97±0.29	32.22±0.15	34.70±0.07	33.92±0.02	32.30±0.24	32.41±0.40
10.5	33.26±0.26	32.05±0.21	34.21±0.08	—	32.74±0.33	30.98±0.21
11.0	32.65±0.25	31.58±0.28	33.65±0.10	32.96±0.03	32.86±0.17	31.26±0.41
11.5	31.36±0.23	31.40±0.30	33.39±0.07	—	32.39±0.22	31.05±0.22
12.0	32.31±0.23	31.31±0.33	32.76±0.07	32.44±0.03	32.45±0.22	30.34±0.06

　　界面张力液滴图像如图3.10和图3.11所示。图3.10为40℃时，不同压力下2.0mol/L的NaCl咸水溶液在CO_2气氛中的滴形图。图3.11为12MPa时，不同温度下0.2mol/L的NaCl咸水溶液在CO_2气氛中的滴形图。

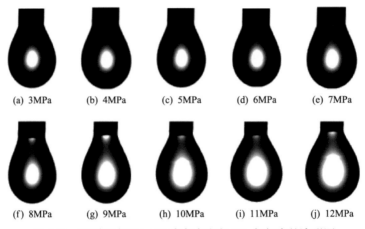

(a) 3MPa	(b) 4MPa	(c) 5MPa	(d) 6MPa	(e) 7MPa
(f) 8MPa	(g) 9MPa	(h) 10MPa	(i) 11MPa	(j) 12MPa

图3.10　不同压力下NaCl咸水溶液在CO_2气氛中的滴形图

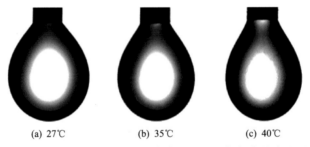

(a) 27℃　　　　　(b) 35℃　　　　　(c) 40℃

图3.11　不同温度下NaCl咸水溶液在CO_2气氛中的滴形图

　　界面张力随压力和NaCl咸水溶液浓度的变化曲线如图3.12所示。从图中可以看出界面张力在低压(压力低于 6MPa)条件下，随着压力的增大而减小，当达到某个压力时

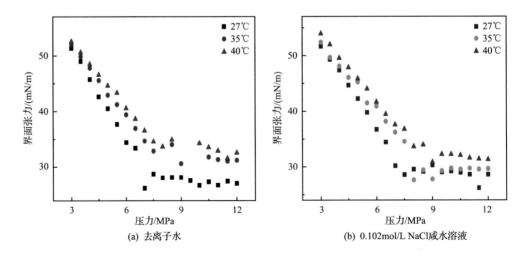

(a) 去离子水　　　　　　　　　　　　(b) 0.102mol/L NaCl咸水溶液

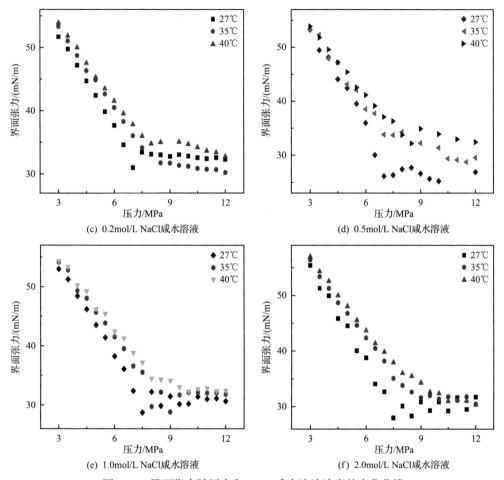

图 3.12　界面张力随压力和 NaCl 咸水溶液浓度的变化曲线

其变化趋于平稳，虽然有一些波动，但是幅度比较小。在压力达到 9MPa 左右时，界面张力几乎不再随压力变化，出现了伪平稳状态。可以得出结论：在低压条件下（压力低于 6MPa），界面张力随压力的增大而减小，压力对界面张力的影响更显著；而在高压条件下，压力对界面张力的影响较小。

35℃时不同浓度的 NaCl 咸水溶液和 CO_2 的界面张力如图 3.13 所示。从图中可以看出，界面张力随 NaCl 咸水溶液的浓度的增大而增大，但是其影响并不显著。在最大和最小两种 NaCl 咸水溶液浓度下，界面张力只相差 2～3mN/m，说明 NaCl 咸水溶液浓度对界面张力的影响不大。这种变化趋势与文献中的结果类似[26,27]。将 27℃时 0.102mol/L 和 1mol/L 浓度下的界面张力测量值与 Chalbaud 等[26]的实验结果进行对比，如图 3.14 所示。可以看出，测量值与文献中的数据大体吻合，界面张力随咸水溶液浓度和温度增大而增大，随着压力的增大而减小。

从图 3.12 中可以看出，27℃时，界面张力在 7.5MPa 处开始出现伪平稳状态；35℃时，在 8MPa 之后出现伪平稳状态；而温度升到 40℃时，一直到 9MPa 才出现伪平稳状态。这说明伪平稳状态出现的压力点与温度有关。

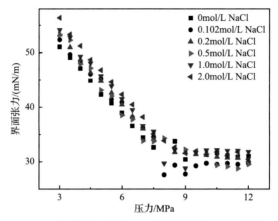

图 3.13　35℃时不同浓度的 NaCl 咸水溶液和 CO_2 的界面张力

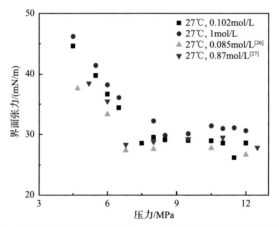

图 3.14　27℃时不同浓度的咸水溶液和 CO_2 的界面张力测量值和文献结果对比

CO_2 的密度和黏度随储层深度的变化关系如图 3.15 所示。可以看出，随着温度和压力的增大，CO_2 的黏度和密度迅速增大。当压力达到一定值后，CO_2 的黏度和密度处于恒

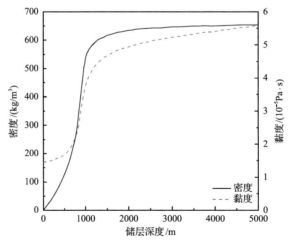

图 3.15　CO_2 的密度和黏度随储层深度的变化关系[28]

定状态。在高温条件下，CO_2 几乎是不可压缩的，表现出类液态趋势。也就是说，在达到一定的温度和压力条件时，CO_2 和咸水的密度差是恒定的，此时的界面张力几乎不再受压力的影响。而在低温条件下，CO_2 具有较大的可压缩性，密度差随压力变化较大。这也可以用以解释界面张力曲线在一定压力之后会出现平稳状态，而这个值只与温度有关。

3.3.3 界面张力模型

从实验结果和文献中可以得出，CO_2 和 NaCl 咸水溶液的界面张力受环境温度、压力和咸水溶液浓度的影响，而且这种影响有一定的规律。本节详细讨论它们对界面张力的影响程度。

1. 咸水溶液浓度对界面张力的影响

在实验中，CO_2-NaCl 咸水溶液的界面张力在所有温度下都随着咸水溶液浓度的增大稍有增大，这种趋势也与文献中类似[28]。在高压下，当 CO_2-NaCl 咸水溶液的界面张力达到伪平稳状态时，界面张力的增加量在所有温度下基本是一样的。也就是说，在高压下，界面张力的增加量不受温度影响。Chalbaud 等[26]通过实验结果的推导，得到了咸水溶液浓度与 CO_2-NaCl 咸水溶液界面张力平均增量之间的关系式。Aggelopoulos 等[28]研究了 CO_2-NaCl+$CaCl_2$ 咸水溶液的界面张力，也发现了界面张力平均增量与盐离子摩尔分数之间具有线性关系。

2. 界面张力和咸水溶液浓度的关系

将界面张力分成达到伪平稳状态之前和之后两个区域。这里主要研究第一个区域，即温度在 40℃时，压力在 9.0MPa 之前的界面张力与咸水浓度间的关系。通过实验数据拟合，得到界面张力达到平稳状态之前，其平均增量与咸水浓度之间的关系为

$$\Delta\gamma = 2.1331m \tag{3.19}$$

式中，$\Delta\gamma$ 为界面张力的平均增量；m 为 NaCl 咸水溶液的浓度；2.1331 为本书实验条件下获得的系数。Chalbaud 等[26]通过拟合实验结果，得到 27℃时系数是 1.49，而 40℃时为 2.5303。Argaud[29]通过分析大量实验数据，得到系数为 1.63。Massoudi 和 King[30]发现在 6MPa 之前，NaCl 咸水溶液的浓度从 0 到 5mol/L 变化时，界面张力变化量与浓度呈线性关系，在 25℃时系数为 1.58，而且发现随着压力的增大，系数有增大的趋势。

3. 咸水溶液浓度和界面张力线性关系的对比

为了验证推导出来的咸水溶液浓度和界面张力之间的线性关系，引用 Chalbaud 等[26]提出的达到伪平稳状态之前的咸水溶液浓度和界面张力的线性关系，并和实验结果进行对比，如图 3.16 所示，图中平均界面张力增量是不同 NaCl 咸水溶液浓度的界面张力与 NaCl 咸水溶液浓度为 0 时的界面张力的差值。从图中可以看出，本节获得的界面张力与 NaCl 咸水溶液浓度的关系和文献具有一致性，界面张力与盐度之间呈线性关系。该关系可用于估算一定浓度的 NaCl 咸水溶液和 CO_2 的界面张力。

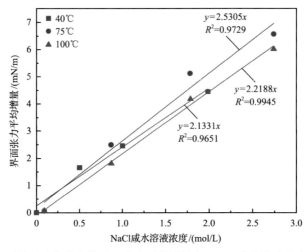

图 3.16　达到伪平稳状态之前界面张力平均增量与 NaCl 咸水溶液浓度之间的关系

4. 温度、压力对界面张力的影响

CO_2-NaCl 咸水溶液的界面张力不仅与咸水溶液浓度有关，也受环境温度和压力的影响。关于推导 CO_2-NaCl 咸水溶液的界面张力与温度、压力关系式的研究并不多见。Hebach 等[31]对其进行了研究，并得到了相应的关系式。但是关系式中应用了很多拟合系数，而这些拟合系数的推导很复杂，也没有考虑咸水和 CO_2 之间相互溶解导致的密度变化。Chalbaud 等[26]建立了预测 CO_2-NaCl 咸水溶液的界面张力的模型，发现 CO_2-NaCl 咸水溶液的界面张力出现伪平稳状态与两相密度差 $\Delta\rho$ 相关，而且 $\Delta\rho$ 是压力、温度和咸水溶液共同决定的参数。

为了推导出预测界面张力的关系式，把密度差的变化范围划分成高密度差（高于 0.6 g/m^3）和低密度差（低于 0.6g/m^3）两部分。对于高密度差，可以用 Parachor 模型来预测界面张力[32]。而对于低密度差，界面张力与平稳状态的出现有关，其值与咸水溶液浓度呈线性关系，即

$$\gamma_{\mathrm{b,co_2}} = \gamma_{\mathrm{wPlateau}} + \lambda\chi_{\mathrm{NaCl}} + \left[\frac{P}{M}(\Delta\rho)\right]^{\eta} T_{\mathrm{m}} \qquad (3.20)$$

式中，$\gamma_{\mathrm{b,co_2}}$ 表示总界面张力；P、M、$\gamma_{\mathrm{wPlateau}}$ 为常数，$\gamma_{\mathrm{wPlateau}}$ 是由 Parachor 模型得到的界面张力，P、M 分别表示 CO_2 的膨胀比例和摩尔质量；λ、η 为拟合系数；χ_{NaCl} 为咸水溶液的指数，根据最近的研究结果，取 3.88[33]；T_{m} 是温度修正系数。式(3.20)的参数取值如表 3.6 所示。式中考虑了温度、压力以及浓度对界面张力的影响。

表 3.6　用于界面张力推导的参数取值

参数	λ	T_{m}	η
数值	1.255	1.20	4.7180
参数	P	$M/$(g/mol)	$\gamma_{\mathrm{wPlateau}}/$(mN/m)
数值	82	44.01	26

根据实验结果得到了界面张力和密度差之间的拟合曲线，如图 3.17 所示，通过调整 λ、η、T_m 值，可以得到 CO_2 与不同浓度 NaCl 咸水溶液的界面张力曲线。因此，通过调整上述关系式，可以预测出一定密度差的 CO_2-NaCl 咸水溶液的界面张力。

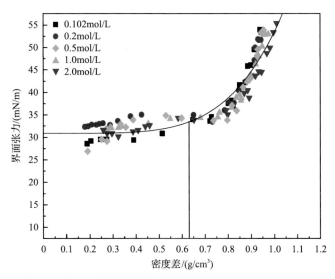

图 3.17　CO_2-NaCl 咸水溶液界面张力随两相密度差的变化曲线以及拟合曲线

5. CO_2-咸水溶液界面张力经验公式

通过分析实验数据可知，CO_2-咸水溶液的界面张力与温度、压力和咸水溶液浓度有关，因此可以通过扩展实验数据建立相应的界面张力预测经验公式。有学者已建立了基于 CO_2-咸水溶液界面张力实验数据的经验公式。Chalbaud 等[26]通过把 Parachor 模型与密度差 $\Delta\rho$ 结合，建立了 CO_2-NaCl 咸水溶液界面张力预测模型，但是密度差 $\Delta\rho$ 并非是影响 CO_2-NaCl 咸水溶液界面张力的唯一因素，因此这类经验公式预测精确较低，应用的温压范围有局限性。Li 等[34]在温度、压力、浓度范围分别为 323.15～448.15K、0～50MPa 和 0～5mol/kg 条件下开展实验，并基于实验数据建立了 CO_2-咸水溶液界面张力预测经验公式，结果表明，界面张力与咸水溶液浓度呈线性关系，并且其系数是温度、压力的函数，预测结果与实验吻合得很好。该经验公式结构简单、预测结果可靠，而且使用范围广泛。因此，本书基于该模型与实验数据，建立了含有阳离子浓度的 CO_2-咸水溶液界面张力经验模型。为了扩展模型的预测范围，将 Li 等的实验数据也加入拟合数据中。因此，拟合所用数据的温度为 285～423K，压力为 3～30MPa，咸水溶液浓度为 0～4.9mol/kg，离子种类为 Na^+、Ca^{2+}、Mg^{2+}、K^+，共计 500 多组实验数据。经验公式如下所示：

$$\gamma = A\left[m^+\right] + B \tag{3.21}$$

$$m^+ = \sum_{i=1}^{n} z_i m_i \tag{3.22}$$

$$A = a_0 + a_1 P_r + a_2 T_r \tag{3.23}$$

$$B = b_0 + b_1 P_r + b_2 T_r + b_3 P_r^2 + b_4 P_r T_r + b_5 T_r^2 \tag{3.24}$$

式（3.21）～式（3.24）中，T_r 和 P_r 表示相对温度（$T_r = T/T_c$）和相对压力（$P_r = P/P_c$）；m_i 表示咸水溶液浓度；z_i 表示 i 种阳离子的价位数；n 表示咸水溶液中的阳离子种类数；$a_0 \sim a_2$ 和 $b_0 \sim b_5$ 为通过实验数据拟合得到的系数，其值如表 3.7 所示。此经验公式中，考虑了温度、压力以及咸水组分和种类对界面张力的影响。

表 3.7　CO_2-咸水界面张力线性拟合参数

参数	a_0	a_1	a_2	b_0	b_1	b_2	b_3	b_4	b_5
数值	3.672	1.376	−3.232	−165.524	−3.663	382.276	1.760	13.217	−160.054

经验公式拟合的界面张力与实验结果的对比如图 3.18(a) 所示。经验公式拟合结果与

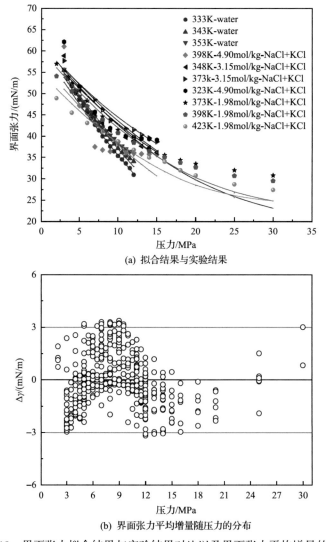

(a) 拟合结果与实验结果

(b) 界面张力平均增量随压力的分布

图 3.18　界面张力拟合结果与实验结果对比以及界面张力平均增量的变化

实验结果之间的差值 $\Delta\gamma$ 随压力的分布如图 3.18(b)所示。图 3.18(b)可以看出，实验和模拟值之间的差值 $\Delta\gamma$ 分布在 $\pm4mN/m$ 之间，而且大部分数据在 $\pm2mN/m$ 之间。表明建立的经验公式能够很好地预测较广温度、压力和咸水溶液浓度范围内的 CO_2-NaCl 咸水溶液界面张力。

<h1 style="text-align:center">参 考 文 献</h1>

[1] Chiquet P, Broseta D, Thibeau S. Wettability alteration of caprock minerals by carbon dioxide. Geofluids, 2007, 7: 112-122.

[2] Mahadevan J. Comments on the paper titled "contact angle measurements of CO_2–water-quartz/calcite systems in the perspective of carbon sequestration": A case of contamination. International Journal of Greenhouse Gas Control, 2012, 7: 261-262.

[3] Chun B S, Wilkinson G T. Interfacial tension in high-pressure carbon dioxide mixtures. Industrial & Engineering Chemistry Research, 1995, 34: 4371-4377.

[4] Hebach A, Oberhof A, Dahmen N, et al. Interfacial tension at elevated pressures measurements and correlations in the water+ carbon dioxide system. Journal of Chemical & Engineering Data, 2002, 47: 1540-1546.

[5] Yang D, Tontiwachwuthikul P, Gu Y. Interfacial interactions between reservoir brine and CO_2 at high pressures and elevated temperatures. Energy & Fuels, 2005, 19: 216-223.

[6] Chiquet P, Daridon J L, Broseta D, et al. CO_2 water interfacial tensions under pressure and temperature conditions of CO_2 geological storage. Energy Conversion and Management, 2007, 48: 736-744.

[7] Chalbaud C A, Robin M, Egermann P. Interfacial tension data and correlations of brine-CO_2 systems under reservoir conditions// SPE Annual Technical Conference and Exhibition, Society of Petroleum Engineers, 2006.

[8] Hartland S. Surface and Interfacial Tension: Measurement, Theory, and Applications. Boca Raton: CRC Press, 2004.

[9] Boucher E. Capillary Phenomena. IV. Thermodynamics of rotationally-symmetric fluid bodies in a gravitational field. Proceedings of the Royal Society of London. A. Mathematical and Physical Sciences, 1978, 358: 519-533.

[10] Dukhin S S, Kretzschmar G, Miller R. Dynamics of Adsorption at Liquid Interfaces: Theory, Experiment, Application. Amsterdam: Elsevier, 1995.

[11] Hansen R S, Ahmad J. Waves at interfaces, progress in surface and membrane. Science, 1971, 4: 1-55.

[12] Rusanov A I, Prokhorov V A. Interfacial Tensiometry. Amsterdam: Elsevier, 1996.

[13] Laplace P S. Traité de Mécanique Céleste. Paris: Gauthier-Villars, 1805.

[14] Rotenberg Y. The determination of the shape of non-axisymmetric drops and the calculation of surface tension, contact angle, surface area and volume of axisymmetric drops. Toronto: University of Toronto, 1983.

[15] Cheng P, Li D, Boruvka L, et al. Automation of axisymmetric drop shape analysis for measurements of interfacial tensions and contact angles. Colloids and Surfaces, 1990, 43: 151-167.

[16] Bashforth F, Adams J C. An Attempt to Test the Theories of Capillary Action: By Comparing the Theoretical and Measured Forms of Drops of Fluid. With an Explanation of the Method of Integration Employed in Constructing the Tables Which Give the Theoretical Forms of Such Drops. Cambridge: Cambridge Press, 1883.

[17] Andreas J, Hauser E, Tucker W. Boundary tension by pendant drops. The Journal of Physical Chemistry, 1938, 42: 1001-1019.

[18] Fordham S. On the calculation of surface tension from measurements of pendant drops. Proceedings of The Royal Society A, 1948, 194(1036): 1-16.

[19] Stauffer C E. The measurement of surface tension by the pendant drop technique. The Journal of Physical Chemistry, 1965, 69: 1933-1938.

[20] Roe R J, Bacchetta V L, Wong P. Refinement of pendent drop method for the measurement of surface tension of viscous liquid. The Journal of Physical Chemistry, 1967, 71: 4190-4193.

[21] Saraji S, Goual L, Piri M, et al. Wettability of supercritical carbon dioxide/water/quartz systems: Simultaneous measurement of contact angle and interfacial tension at reservoir conditions. Langmuir, 2013, 29: 6856-6866.

[22] Jung J W, Wan J. Supercritical CO_2 and ionic strength effects on wettability of silica surfaces: Equilibrium contact angle measurements. Energy & Fuels, 2012, 26: 6053-6059.

[23] Dickson J L, Gupta G, Horozov T S, et al. Wetting phenomena at the CO_2/water/glass interface. Langmuir, 2006, 22: 2161-2170.

[24] Bikkina P K. Contact angle measurements of CO_2-water-quartz/calcite systems in the perspective of carbon sequestration. International Journal of Greenhouse Gas Control, 2011, 5: 1259-1271.

[25] Egermann P, Chalbaud C A, Duquerroix J, et al. An integrated approach to parameterize reservoir models for CO_2 injection in aquifers. SPE Annual Technical Conference and Exhibition. Richardson: Society of Petroleum Engineers, 2006.

[26] Chalbaud C, Robin M, Lombard J, et al. Interfacial tension measurements and wettability evaluation for geological CO_2 storage. Advances in Water Resources, 2009, 32: 98-109.

[27] Kvamme B, Kuznetsova T, Hebach A, et al. Measurements and modelling of interfacial tension for water+ carbon dioxide systems at elevated pressures. Computational Materials Science, 2007, 38: 506-513.

[28] Aggelopoulos C, Robin M, Vizika O. Interfacial tension between CO_2 and brine（NaCl+ $CaCl_2$）at elevated pressures and temperatures: The additive effect of different salts. Advances in Water Resources, 2011, 34: 505-511.

[29] Argaud M. Advances in Core Evaluation III//Worthington P F, Chardaire-Rivière C. Philadelphia: Gordon and Breach Science Publishers, 1992: 147-175.

[30] Massoudi R, King Jr A. Effect of pressure on the surface tension of aqueous solutions. Adsorption of hydrocarbon gases, carbon dioxide, and nitrous oxide on aqueous solutions of sodium chloride and tetrabutylammonium bromide at 25 deg. The Journal of Physical Chemistry, 1975, 79: 1670-1675.

[31] Hebach A, Oberhof A, Dahmen N. Density of water+carbon dioxide at elevated pressures: Measurements and correlation. Journal of Chemical & Engineering Data, 2004, 49: 950-953.

[32] Schechter D, Guo B. Parachor based on modern physics and their uses if IFT prediction of reservoir fluids. SPE Annual Technical Conference and Exhibition, Richardson: Society of Petroleum Engineers, 1995: 22-25.

[33] Moldover M. Interfacial tension of fluids near critical points and two-scale-factor universality. Physical Review A, 1985, 31: 1022.

[34] Li X S, Boek E, Maitland G C, et al. Interfacial tension of（brines + CO_2）:（0.864 NaCl+0.136 KCl）at temperatures between（298 and 448）K, pressures between（2 and 50）MPa, and total molalities of（1 to 5）$mol \cdot kg^{-1}$. Journal of Chemical and Engineering Data, 2012, 57: 1078-1088.

第 4 章 | 储层内流固微观相互作用

润湿性与流体界面张力是储层内 CO_2-地层流体-储层固体介质间相互作用的直接体现，掌握封存储层内流固微观相互作用机制，探究润湿性、界面张力的关键影响因素及其微观机理，是实现润湿性与界面张力调控、控制 CO_2 储层内动态迁移过程的基础。本章利用分子动力学模拟方法探究 CO_2-地层流体-储层固体微观相互作用，阐明封存条件对界面张力、润湿性、固-液氢键、固-气吸附作用的影响规律，为 CO_2 封存环境下润湿性及界面张力调控提供基础理论和技术方向。

4.1 CO_2-地层流体-固体作用分析方法

本节介绍 CO_2-地层流体-固体相互作用分子动力学模拟涉及的相关技术，包括界面张力及润湿性模拟模型的构建、界面张力及润湿性数据的提取、氢键的定义及氢键生存周期的计算、表面过余吸附的定义及计算，为储层内流固微观相互作用分析提供基础。

4.1.1 界面特性分子动力学模拟方法

利用分子动力学模拟方法分析界面张力和润湿性等界面特性时，必须构建合适的模型，确保模拟获得的界面特性与模拟体系尺寸本身具有无关性。因此，本节主要介绍界面张力和润湿性分子动力学建模的方法及其求解过程。

1. 界面张力

首先构建一个水箱模型和一个 CO_2 箱模型，并保持水箱和 CO_2 箱在 y 和 z 方向的尺寸相同(假定水箱和 CO_2 箱在 x 方向对接)。在水箱中加入不同种类、不同数量的离子，以构造具有不同浓度的盐水溶液。随后复制一个 CO_2 箱，并按照 CO_2、水、CO_2 的顺序依次对接，如图 4.1 所示。使用此方法构造的模拟箱有两个 CO_2-水界面，多名学者已应用此模型进行界面张力的计算，并获得了较好的结果[1,2]。界面张力通过压力张量获得

$$\gamma = \frac{1}{2}\Big[P_{xx} - 0.5(P_{yy} + P_{zz}) \Big] L_x \tag{4.1}$$

式中，P_{xx} 为垂直于 CO_2-水界面方向上的压力；P_{yy} 和 P_{zz} 为平行于 CO_2-水界面方向上的压力；L_x 为垂直于 CO_2-水界面方向上模拟体系长度。

2. 润湿性

建模前首先构建水箱模型和 CO_2 箱模型，然后构建一个岩石表面模型，并在一定温度和压力条件下进行弛豫。复制岩石表面模型，并按一定间距平行放置。在水箱或 CO_2

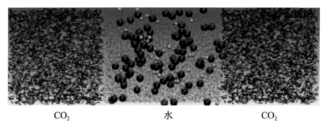

$$CO_2 \qquad\qquad 水 \qquad\qquad CO_2$$

图 4.1　界面张力分子动力学模拟模型

箱中切出半圆柱形体系，放置在其中一个岩石表面上，其余部分用另一流体相（CO_2或水）填充，随后对体系进行预平衡，消除界面处的应力。半圆柱形体系可以是水或 CO_2，分别称为水滴法或 CO_2 法。接触角根据水或 CO_2 密度分布计算，密度分布图确定了三相接触点、水-CO_2接触线（WCCL）、固体-水接触线（SWCL）和固体-CO_2接触线（SCCL），最后通过测量 WCCL 和 SWCL 之间形成的角度来计算水的接触角。

4.1.2　界面微观参数

分析 CO_2-地层流体-固体相互作用，除界面张力与润湿性外，还需掌握水溶液与固体表面间的氢键作用以及 CO_2 与固体表面间的吸附作用。本节介绍固-液氢键、固-气吸附作用参数的计算方法。

1. 氢键

图 4.2 为氢键示意图，O_d 和 O_a 分别为供体和受体原子，一般根据 H 原子、供体原子和受体原子间长度 H···O_a、O_a···O_d 和角度 $\angle HO_dO_a$、$\angle O_dHO_a$，利用图形准则定义氢键[3]。选择 H···O_a 和 $\angle HO_dO_a$ 作为基准，当 H···O_a 和 $\angle HO_dO_a$ 小于阈值时识别为氢键。从 O—H 原子对的径向分布函数确定长度 H···O_a 的阈值，$\angle HO_dO_a$ 的阈值选为 30°[4]。通过岩石表面形成的平均氢键数目和氢键寿命来评估润湿性强弱，平均氢键数目由式（4.2）计算：

$$n_{HB} = \frac{1}{N}\sum_{i=1}^{N}(N_{donor}^i + N_{acceptor}^i)\times \rho_{OH} \tag{4.2}$$

式中，N 为总羟基数；N_{donor}^i 和 $N_{acceptor}^i$ 分别为第 i 个羟基为氢键的供体数和受体数；ρ_{OH} 为岩石表面羟基数密度。

氢键寿命 τ_{HB} 由连续自相关函数 $S_{HB}(t)$ 计算：

$$\tau_{HB} = \int_0^\infty S_{HB}(t)dt \tag{4.3}$$

$$S_{HB}(t) = \frac{\langle n_{ij}(t)\cdot n_{ij}(0)\rangle}{\langle n_{ij}(0)^2\rangle} \tag{4.4}$$

当原子 i 和 j 在 0 时刻形成氢键时，$n_{ij}(0)=1$，反之，$n_{ij}(0)=0$；当原子 i 和 j 在 0 和 t 时刻均形成氢键，且在 0～t 时间段内从未中断时，$n_{ij}(t)=1$，反之，$n_{ij}(t)=0$。

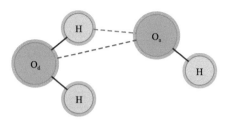

图 4.2　氢键示意图

2. 表面过余量

表面过余量一般通过溶剂的吉布斯分割面计算，针对固-气吸附，吉布斯分割面等同于吸附表面[5,6]，因此选择最外层硅原子的位置作为分割表面。CO_2 表面过余量的计算示意图如图 4.3 所示，单位面积的表面过余量可根据式(4.5)计算：

$$\Gamma_{CO_2} = \frac{1}{A}(N_{CO_2} - c^0 V) \tag{4.5}$$

式中，$A = L_x L_y$ 为二氧化硅表面的面积（L_x 和 L_y 分别是 x 和 y 方向上的尺寸）；$N_{CO_2} = L_x L_y \int_{z_L}^{z_P} c\,dz$ 为系统中从分割表面（图 4.3 中 P）到系统边界（图 4.3 中 L）的 CO_2 分子数，c 为 CO_2 分子的数密度；c^0 为相同温度和压力条件下达到平衡时 CO_2 分子的数密度；$V = L_x L_y (z_P - z_L)$ 为系统的体积，$z_P - z_L$ 分别为图 4.3 中 P 和 L 对应的在垂直于 xy 平面方向上的坐标。则式(4.5)可变为

$$\Gamma_{CO_2} = \int_{z_L}^{z_P} c\,dz - c^0(z_P - z_L) \tag{4.6}$$

系统边界的位置 L 应远离分割表面，此时系统边界的位置不影响 CO_2 表面过余量的大小。

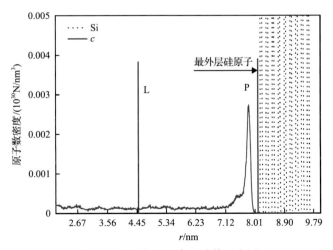

图 4.3　CO_2 表面过余量计算示意图

4.2 储层条件影响机制

岩石中二氧化硅以晶相和非晶相的状态存在，表现出不同的表面性质。在水中二氧化硅表面一般会发生羟基化，二氧化硅表面基团通常可分为：①单硅烷醇，SiOH；②双晶硅醇或硅烷二醇，$Si(OH)_2$；③邻位单硅烷醇[7-9]。根据表面羟基类型及组合方式，二氧化硅可以形成五种表面：$Si(OH)_4$、Q^1、Q^2、Q^3 和 $Q^{4[7,8]}$，其中，上标数字表示连接到中心 Si 原子的—O—Si—桥键的数目。二氧化硅表面硅烷醇基团的类型和密度取决于多个因素，如是否为晶体裂开面、热处理方法、湿度、pH、清洁方法等。而去质子化的质子平衡以及 CO_2 酸化使得表面组成更加复杂[7-11]，在 CO_2 封存环境下，二氧化硅表面上的官能团可能是 Q^2、Q^3、Q^4 及其质子化/去质子化形式的组合。除储层固体表面结构外，压力、温度、离子类型及盐度等储层条件均显著影响 CO_2-地层流体-固体相互作用。因此，研究储层条件的影响有助于更好地掌握 CO_2-盐水-固体体系在复杂 CO_2 封存环境下的润湿特性。

本节研究不同封存条件下体系微观界面作用特性，包括岩石表面结构、压力、温度、离子类型及盐度的影响，并分析表面官能团结构对表面润湿性随封存条件依赖性的影响规律。

4.2.1 储层固体表面结构的影响

首先介绍 CO_2 封存固体表面结构建模及其力场选择，然后从硅烷醇密度、硅烷醇空间分布、硅烷醇质子化/去质子化角度分析不同固体表面结构对润湿性的影响规律。

1. 岩石表面建模及力场

为研究不同官能团对润湿性的影响规律，模拟中共选择了六个二氧化硅表面，分别为 Q^3、Q^3-amorph、Q^3/Q^4、Q^4、Q^3-9%和 Q^3-50%，如图 4.4 所示。其中 Q^3-amorph 是无定形 Q^3 表面，Q^3/Q^4 是 Q^3 和 Q^4 表面的组合，Q^3-9%和 Q^3-50%是两个 Q^3 表面，其去质

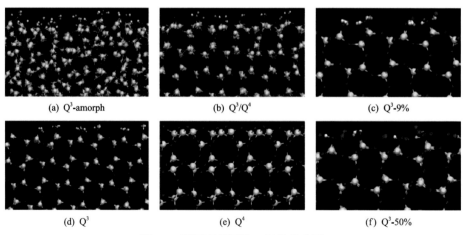

(a) Q^3-amorph   (b) Q^3/Q^4 (c) Q^3-9%

(d) Q^3 (e) Q^4 (f) Q^3-50%

图 4.4　不同官能团的二氧化硅表面

子度分别为 9% 和 50%。在 Q^3-9% 和 Q^3-50% 的表面上具有一定数量的 Na^+，原子颜色分别为黄色(Si)、红色(O)、白色(H)、蓝色(Na)。

共构建了 24 个模拟体系，液滴直径约为 3.5nm，模拟箱构建时选择足够长的 x 尺寸以确保有足够的空间用于展布液滴，选择足够的 z 尺寸以确保顶部二氧化硅表面与液滴之间的距离大于 6nm，以消除顶部二氧化硅表面与水或 CO_2 液滴间的相互作用。在 y 方向上，采用水滴法时，每纳米至少有 500 个水分子，而采用 CO_2 液滴法时，每纳米至少有 160 个 CO_2 分子。

力场选择对分子动力学模拟十分重要，文献中有许多关于二氧化硅、CO_2 和水的原子间势能模型[12-17]。二氧化硅和水之间的相互作用选择 Heinz 力场[12]计算，因为此力场可以准确预测二氧化硅-水-蒸汽系统的接触角，同时 Heinz 力场针对具有不同硅烷醇官能团的二氧化硅表面进行了优化，特别适合研究水接触角随硅烷醇官能团的依存关系。CO_2 模型选择了一种柔性势能模型[18]以更好地预测 CO_2-水的界面张力，具体力场参数可见文献[18]。

2. 结果与分析

模拟运行完毕后，Q^3、Q^3-amorph、Q^3/Q^4 和 Q^3-9% 表面的最终接触角构型如图 4.5、图 4.6 所示，可以清楚看到二氧化硅表面上的接触角与官能团有较强的依赖关系。当二氧化硅表面从 Q^3 变为 Q^4 时，发生亲水到疏水的转变，使用 CO_2 法和水滴法预测的接触角非常吻合，水和 CO_2 接触角的总和约为 180°，最大偏差为 3.6°。

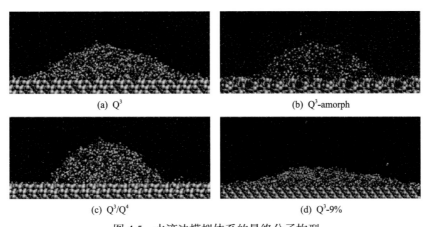

(a) Q^3　　　　　　　　　　　　　(b) Q^3-amorph

(c) Q^3/Q^4　　　　　　　　　　　　(d) Q^3-9%

图 4.5　水滴法模拟体系的最终分子构型

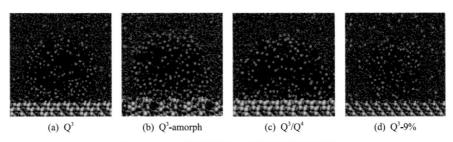

(a) Q^3　　　(b) Q^3-amorph　　　(c) Q^3/Q^4　　　(d) Q^3-9%

图 4.6　CO_2 法模拟体系的最终接触角构型

1）硅烷醇密度对接触角的影响

对于具有晶体结构（Q^3、Q^3/Q^4、Q^4）的中性二氧化硅表面，接触角随硅烷醇密度的降低而增加。对于较高硅烷醇数密度（$9.4OH/nm^2$）的 Q^2 表面，模拟预测到较低的接触角（$20°$[19]、$30°$[20]和$22.6°$[21]）。当硅烷醇数密度从 $4.7OH/nm^2$ 降低到 0 时，接触角从 $33.5°$ 增大到 $146.7°$。对于 3mol/L 的 NaCl 溶液，随着硅烷醇密度的降低，接触角从 $36.4°$ 增加到 $153.8°$，1mol/L $CaCl_2$ 溶液的接触角也呈现类似的变化趋势。

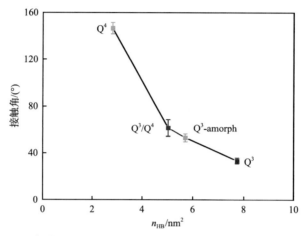

图 4.7　二氧化硅、CO_2 及水相互作用下接触角与氢键数密度的关系

中性二氧化硅表面的接触角与硅烷醇密度的关系可以通过硅烷醇基团与水之间的氢键来解释。二氧化硅与 CO_2、水体系相互作用下氢键数密度变化如图 4.7 所示，随着硅烷醇密度的降低（$Q^3 \to Q^4$），Si—OH 和水之间氢键数密度降低导致接触角增加，当硅烷醇密度从 $4.7OH/nm^2$（Q^3）降至 0（Q^4）时，氢键数密度从 $7.7n_{HB}/nm^2$ 降至 $2.8n_{HB}/nm^2$。

2）硅烷醇空间分布对接触角的影响

除硅烷醇密度以外，硅烷醇的空间分布还会影响二氧化硅表面的润湿性。润湿性差异与表面氢键数相关。当 Q^3 表面变为无定形结构（Q^3-amorph）时，氢键的数密度从 $7.7n_{HB}/nm^2$ 降低到 $5.7n_{HB}/nm^2$。Q^3 表面上的硅烷醇基之间没有氢键，但在 Q^3-amorph 表面上，硅烷醇基之间的氢键数密度达到 $0.55n_{HB}/nm^2$，硅烷醇基团之间的氢键减少了硅烷醇基团与水形成氢键的机会。

3）硅烷醇质子化/去质子化对接触角的影响

对于 Q^3 表面，当 9%的硅烷醇基团去质子化时，接触角从 $33.5°$减小到 $21.9°$，当 50%的硅烷醇基团去质子化时，水在表面上铺展形成接近于 $0°$ 的接触角。接触角随质子（去质子）化的增加（减少）可以解释为表面电荷导致二氧化硅表面水膜的去稳定化（稳定化）的改变[22]。当盐水被超临界 CO_2 置换时，CO_2 逐渐溶解于盐水中致使 pH 降低，但是不同位置的 pH 并不相同，流体流动会改变局部 pH[23]，故仅在某些位置发生去湿现象，最终的水接触角随位置变化[24]。Q^3 表面 3mol/L NaCl 溶液的接触角为 $56.1°$，3mol/L NaCl 溶液发生去湿现象时，接触角范围为 $55° \sim 76°$。

4.2.2 压力与温度的影响

作为 CO_2 封存过程的两个基础参数,压力和温度对润湿性的影响至关重要。如 4.2.1 节所述,岩石表面结构对润湿性具有显著影响,随压力和温度条件的变化,岩-水反应导致固体表面结构发生改变。采用实验方法单独研究压力和温度对润湿性的影响存在困难,无法实时获取岩石表面结构的变化。分子动力学模拟方法构建模型时能够固定固体表面官能团结构,排除其他因素的影响,研究特定固体表面结构下压力和温度对润湿性的影响。本节分析不同表面结构下润湿性随压力和温度的变化规律。

1. 润湿性结果

盐类型选择 NaCl 和 $CaCl_2$,通过自由区(远离二氧化硅表面和水滴区域)的 CO_2 密度,再结合美国国家标准技术研究院(National Institute of Standards and Technology,NIST)的压力-密度关系来确定系统压力。选择 Heinz 力场计算二氧化硅和水分子之间的相互作用[12],采用柔性的 CO_2 模型[16],离子相互作用使用 Beglov 等[25]的参数,这些力场在模拟界面特性方面获得了较好的效果[18,21,26]。表 4.1~表 4.3 总结了各压力、温度条件下平衡时 CO_2 密度、系统最终压力及接触角的值。

表 4.1 晶体和 Q^3-amorph 表面上的压力、密度和接触角

表面类型及离子浓度	温度/K	压力/MPa		密度/(kg/m³)		接触角/(°)	
		平均值	误差	平均值	误差	平均值	误差
Q^3 0mol/L	318	3.3	3~3.6	65.11	7.41	17	3
		3.9	3.6~4.2	78.28	7.90	18	3
		5	4.6~5.3	107.53	10.70	21	4
		9.2	8.8~9.5	368.61	52.72	29	6
		11.6	11.4~11.9	640.34	9.93	24	4
		14.6	14~15.4	735.08	14.56	24	3
		22.6	21.5~23.8	838.31	10.68	24	4
	383	5.4	5~5.8	84.81	6.96	4.00	1
		6.4	6~6.8	102.96	8.00	16	5
		8.1	7.7~8.5	136.28	8.30	14	4
		18.6	17.7~19.7	403.28	27.51	18	4
		32.4	30.7~34.2	652.34	20.67	17	4
Q^3-amorph 0mol/L	318	2.8	2.5~3.1	52.97	5.69	25	3
		3.5	3.2~3.9	69.68	7.72	21	6
		4.6	4.2~5	98.23	10.61	27	2
		9.1	8.8~9.4	356.53	42.18	38	4
		12.4	12~12.9	676.88	16.92	33	3
		13.6	13.3~13.9	711.87	8.29	35	5
		14.9	14.2~15.8	741.70	15.26	35	4

表面类型及离子浓度	温度/K	压力/MPa		密度/(kg/m³)		接触角/(°)	
		平均值	误差	平均值	误差	平均值	误差
Q³-amorph 0mol/L	383	4.8	4.6~5.0	73.60	3.56	17	4
		5.9	5.4~6.3	92.86	8.83	16	2
		8.1	7.3~8.8	135.48	14.63	21	4
		11.7	11.4~12	217.53	8.08	27	5
		14.5	13.6~15.5	291.45	25.67	27	4
		20.7	20.3~21.0	453.79	8.43	29	4
		23.2	22.7~23.9	511.39	12.70	25	2

表 4.2　纯水、Q²表面上的压力、密度和接触角

离子浓度/(mol/L)	温度/K	压力/MPa		密度/(kg/m³)		接触角/(°)	
		平均值	误差	平均值	误差	平均值	误差
0	318	3.0	2.8~3.1	57.40	2.31	19	5
		3.8	3.5~4.1	76.26	8.51	18	2
		5.0	4.9~5.1	108.00	3.18	21	3
		9.0	8.9~9.2	340.63	20.05	32	3
		9.5	9.4~9.6	413.91	17.87	33	2
		11.7	11.3~12.3	647.51	22.71	32	4
		14.5	13.6~15.5	732.46	20.05	33	4
		16.5	15.8~17.2	768.28	10.47	32	5
		23.7	23.2~24	847.12	3.76	42	3
	333	3.6	3.1~4	65.25	9.59	18	3
		4.3	3.8~4.8	80.97	11.81	21	3
		5.5	5~5.9	110.50	11.80	21	4
		13.7	13.2~14.1	542.91	24.76	23	4
		16.5	16.0~17.0	651.60	14.34	31	6
	363	4.4	4.1~4.8	73.34	7.08	17	3
		5.7	5.3~6.1	97.55	8.07	16	4
		7.6	7.0~8.2	139.10	13.96	20	3
		22.1	21.4~22.9	582.89	15.05	24	3
	383	5	4.8~5.2	77.17	3.46	12	2
		6.1	5.7~6.5	97.23	7.31	16	1
		8.6	7.8~9.4	147.63	16.65	16	3
		26.4	25.5~27.3	568.11	14.68	23	2
		32.6	31.3~34	654.03	15.04	32	7

表 4.3　盐水、Q^2 表面上的压力、密度和接触角

盐水类型	温度/K	压力/MPa		密度/(kg/m³)		接触角/(°)	
		平均值	误差	平均值	误差	平均值	误差
3mol/L NaCl	318	3.5	3.1~3.7	68.07	9.02	32	6
		4.5	4.3~4.8	95.15	7.90	24	4
		5.5	5.2~5.9	125.08	11.16	34	3
		9.4	9.3~9.6	403.58	26.80	44	2
		23.5	22.6~24.5	845.97	7.87	50	3
1mol/L CaCl₂	318	3.1	2.8~3.3	58.40	6.06	26	3
		3.8	3.5~4.1	75.60	7.36	34	2
		4.6	4.2~5.1	98.73	13.57	36	6
		9.6	9.5~9.8	437.82	27.60	38	3
		23.5	22.2~24.9	845.92	11.33	44	3
0mol/L	318	3.0	2.8~3.1	57.40	2.31	19	5
		3.8	3.5~4.1	76.26	8.51	18	2
		5.0	4.9~5.1	108.00	3.18	21	3
		9.0	8.9~9.2	340.63	20.05	32	3
		9.5	9.4~9.6	413.91	17.87	33	2
		11.7	11.3~12.3	647.51	22.71	32	4
		14.5	13.6~15.5	732.46	20.05	33	4
		16.5	15.8~17.2	768.28	10.47	32	5
		23.7	23.2~24	847.12	3.76	42	3
	333	3.6	3.1~4.0	65.25	9.59	18	3
		4.3	3.8~4.8	80.97	11.81	21	3
		5.5	5.0~5.9	110.50	11.80	21	4
		13.7	13.2~14.1	542.91	24.76	23	4
		16.5	16.0~17.0	651.60	14.34	31	6

2. Q^2 表面接触角与压力、温度的依赖关系

随着纯水和盐水溶液压力的增加，接触角呈增加趋势。对于纯水，当压力从 3MPa 增加到 23.7MPa 时，接触角从 19°增加到 42°；对于 3mol/L 的 NaCl 溶液，当压力从 3.5MPa 增加到 23.5MPa，接触角从 32°增加到 50°；对于 1mol/L 的 CaCl₂ 溶液，当压力从 3.1MPa 变为 23.5MPa 时，接触角增大了 18°。随着温度的升高，接触角降低。文献中其他模拟研究预测了不同温度和压力下 Q^2 表面的接触角，Bagherzadeh 等[20]测得 300K 时接触角在 18.9MPa 下为 29.9°（±1°），在 17.3MPa 下为 31.9°（±5.2°）；275K 时接触角在 19.1MPa

和 20.67MPa 下分别为 52.4°（±5.7°）和 39°（±7°），同样发现接触角随着温度的降低而增加。Tsuji 等[19]应用了水和 CO_2 分子刚性势能模型，在压力范围为 7.8～28.8MPa、温度 296K 下计算得到较小的接触角（20°左右）。

3. Q^3 与无定形 Q^3 表面接触角随压力、温度的依赖关系

在晶体 Q^3 表面上，随着压力的增加，接触角先增大后减小，最后保持恒定。在 Q^3-amorph 表面上也发现了类似的趋势。在研究的所有压力下 Q^3-amorph 表面上的水接触角均大于晶体 Q^3 表面上的接触角。在晶体 Q^3 表面上，水接触角随着温度的升高而降低，383K 时最终水接触角约为 17°。但在 Q^3-amorph 表面，接触角同样随着温度的升高而降低。在低压下（约 7MPa），Q^3 和 Q^3-amorph 表面在 383K 时的接触角基本一致，而 318K 时，Q^3-amorph 表面接触角大于 Q^3 表面接触角，表明 Q^3-amorph 表面接触角随温度升高下降得更多。高压下（>14MPa），温度从 318K 升高到 383K，Q^3-amorph 和 Q^3 表面接触角的变化值比较接近。

4.2.3 盐度与组分的影响

盐的存在将显著增大 CO_2 与水之间的界面张力[27-34]，界面张力随盐度的变化关系与压力和温度有关[27,34]。实验[31-33]及分子动力学模拟方法[1]都证实界面张力与盐度呈线性关系，并且这种线性关系的斜率随阳离子的化合价而变化[31]。大多数 CO_2-盐水-岩石体系的润湿性实验研究都基于 NaCl 溶液，并且发现接触角随着 NaCl 溶液浓度的增大而增大[35-38]。尽管在实际储存条件下 NaCl 占主导地位，但储层盐水是包含 Na^+、K^+、Ca^{2+} 和 Mg^{2+} 等不同盐离子的混合物，因此必须探明每种盐的作用，以更好地预测盐混合物溶液在固体表面的润湿行为。

1. 模拟条件及力场选择

在 20MPa、318.15K 条件下选择四种常见的阳离子 Na^+、K^+、Ca^{2+} 和 Mg^{2+} 以及一种阴离子 Cl^- 来构建不同浓度的盐溶液。单价离子的浓度分别为 1mol/L、3mol/L 和 6mol/L，二价离子的浓度分别为 0.33mol/L、1mol/L 和 2mol/L。CO_2 分子势能模型选用由半柔性 EPM2 模型[39]改进的完全柔性力场[17]，使用柔性力场计算水、二氧化硅和离子的势能[12]。不同原子之间的相互作用参数使用 L-B 混合规则计算，力场具体参数见文献[40]。

在 323K 时，CO_2-水的界面张力是压力的函数，模拟结果与实验数据比较如图 4.8 所示。CO_2-水界面张力实验数据严格按 CO_2-水界面附近的温度、CO_2 与水之间的密度差和平衡时间三个标准选定[2]，选择的两个实验数据集均使用悬垂法[41,42]。模拟预测的界面张力与实验结果吻合良好，证明所选水和 CO_2 分子的力场可以很好地预测界面性质。

为了验证离子力场的准确性，还进行了另外三组模拟，得到在 20MPa、343.15K、5mol/L 浓度下 CO_2-$CaCl_2$ 界面张力为（41.9±3.5）mN/m，实验结果为 47.2mN/m[43]；20MPa、343.15K、5mol/L 浓度下 CO_2-$MgCl_2$ 界面张力为（38.5±3.7）mN/m，与实验结果 39.3mN/m 吻合良好[44]；20MPa、343.15K 时，含有 NaCl 和 KCl 的 4.95mol/L 盐水

溶液(摩尔比为 0.864/0.136)模拟的界面张力为 $(39.4 \pm 3.3)\,mN/m$，与实验结果 $38mN/m$ 基本一致[32]。

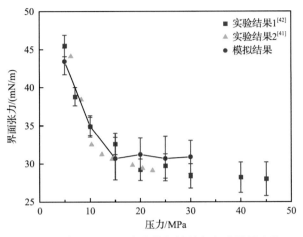

图 4.8 水-CO_2界面张力模拟结果与实验结果比较

2. 氢键分析

羟基和水分子之间可以形成两种类型的氢键：Os-Hw 和 Hs-Ow，其中 Os 和 Ow 分别是羟基和水中的氧原子，Hs 和 Hw 分别是羟基和水中的氢原子。原子对 Os-Hw 和 Hs-Ow 的径向分布函数如图 4.9 所示。不同盐溶液的结果相似，此处仅显示 $CaCl_2$ 溶液的结果。与文献结果一致，两个原子对均具有良好的水合结构[13,44]。盐度对峰值的影响很小，峰位不随盐度变化。第一波谷的位置在 $0.24nm$ 左右，选为氢键判定准则中 H···Oa 的阈值。

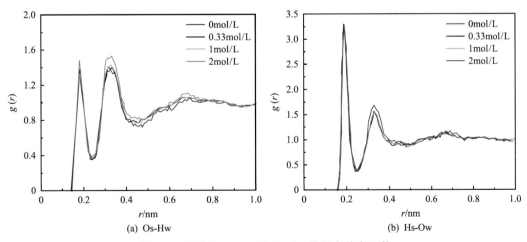

图 4.9 原子对 Os-Hw 和 Hs-Ow 的径向分布函数

计算了每平方纳米的平均氢键数，结果如表 4.4 所示。二氧化硅-$MgCl_2$ 溶液的氢键连续自相关函数如图 4.10 所示，结果表明，离子浓度的影响很小。自相关函数随时间快速衰减，并在 4×10^{-12}s 后达到 0。对自相关函数积分可得到氢键的寿命，结果如表 4.4 所示。氢键寿命随离子类型和盐度的不同而略有不同，但是考虑到误差影响，可以忽略不计。$CaCl_2$、NaCl 和 $MgCl_2$ 盐水中每平方纳米的平均氢键数不随盐度变化，数值在 7.33～7.71。而 KCl 对氢键影响略有不同，KCl 溶液浓度从 1mol/L 增加到 3mol/L，每平方纳米的平均氢键数减少约 0.42；当盐度增加到 6mol/L 时，每平方纳米的平均氢键数进一步减少 0.99。

表 4.4　每平方纳米的平均氢键数(n_{HB})和二氧化硅与水之间的氢键寿命(τ_{HB})

盐水类型	n_{HB}	$\tau_{HB}/10^{-12}$s	盐水类型	n_{HB}	$\tau_{HB}/10^{-12}$s
0mol/L	7.57(0.09)	0.46(0.06)	CO_2-$MgCl_2$		
CO_2-$CaCl_2$			0.33mol/L	7.71(0.14)	0.51(0.05)
0.33mol/L	7.61(0.14)	0.48(0.07)	1mol/L	7.52(0.19)	0.53(0.10)
1mol/L	7.47(0.24)	0.49(0.09)	2mol/L	7.47(0.05)	0.52(0.06)
2mol/L	7.47(0.24)	0.49(0.08)	CO_2-KCl		
CO_2-NaCl			1mol/L	7.52(0.14)	0.50(0.06)
1mol/L	7.52(0.14)	0.46(0.04)	3mol/L	7.10(0.19)	0.46(0.03)
3mol/L	7.38(0.19)	0.50(0.03)	6mol/L	6.11(0.09)	0.45(0.09)
6mol/L	7.33(0.14)	0.44(0.05)			

注：括号内为误差。

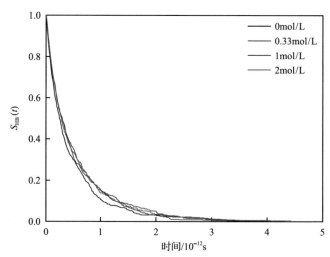

图 4.10　二氧化硅-$MgCl_2$ 溶液的氢键连续自相关函数

3. 离子类型和盐度对界面张力及润湿性的影响

CO_2 和盐水的平衡对界面张力的预测非常重要，水和 CO_2 的密度分布如图 4.11 所示，模型快照和密度曲线体现了模拟体系的良好平衡。界面张力和接触角结果如表 4.5 所示。KCl 盐水平衡时的分子模型如图 4.12 所示。

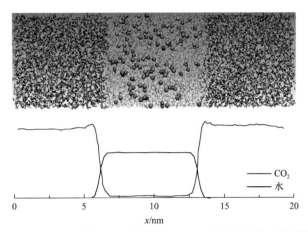

图 4.11 0.33mol/L 的 $MgCl_2$ 沿垂直于 CO_2-盐水界面的密度分布图

表 4.5 不同离子类型和盐度下界面张力和接触角

盐水类型	界面张力/(mN/m)	接触角/(°)	盐水类型	界面张力/(mN/m)	接触角/(°)
0mol/L	30.9(3.1)	22.4(5.4)	CO_2-$MgCl_2$		
CO_2-$CaCl_2$			0.33mol/L	33.2(3.5)	24.4(3.5)
0.33mol/L	33.4(2.6)	31.0(1.9)	1mol/L	31.2(3.7)	35.1(2.8)
1mol/L	33.5(3.4)	41.1(5.5)	2mol/L	40.8(5.5)	43.7(5.9)
2mol/L	42.3(4.7)	39.3(4.9)	CO_2-KCl		
CO_2-$NaCl$			1mol/L	34.9(3.1)	27.6(3.1)
1mol/L	32.6(2.2)	30.8(5.4)	3mol/L	35.2(2.9)	36.1(2.9)
3mol/L	36.4(3.9)	42.4(4.3)	6mol/L	38.0(5.7)	35.7(5.9)
6mol/L	40.4(5.4)	47.5(3.9)			

注：括号中的数字为误差。

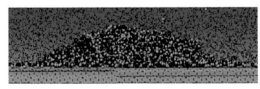

(a) 1mol/L

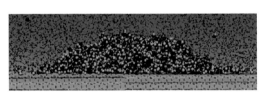

(b) 3mol/L

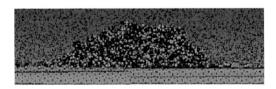

(c) 6mol/L

图 4.12 KCl 盐水平衡时的分子模型图

从模拟结果中可以看出，水中盐度增加时界面张力增加明显，且盐水溶液的接触角均比纯水大。盐水溶液的接触角不仅取决于化合价，还取决于离子类型。对于 $MgCl_2$ 和

NaCl 溶液,接触角随着盐度的增加而增大,但是对于 $CaCl_2$ 和 KCl 溶液,接触角首先增加然后随盐度略微下降。在相同盐度(1mol/L)下,不同盐离子对接触角的影响顺序为 $Ca^{2+}>$ $Mg^{2+}>Na^{+}>K^{+}$,表明二价离子对水接触角的影响比一价离子强。1mol/L 的 $CaCl_2$ 溶液水接触角比 1mol/L 的 NaCl 溶液大 $10.3°$,但仅比 1mol/L 的 $MgCl_2$ 溶液大 $6°$。

离子类型对水接触角的影响随盐度变化。对于较小盐度(0.33mol/L 和 1mol/L)下的二价离子,$CaCl_2$ 溶液的接触角大于 $MgCl_2$ 溶液,但在更大的盐度(2mol/L)下,$MgCl_2$ 溶液的水接触角大于 $CaCl_2$ 溶液。单价离子对接触角影响各不相同,对所研究的盐水盐度(1~6mol/L),Na^+离子溶液中水接触角均大于 K^+离子溶液。也可从离子强度角度分析离子类型对水接触角的影响。当离子强度为 1mol/L(二价离子 0.33mol/L,一价离子 1mol/L)时,离子对水接触角的影响遵循 $Na^{+}≈Ca^{2+}>K^{+}≈Mg^{2+}$的顺序;当离子强度增加到 3mol/L 时,也遵循同样的顺序;但是,当离子强度增加到 6mol/L 时,顺序变为 $Na^{+}>$ $Mg^{2+}>Ca^{2+}>K^{+}$。离子类型、化合价和盐度对 CO_2/盐水/矿物表面接触角的影响非常复杂,预测的接触角均为 $20°~50°$。

4. CO_2-盐水界面张力与接触角余弦值乘积规律

在流体实际流动[45]、毛细管压力和残余捕获评估[46]中,接触角的余弦值比接触角应用更广泛。将表 4.5 中接触角余弦值乘以 CO_2-盐溶液界面张力,取所有盐溶液结果平均值为 $(28.7±2.3)mN/m$。Young 公式给出了三相体系每两相界面张力与接触角的关系:

$$\gamma_{\text{brine-mineral}} + \cos\theta_{\text{water}} \cdot \gamma_{\text{brine-CO}_2} = \gamma_{\text{CO}_2\text{-mineral}} \tag{4.7}$$

式中,$\gamma_{\text{brine-mineral}}$、$\gamma_{\text{CO}_2\text{-mineral}}$、$\gamma_{\text{brine-CO}_2}$ 分别为盐水-矿物、CO_2-矿物及盐水-CO_2 的界面张力,θ_{water} 为水接触角。从式(4.7)可以看出,CO_2-矿物界面张力和盐水-矿物界面张力的差不受盐水盐度和离子类型的影响,对 CO_2-盐水-矿物系统,若仅改变盐溶液浓度和离子类型,CO_2-矿物之间的界面张力不会改变,因此盐水盐度和离子类型对盐水-矿物界面张力的影响可以忽略不计。盐水盐度和离子类型影响 CO_2-盐水界面张力和 CO_2-盐水-矿物系统的接触角,CO_2-矿物界面张力和接触角余弦值的变化相互抵消,因此接触角的变化主要由盐水-CO_2 之间的界面张力变化引起。这一发现对在实验获得的接触角存在较大不确定性的情况下预测接触角大小非常有用[47]。气体和液体之间的界面张力很容易通过实验测量,通过这种关系可以使用 CO_2-盐水界面张力数据预测水接触角。另外,CO_2-盐水界面张力与接触角余弦值乘积通常与毛细管压力和残余捕获能力相关[46],此发现还可用于预测不同条件下的毛细管压力和残余捕获量。但要注意的是,当压力、温度或矿物表面成分发生变化时,CO_2-盐水界面张力与接触角余弦值的乘积可能会有所不同。

4.3 混合气体影响分析

生产和日常生活中的废气除 CO_2 外,还有许多其他气体,如 CH_4、Ar 和 H_2S。传统的存储技术将气体注入地下之前需要先将废气中的 CO_2 分离,这无疑大大增加了封存的成本,提高 CO_2 地质存储效率的有效方法是废气的直接存储[48]。为了更好地了解 CO_2

气体混合物的迁移过程，必须充分了解 CO_2 地质封存条件下混合气体导致的界面特性变化规律。本节研究封存气体为混合气体时的界面特性，并分析混合气体封存条件下毛细压力及 CO_2 储存能力的变化。

4.3.1 模型参数

为探究气体杂质对润湿性的影响，构造了一个长度为 60Å 的水箱和两个气体混合箱的界面张力模型，共设计了四套气体系统，分别由 CO_2 和 CH_4、CO_2 和 H_2S、CO_2 和 Ar 及纯 CO_2 组成。混合物中 CO_2 和其他气体的摩尔分数分别为 80% 和 20%。界面张力的模型与图 4.1 类似。由于官能团对二氧化硅表面的润湿性有显著影响，模拟使用了两个具有不同羟基密度的二氧化硅表面，分别为 Q^3 和 Q^3/Q^4，Q^3/Q^4 是 Q^3 和 Q^4 表面的组合，其羟基数密度为 $2.4OH/nm^2$，Q^3 表面的羟基数密度为 $4.7OH/nm^2$。

模拟基于 CHARMM36 力场模型，在 CHARMM 力场中，非键结势能由 Lennard-Jones（L-J）势描述：

$$U(r_{ij}) = 4\varepsilon_{ij}\left[\left(\frac{\sigma_{ij}}{r_{ij}}\right)^{12} - \left(\frac{\sigma_{ij}}{r_{ij}}\right)^6\right] \tag{4.8}$$

式中，r_{ij}、ε_{ij} 和 σ_{ij} 分别为原子对 i 和 j 的间距、势能曲线深度 ε 和平衡距离，具体 L-J 参数列在表 4.6 中。L-J 参数使用标准的 Lorentz-Berthelot 组合规则计算：

$$\sigma_{ij} = \frac{1}{2}(\sigma_i + \sigma_j) \tag{4.9}$$

$$\varepsilon_{ij} = \sqrt{\varepsilon_i \varepsilon_j} \tag{4.10}$$

表 4.6 L-J 电势和电荷参数

原子	ε/(kcal/mol)	σ/Å	q/e	参考文献
C(CO_2)	0.056	2.76	0.6512	[16]
O(CO_2)	0.160	3.03	−0.3256	[16]
CH_4	0.294	3.73	0	[49]
Ar	0.240	3.41	0	[50]
H(H_2S)	0.008	0.98	0.124	[51]
S(H_2S)	0.497	3.72	−0.248	[51]
H(H_2O)	0	0.0001	0.4238	[12]
O(H_2O)	0.155	3.17	−0.8476	[12]

键伸缩势能的数学表达式为

$$U_b = K_b(b - b_0)^2 \tag{4.11}$$

式中，K_b、b 和 b_0 分别为键伸缩的弹力常数、键长和平衡键长。

键角弯曲势能的数学表达式为

$$U_\theta = K_\theta(\theta - \theta_0)^2 \tag{4.12}$$

式中，K_θ、θ 和 θ_0 分别为键角弯曲的弹力常数、键角和平衡键角角度。

表 4.7 列出了键伸缩势能和键弯曲势能的参数。二氧化硅的力场参数从文献[12]中得到，选择该力场是因为其最初是为了减少计算界面特性的不确定性而引入的，二氧化硅力场参数的详细信息汇总在文献[52]中。

表 4.7　键伸缩势能和键弯曲势能的参数

键类型	b_0/Å	K_b/[kcal/(mol·Å²)]	键角类型	θ_0/(°)	K_θ/[kcal/(mol·rad²)]	参考文献
O—C	1.149	1282.46	O—C—O	180.0	147.60	[16]
H—O	0.96	540.63	H—O—H	104.5	50.00	[12]
H—S	1.365	95.84	H—S—H	91.5	62.07	[51]

混合气体和水之间的界面张力实验值和模拟值比较如表 4.8 所示。可以看出，模拟值与实验值具有良好一致性，证明了力场参数的准确性。

表 4.8　混合气体和水之间的界面张力实验值和模拟值比较

气体	温度/K	压力/MPa	界面张力/(mN/m)	
			实验值	模拟值
CO_2/Ar	297.94	20	31.10±0.56[53]	39.23±3.01
CO_2/CH_4	298.15	10	38.65±0.06[54]	41.20±1.62
CO_2/H_2S	350.15	10	29.20±0.30[55]	20.95±0.46

4.3.2　混合气体条件下的界面特性

本节分析不同混合气体条件下的界面张力，以及不同混合气体氛围和二氧化硅表面结构下的润湿性。

1. 界面张力

在 CO_2/H_2S 的界面张力模型中，水溶解了大量的 H_2S 并且分布非常均匀，这与 H_2S 在水中的电离特性有关。分子种类的差异会造成各组之间界面张力的显著差异。当杂质气体为摩尔分数为 20%的 Ar 时，界面张力为 34.1mN/m，而 CO_2-水的界面张力为 31.67mN/m，这表明 Ar 的存在使 CO_2 与水之间的界面张力增大。CH_4 的添加导致界面张力上升 1.09mN/m，Liu 等[28]发现 CH_4 中 CO_2 的存在会导致气体混合物和盐水之间的界面张力降低，在气体混合物中存在更多的 CO_2 时，界面张力降低的效果更加明显。(CO_2+H_2S)-水系统的界面张力为 10.99mN/m，而 CO_2-水的界面张力为 31.67mN/m，(CO_2+H_2S)-水系统的界面张力约为纯 CO_2-水系统的界面张力的三分之一，可见，H_2S 的存在会导致气水界面张力显著下降。

2. 接触角

表 4.9 为预测的接触角。当二氧化硅的表面结构为 Q^3 时，与纯 CO_2 相比，气体混合物 CO_2/Ar、CO_2/CH_4 和 CO_2/H_2S 的接触角分别增加了 4.54°、1.98°和 10.99°。McCaughan 等[56]也发现了接触角与 H_2S 浓度的相关性，并在 Q^3/Q^4 二氧化硅表面上获得了相似的结果，CO_2/H_2S 的接触角增加了 7.66°。接触角与表面羟基数密度密切相关，随着羟基数密度的降低，接触角增加[18]。在羟基数密度为 $4.7OH/nm^2$ 的 Q^3 表面上添加摩尔分数为 20% 的 H_2S 时，接触角增加了 45.8%，而在羟基数密度为 $2.4OH/nm^2$ 的 Q^3/Q^4 表面上添加摩尔分数为 20% 的 H_2S 时，接触角仅增加 14%。

表 4.9　预测的接触角

气体	X_{CO_2}	Q^3		Q^3/Q^4	
		平均值/(°)	误差/(°)	平均值/(°)	误差/(°)
CO_2/Ar	0.8	28.54	2.92	47.76	6.67
CO_2/CH_4	0.8	25.98	3.72	53.15	6.04
CO_2/H_2S	0.8	34.99	5.35	61.89	5.25
纯 CO_2	1.0	24.00	4.00	54.23	4.19

3. 密度分布

Z 方向上 CO_2 和 H_2S 的密度分布如图 4.13 所示。因为在模拟中 CO_2 的摩尔分数为 80%，其他气体的摩尔分数为 20%，所以为了更好地进行比较，将剩余气体的密度乘以 4 倍。可以发现，二氧化硅表面附近的 Ar 和 CH_4 密度非常低，但是 CO_2 和 H_2S 的密度出现峰值，H_2S 的峰值大约是 CO_2 的峰值的 4 倍。在 Q^3/Q^4 表面上，Ar 和 CH_4 的密度同样低于 CO_2，但 Ar 和 CH_4 的密度变化趋势与 CO_2 相同，尽管峰值随气体成分而变化，但峰值位置相同。Q^3/Q^4 表面和 Q^3 表面上的羟基数密度分别为 $2.4OH/nm^2$ 和 $4.7OH/nm^2$，Ar、CH_4 和 CO_2 对 Q^3/Q^4 表面的作用力高于对 Q^3 表面的作用力，而 H_2S 具有较低的作用力，这意味着羟基的存在会导致 Ar、CH_4 和 CO_2 在二氧化硅上的吸附作用降低，但 H_2S 的吸附作用会增强。这解释了 Q^3/Q^4 表面上 CO_2/H_2S 接触角的增量比 Q^3 表面小的现象。

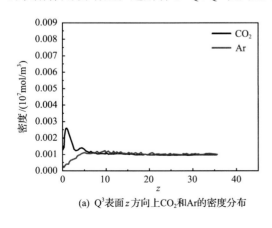
(a) Q^3 表面 z 方向上 CO_2 和 Ar 的密度分布

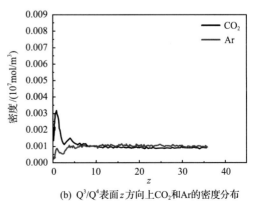
(b) Q^3/Q^4 表面 z 方向上 CO_2 和 Ar 的密度分布

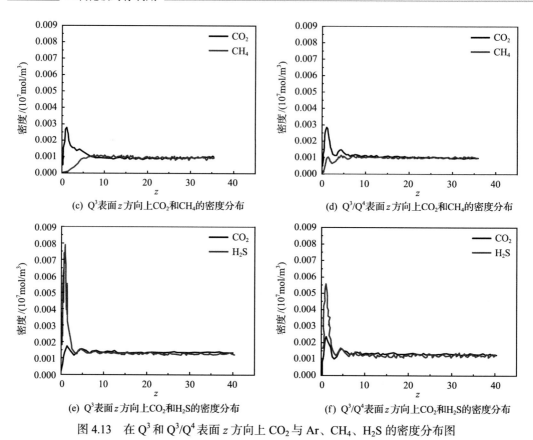

(c) Q^3表面z方向上CO_2和CH_4的密度分布   (d) Q^3/Q^4表面z方向上CO_2和CH_4的密度分布

(e) Q^3表面z方向上CO_2和H_2S的密度分布   (f) Q^3/Q^4表面z方向上CO_2和H_2S的密度分布

图 4.13 在 Q^3 和 Q^3/Q^4 表面 z 方向上 CO_2 与 Ar、CH_4、H_2S 的密度分布图

4.3.3 毛细管压力与 CO_2 毛细封存能力

为确保封存安全和长期稳定性,防止 CO_2 泄漏是 CO_2 地质封存利用(CCS)的关键点。CO_2 泄漏的主要途径是盖层、断层、裂缝和废弃井[57-59]。当毛细管压力达到或超过阈值时,部分 CO_2 会通过盖层泄漏到上层。界面张力和接触角主要影响毛细管压力和 CO_2 毛细封存能力。假设所有毛细管孔的半径均为 40nm,则毛细管压力可以用式(4.13)计算:

$$P_C = P_g - P_w = \frac{2\gamma_{wg}\cos\theta}{R} \tag{4.13}$$

式中,P_C 为毛细管压力;P_g 为气相压力;P_w 为水相压力;γ_{wg} 为水和气之间的界面张力;θ 为接触角;R 为毛细管孔的半径。

CO_2 的毛细封存能力可以用式(4.14)估算[22]:

$$M = \frac{2\gamma_{wg}\rho_g\varphi(1-S_w)\cos\theta}{(\rho_w-\rho_g)gR} \tag{4.14}$$

式中,M 为在盐水层中每单位面积存储的 CO_2 质量;ρ_g 为气体的密度;ρ_w 为水的密度;S_w 为水的残余饱和度;φ 为孔隙度;g 为重力加速度常数。为了预测多种储层储气量,

假设 $\varphi = 0.2$，$S_w = 0.1$，$R = 40\text{nm}$，$g = 9.8\text{m/s}^2$，$\rho_w = 998.79\text{kg/m}^3$，$\rho_g = 813.52\text{kg/m}^3$。毛细管压力与 CO_2 毛细封存能力估算结果如表 4.10 所示。

表 4.10　毛细管压力与毛细封存能力估算结果

气体	CO_2 毛细封存/(10^3kg/m^2)		毛细管压力/MPa	
	Q^3	Q^3/Q^4	Q^3	Q^3/Q^4
CO_2/Ar	120.81	92.44	1.50	1.15
CO_2/CH_4	118.76	79.23	1.47	0.98
CO_2/H_2S	36.31	20.88	0.45	0.26
纯 CO_2	116.68	74.66	1.45	0.93

虽然两个二氧化硅表面上的官能团类型不同，不同气体组分对毛细管压力的影响是相同的。两个表面上毛细压力排序均为 $H_2S < CO_2 < CH_4 < Ar$。在这四种气体中，H_2S 的毛细压力比其他气体小得多，H_2S 的注入增加了气体泄漏的风险。为了避免泄漏，储层只能承受较低的气压或较小的气柱高度，对于具有较低羟基数密度的矿物组成的储层，H_2S 的毛细压力更低，具有更高的气体泄漏风险。在 Q^3 表面上，CO_2、CH_4 和 Ar 的毛细压力相差不大，考虑到模拟中的数据偏差，差异可以忽略不计。在 Q^3/Q^4 表面上，Ar 的毛细压力比 CO_2 的毛细压力大 0.22MPa，这意味着 Ar 与 CO_2 共同注入是有益的，CH_4 的毛细压力接近 CO_2，这表明在 CO_2 中混合少量 CH_4 不会对毛细压力产生太大影响。

由毛细封存能力计算结果可知，CO_2/H_2S 的 CO_2 毛细封存能力最小，而 CO_2/Ar 的 CO_2 毛细封存能力最大。对于 Q^3 组成的储层，与纯 CO_2 相比，当添加摩尔分数为 20% 的 H_2S 时，毛细封存能力降低了 69%。对于 Q^3/Q^4 组成的储层，添加摩尔分数为 20% 的 H_2S 时，毛细封存能力降低了 72%。将摩尔分数为 20% 的 Ar 添加到纯 CO_2 中时，Q^3 和 Q^3/Q^4 储层的毛细封存能力分别增加了 3.5% 和 23.8%，因此将 Ar 与 CO_2 共同注入是有利的，特别是低羟基数密度的矿物组成的储层。

参 考 文 献

[1] Zhao L, Ji J, Tao L, et al. Ionic effects on supercritical CO_2-Brine interfacial tensions: Molecular dynamics simulations and a universal correlation with ionic strength, temperature, and pressure. Langmuir, 2016, 32(36): 9188-9196.

[2] Nielsen L C, Bourg I C, Sposito G. Predicting CO_2-water interfacial tension under pressure and temperature conditions of geologic CO_2 storage. Geochimica et Cosmochimica Acta, 2012, 81: 28-38.

[3] Zhang N, Shen Z, Chen C, et al. Effect of hydrogen bonding on self-diffusion in methanol/water liquid mixtures: A molecular dynamics simulation study. Journal of Molecular Liquids, 2015, 203: 90-97.

[4] Chen C, Li W Z, Song Y C, et al. Hydrogen bonding analysis of glycerol aqueous solutions: A molecular dynamics simulation study. Journal of Molecular Liquids, 2009, 146(1-2): 23-28.

[5] Myers A L, Monson P A. Adsorption in porous materials at high pressure: Theory and experiment. Langmuir, 2002, 18(26): 10261-10273.

[6] Herrera L, Fan C, Do D D, et al. A revisit to the gibbs dividing surfaces and helium adsorption. Adsorption, 2011, 17(6): 955-965.

[7] Zhuravlev L T. The surface chemistry of amorphous silica. Zhuravlev model. Colloids and Surfaces A: Physicochemical and Engineering Aspects, 2000, 173 (1-3): 1-38.

[8] Dijkstra T W, Duchateau R, van Santen R A, et al. Silsesquioxane models for geminal silica surface silanol sites. A spectroscopic investigation of different types of silanols. Journal of the American Chemical Society, 2002, 124 (33): 9856-9864.

[9] Zhuravlev L T. Concentration of hydroxyl groups on the surface of amorphous silicas. Langmuir, 1987, 3 (3): 316-318.

[10] Duval Y, Mielczarski J A, Pokrovsky O S, et al. Evidence of the existence of three types of species at the quartz-aqueous solution interface at pH 0−10: XPS surface group quantification and surface complexation modeling. The Journal of Physical Chemistry B, 2002, 106 (11): 2937-2945.

[11] Rimola A, Costa D, Sodupe M, et al. Silica surface features and their role in the adsorption of biomolecules: Computational modeling and experiments. Chemical Reviews, 2013, 113 (6): 4216-4313.

[12] Emami F S, Puddu V, Berry R J, et al. Force field and a surface model database for silica to simulate interfacial properties in atomic resolution. Chemistry of Materials, 2014, 26 (8): 2647-2658.

[13] Kroutil O, Chval Z, Skelton A A, et al. Computer simulations of quartz (101)-water interface over a range of pH values. The Journal of Physical Chemistry C, 2015, 119 (17): 9274-9286.

[14] Bourg I C, Steefel C I. Molecular dynamics simulations of water structure and diffusion in silica nanopores. The Journal of Physical Chemistry C, 2012, 116 (21): 11556-11564.

[15] Cygan R T, Liang J J, Kalinichev A G. Molecular models of hydroxide, oxyhydroxide, and clay phases and the development of a general force field. The Journal of Physical Chemistry B, 2004, 108 (4): 1255-1266.

[16] Nieto-Draghi C, de Bruin T, Pérez-Pellitero J, et al. Thermodynamic and transport properties of carbon dioxide from molecular simulation. The Journal of Chemical Physics, 2007, 126 (6): 064509.

[17] Vlcek L, Chialvo A A, Cole D R. Optimized unlike-pair interactions for water-carbon dioxide mixtures described by the SPC/E and EPM2 models. The Journal of Physical Chemistry B, 2011, 115 (27): 8775-8784.

[18] Chen C, Zhang N, Li W, et al. Water contact angle dependence with hydroxyl functional groups on silica surfaces under CO_2 sequestration conditions. Environmental Science & Technology, 2015, 49 (24): 14680-14687.

[19] Tsuji S, Liang Y, Kunieda M, et al. Molecular dynamics simulations of the CO_2-water-silica interfacial systems. Energy Procedia, 2013, 37: 5435-5442.

[20] Bagherzadeh S A, Englezos P, Alavi S, et al. Influence of hydrated silica surfaces on interfacial water in the presence of clathrate hydrate forming gases. The Journal of Physical Chemistry C, 2012, 116 (47): 24907-24915.

[21] Chen C, Wan J, Li W, et al. Water contact angles on quartz surfaces under supercritical CO_2 sequestration conditions: Experimental and molecular dynamics simulation studies. International Journal of Greenhouse Gas Control, 2015, 42: 655-665.

[22] Chiquet P, Broseta D, Thibeau S. Wettability alteration of caprock minerals by carbon dioxide. Geofluids, 2007, 7 (2): 112-122.

[23] Lis D, Backus E H G, Hunger J, et al. Liquid flow along a solid surface reversibly alters interfacial chemistry. Science, 2014, 344 (6188): 1138-1142.

[24] Kim Y, Wan J, Kneafsey T J, et al. Dewetting of silica surfaces upon reactions with supercritical CO_2 and brine: Pore-scale studies in micromodels. Environmental Science & Technology, 2012, 46 (7): 4228-4235.

[25] Beglov D, Roux B. Finite representation of an infinite bulk system: Solvent boundary potential for computer simulations. The Journal of Chemical Physics, 1994, 100 (12): 9050-9063.

[26] Chen C, Dong B, Zhang N, et al. Pressure and temperature dependence of contact angles for CO_2/water/silica systems predicted by molecular dynamics simulations. Energy & Fuels, 2016, 30 (6): 5027-5034.

[27] Liu Y, Li H A, Okuno R. Measurements and modeling of interfacial tension for CO_2/CH_4/brine systems under reservoir conditions. Industrial & Engineering Chemistry Research, 2016, 55 (48): 12358-12375.

[28] Liu Y, Mutailipu M, Jiang L, et al. Interfacial tension and contact angle measurements for the evaluation of CO_2-brine two-phase flow characteristics in porous media. Environmental Progress & Sustainable Energy, 2015, 34 (6): 1756-1762.

[29] Bachu S, Bennion D B. Interfacial tension between CO_2, freshwater, and brine in the range of pressure from (2 to 27) MPa, temperature from (20 to 125) °C, and water salinity from (0 to 334 000) mg·L^{-1}. Journal of Chemical & Engineering Data, 2008, 54(3): 765-775.

[30] Aggelopoulos C A, Robin M, Perfetti E, et al. CO_2/$CaCl_2$ solution interfacial tensions under CO_2 geological storage conditions: Influence of cation valence on interfacial tension. Advances in Water Resources, 2010, 33(6): 691-697.

[31] Aggelopoulos C A, Robin M, Vizika O. Interfacial tension between CO_2 and brine ($NaCl+CaCl_2$) at elevated pressures and temperatures: The additive effect of different salts. Advances in Water Resources, 2011, 34(4): 505-511.

[32] Li X, Boek E, Maitland G C, et al. Interfacial tension of (Brines + CO_2): (0.864 NaCl + 0.136 KCl) at temperatures between (298 and 448) K, pressures between (2 and 50) MPa, and total molalities of (1 to 5) mol·kg^{-1}. Journal of Chemical & Engineering Data, 2012, 57(4): 1078-1088.

[33] Chalbaud C, Robin M, Lombard J M, et al. Brine/CO_2 interfacial properties and effects on CO_2 storage in deep saline aquifers. Oil & Gas Science and Technology-Revue de l'Institut Français du Pétrole, 2010, 65(4): 541-555.

[34] Lun Z, Fan H, Wang H, et al. Interfacial tensions between reservoir brine and CO_2 at high pressures for different salinity. Energy & Fuels, 2012, 26(6): 3958-3962.

[35] Jung J W, Wan J. Supercritical CO_2 and ionic strength effects on wettability of silica surfaces: Equilibrium contact angle measurements. Energy & Fuels, 2012, 26(9): 6053-6059.

[36] Li X, Fan X. Effect of CO_2 phase on contact angle in oil-wet and water-wet pores. International Journal of Greenhouse Gas Control, 2015, 36: 106-113.

[37] Arif M, Al-Yaseri A Z, Barifcani A, et al. Impact of pressure and temperature on CO_2-brine-mica contact angles and CO_2-Brine interfacial tension: Implications for carbon geo-sequestration. Journal of Colloid and Interface Science, 2016, 462: 208-215.

[38] Ameri A, Kaveh N S, Rudolph E S J, et al. Investigation on interfacial interactions among crude Oil-Brine-Sandstone Rock-CO_2 by contact angle measurements. Energy & Fuels, 2013, 27(2): 1015-1025.

[39] Harris J G, Yung K H. Carbon dioxide's liquid-vapor coexistence curve and critical properties as predicted by a simple molecular model. The Journal of Physical Chemistry, 1995, 99(31): 12021-12024.

[40] Chen C, Chai Z, Shen W, et al. Wettability of supercritical CO_2-Brine-Mineral: The effects of ion type and salinity. Energy & Fuels, 2017, 31(7): 7317-7324.

[41] Kvamme B, Kuznetsova T, Hebach A, et al. Measurements and modelling of interfacial tension for water + carbon dioxide systems at elevated pressures. Computational Materials Science, 2007, 38(3): 506-513.

[42] Chiquet P, Daridon J L, Broseta D, et al. CO_2/Water interfacial tensions under pressure and temperature conditions of CO_2 geological storage. Energy Conversion and Management, 2007, 48(3): 736-744.

[43] Li X, Boek E S, Maitland G C, et al. Interfacial tension of (Brines + CO_2): $CaCl_2$(aq), $MgCl_2$(aq), and Na_2SO_4(aq) at temperatures between (343 and 423) K, pressures between (2 and 50) MPa, and molalities of (0.5 to 5) mol·kg^{-1}. Journal of Chemical & Engineering Data, 2012, 57(5): 1369-1375.

[44] Ho T A, Argyris D, Papavassiliou D V, et al. Interfacial water on crystalline silica: A comparative molecular dynamics simulation study. Molecular Simulation, 2011, 37(3): 172-195.

[45] Briant A J, Yeomans J M. Lattice boltzmann simulations of contact line motion. II. Binary fluids. Physical Review E, 2004, 69(3): 031603.

[46] Chalbaud C, Robin M, Lombard J-M, et al. Interfacial tension measurements and wettability evaluation for geological CO_2 storage. Advances in Water Resources, 2009, 32(1): 98-109.

[47] Wan J, Kim Y, Tokunaga T K. Contact angle measurement ambiguity in supercritical CO_2-water-mineral systems: Mica as an example. International Journal of Greenhouse Gas Control, 2014, 31: 128-137.

[48] D'Alessandro Deanna M, Smit B, Long Jeffrey R. Carbon dioxide capture: Prospects for new materials. Angewandte Chemie International Edition, 2010, 49(35): 6058-6082.

[49] Martin M G, Siepmann J I. Transferable potentials for phase equilibria. 1. United-atom description of n-Alkanes. The Journal of Physical Chemistry B, 1998, 102: 2569-2577.

[50] Rahmatipour H, Azimian A R, Atlaschian O. Study of fluid flow behavior in smooth and rough nanochannels through oscillatory wall by molecular dynamics simulation. Physica A: Statistical Mechanics and its Applications, 2017, 465: 159-174.

[51] Nath S K. Molecular simulation of vapor-liquid phase equilibria of hydrogen sulfide and its mixtures with alkanes. The Journal of Physical Chemistry B, 2003, 107 (35): 9498-9504.

[52] Chen C, Chai Z, Shen W, et al. Effects of impurities on CO_2 sequestration in saline aquifers: perspective of interfacial tension and wettability. Industrial & Engineering Chemistry Research, 2017, 57 (1): 371-379.

[53] Chow Y T F, Eriksen D K, Galindo A, et al. Interfacial tensions of systems comprising water, carbon dioxide and diluent gases at high pressures: Experimental measurements and modelling with SAFT-VR Mie and square-gradient theory. Fluid Phase Equilibria, 2016, 407: 159-176.

[54] Ren Q Y, Chen G J, Yan W, et al. Interfacial tension of $(CO_2 + CH_4)$ + water from 298 K to 373 K and pressures up to 30 MPa. Journal of Chemical & Engineering Data, 2000, 45 (4): 610-612.

[55] Shah V, Broseta D, Mouronval G, et al. Water/acid gas interfacial tensions and their impact on acid gas geological storage. International Journal of Greenhouse Gas Control, 2008, 2 (4): 594-604.

[56] McCaughan J, Iglauer S, Bresme F. Molecular dynamics simulation of water/CO_2-quartz interfacial properties: application to subsurface gas injection. Energy Procedia, 2013, 37: 5387-5402.

[57] Vilarrasa V, Carrera J, Olivella S. Two-phase flow effects on the CO_2 injection pressure evolution and implications for the caprock geomechanical stability. E3S Web of Conferences, 2016, 9: 04007.

[58] Kim S, Santamarina J C. CO_2 breakthrough and leak-sealing—Experiments on shale and cement. International Journal of Greenhouse Gas Control, 2013, 19: 471-477.

[59] Zhang S. CO_2 geological storage leakage routes and environment monitoring. Journal of Glaciology and Geocryology, 2010, 32: 1251-1261.

第5章 | CO₂ 混合流体密度特性

CO₂ 注入到地质储层中，部分 CO₂ 会逐渐溶解于储层流体中，形成 CO₂ 混合流体，其密度、相态等热力学特性会对 CO₂ 的扩散、运移产生不同程度的影响。CO₂ 混合流体的密度作为一个重要的物理性质，在很大程度上决定着 CO₂ 在地层中的运移情况，并最终影响 CO₂ 封存的效率、安全性，因此掌握 CO₂ 在地质封存条件下的密度变化规律是封存利用的重要基础。本章主要介绍 CO₂-咸水层封存及驱油过程中涉及的 CO₂-咸水、CO₂-烷烃混合溶液的密度特性变化。

5.1 流体密度测量方法

密度是流体的重要物理性质之一，其大小说明了物质分子排列的疏密程度，对石油化工、医药领域的研究有着重要意义。通过密度还可以得到流体的其他属性，如体积特性、热膨胀性及压缩特性等，这些属性对研究流体的分子结构、参数和组成有着重要价值，因此获得高精度的流体密度数据在科学研究及实际应用中至关重要。

5.1.1 常规方法

选择合适的测量方法，获得准确的实验数据，是进行溶液密度研究的重点。密度测量的理想方法应具有温压及密度测量范围广、精度高、速度快、系统结构简单等特点。目前，根据测量原理[1,2]，测量液体密度的方法可以分为两大类：一类是基于密度原理的直接测量法，如比重瓶法、浮计法和磁悬浮天平法等；另一类是基于密度与其他物理量关系的间接测量法，如振动法、超声波法和压力法等。

5.1.2 磁悬浮天平法

磁悬浮天平法是利用阿基米德原理，在传统的静力称量法基础上对实验装置进行改进的一种方法。如图 5.1 所示，采用磁力耦合装置，通过电磁作用将浮块所受的力无接触地传递至天平。该方法配置了自动控制系统，在测量过程中起到校准和自动清零的作用，保证了测量的精度和稳定性。而且测量室和大气环境完全隔离，测量室内可以进行高温、高压甚至是腐蚀等极端条件下的密度测量。近年来，该方法在科研领域得到了广泛关注。

磁悬浮天平测量溶液密度时，浮块在溶液中受到的浮力 F_1、拉力 F_2 与浮块自身重力 F_3 相平衡，即

$$F_1 + F_2 = F_3 \tag{5.1}$$

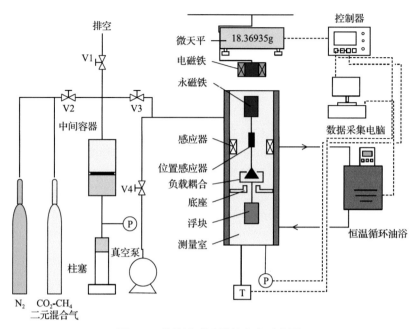

图 5.1 磁悬浮天平测量密度示意图

式 (5.1) 可以表示为

$$\rho gV + F(P,T)g = mg \tag{5.2}$$

整理得到密度为

$$\rho = \frac{m - F(P,T)}{V} \tag{5.3}$$

式中，ρ 表示测量室中所测溶液密度；m 表示浮块质量；$F(P,T)$ 表示在温度 T、压力 P 条件下浮块所受拉力，即天平读数；V 表示在温度 T、压力 P 条件下浮块的体积。

对于各向异性固体，在温度 T、压力 P 条件下浮块的体积可以表示为

$$V = V(T_0, P_0)\left[1 + \alpha(T)(T - T_0) - \frac{1}{K(T)}(P - P_0) \right] \tag{5.4}$$

式中，$V(T_0, P_0)$ 表示通过校准获取的参考温度 T_0、压力 P_0 条件下的浮块体积；$\alpha(T)$ 表示等压热膨胀系数；$K(T)$ 表示等温压缩量。

5.2 CO₂-咸水溶液密度

沉积盆地深部存在巨大的咸水层，由于咸水的盐度较高，其不具有开发使用的价值，可用于大量封存 CO_2，是最具封存潜力的 CO_2 埋存方法之一。本节研究温度、压力、CO_2 浓度等因素对 CO_2-咸水溶液密度的影响规律，研究成果可为 CO_2 地下咸水层封存量评价、安全性分析和选址提供理论依据[3]。

5.2.1 CO_2-H_2O-NaCl 溶液密度测量

地下咸水的主要成分有 Na^+、Cl^-、NO_3^-、F^-、SO_4^{2-}、HCO_3^-、Ca^{2+}、Mg^{2+}、K^+、Fe^{2+} 等,其中 NaCl 的浓度接近或超过 50%,CO_2 溶解于 NaCl 水溶液中,形成了 CO_2-H_2O-NaCl 溶液。CO_2-H_2O-NaCl 溶液的物理性质接近 CO_2-地下咸水的物理性质,测量典型地质封存工况(温度 40~150℃,压力 8~20MPa)下 CO_2-H_2O-NaCl 溶液(NaCl 浓度 0~4mol/kg,CO_2 质量分数 0%~3%)密度,并分析温度、压力、CO_2 浓度、NaCl 浓度等因素对 CO_2-H_2O-NaCl 溶液密度的影响,可以掌握地下咸水在注入 CO_2 后密度的变化规律[4,5]。

1. 压力对溶液密度的影响

图 5.2 是 140℃ 条件下 CO_2-H_2O-NaCl 溶液密度随压力的变化关系。实验结果表明,CO_2-H_2O-NaCl 溶液密度随压力的变化很小,地层水压力过高,导致注入技术要求提高,同时盖层承压过高也可能导致盖层断裂引起泄漏,增加了 CO_2 封存的风险。因此 CO_2 咸水层封存可以在保证安全的前提下选择地层压力相对较低的封存场地。

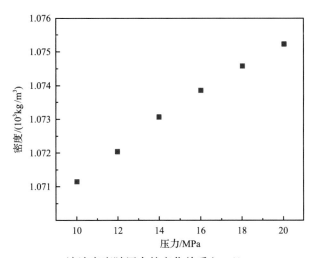

图 5.2 CO_2-H_2O-NaCl 溶液密度随压力的变化关系(140℃, 2% CO_2, 4 mol/kg NaCl)

2. 温度对溶液密度的影响

图 5.3 为 10MPa 条件下 CO_2-H_2O-NaCl 溶液密度随温度的变化关系。可以看出,当压力与 CO_2 质量分数保持不变时,CO_2-H_2O-NaCl 溶液的密度随温度的升高而降低,这与纯咸水密度随温度的变化趋势相同[6]。

图 5.4 为不同 CO_2 质量分数条件下 CO_2-H_2O-NaCl 溶液密度随温度的变化关系。可以看出,随着温度升高,不同 CO_2 质量分数条件下 CO_2-H_2O-NaCl 溶液密度逐渐接近,说明高温下 CO_2-H_2O-NaCl 溶液密度受 CO_2 质量分数的影响变小。

3. CO_2 质量分数对溶液密度的影响

图 5.5 为 60℃、4mol/kg NaCl 浓度条件下 CO_2-H_2O-NaCl 溶液密度随 CO_2 质量分数

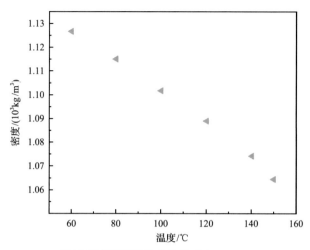

图 5.3　CO_2-H_2O-NaCl 溶液密度随温度的变化关系（10 MPa, 2% CO_2, 1mol/kg NaCl）

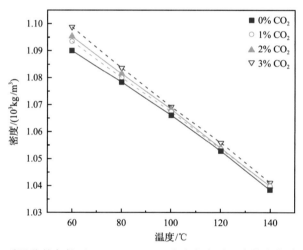

图 5.4　不同 CO_2 质量分数条件下 CO_2-H_2O-NaCl 溶液密度随温度的变化关系（3mol/kg NaCl）

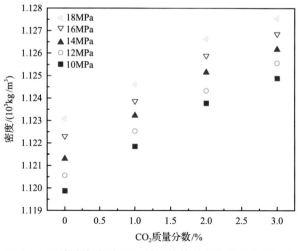

图 5.5　CO_2-H_2O-NaCl 溶液密度随 CO_2 质量分数的变化关系（60℃, 4mol/kg NaCl）

的变化关系。从图中可以看出，在 60℃下，由于 CO_2 的溶解作用，CO_2-H_2O-NaCl 溶液的密度随 CO_2 的质量分数的增加而增大。这是因为，一方面，CO_2 溶解到 H_2O-NaCl 溶液中后，CO_2 分子扩散至水分子之间，使单位体积溶液中的分子数增加，导致 CO_2-H_2O-NaCl 溶液的密度增大；另一方面，CO_2 溶解到 H_2O-NaCl 溶液中后，部分 CO_2 分子取代了部分 H_2O 分子的空间位置，而 CO_2 分子的质量大于水分子的质量，也会导致 CO_2-咸水溶液的密度增大。CO_2-H_2O-NaCl 溶液密度随 CO_2 质量分数的变化关系近似呈线性，这一结论与 Song 等[3]的研究结果相同。

图 5.6 为 120℃条件下 CO_2-H_2O-NaCl 溶液密度随 CO_2 质量分数的变化关系。可以看出，当 NaCl 浓度为 1～3mol/kg 时，CO_2-H_2O-NaCl 溶液密度随 CO_2 质量分数的增加而增大，而当 NaCl 浓度为 4mol/kg 时，出现了 CO_2-H_2O-NaCl 溶液密度随 CO_2 质量分数的增加而减小的情况。在实验温度范围内，低于 120℃时并未出现这一现象，密度变化转折的这个温度点称为等密度温度。在 H_2O-NaCl 溶液的密度实验中未发现这一现象，说明 NaCl 的溶解不会导致咸水密度发生异常变化，因此 CO_2 溶解对咸水的密度变化起着重要作用。根据 4mol/kg NaCl 浓度时密度变化斜率的变化，说明 NaCl 浓度也是产生这一现

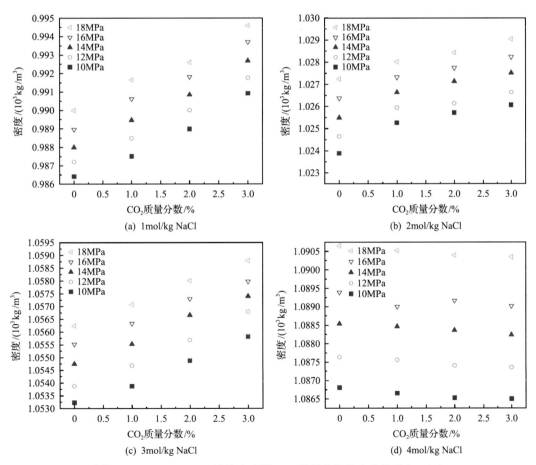

图 5.6　CO_2-H_2O-NaCl 溶液密度随 CO_2 质量分数的变化关系（120℃）

象的重要参数, 因此地下咸水层的 NaCl 浓度与温度对 CO_2-H_2O-NaCl 溶液密度的变化有着重要影响。

4. NaCl 浓度对溶液密度的影响

图 5.7 为不同 CO_2 质量分数下 CO_2-H_2O-NaCl 溶液密度随 NaCl 浓度的变化关系。结果表明, NaCl 浓度越高 CO_2-H_2O-NaCl 溶液密度越大, 这与 H_2O-NaCl 溶液密度随 NaCl 浓度变化的情况一致。相对于 CO_2 质量分数, NaCl 浓度对 CO_2-H_2O-NaCl 溶液密度的影响较大。

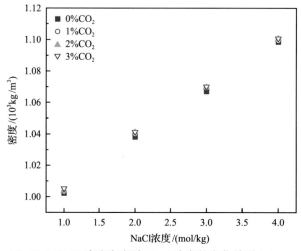

图 5.7　CO_2-H_2O-NaCl 溶液密度随 NaCl 浓度的变化关系 (12MPa, 100℃)

图 5.8 为各工况条件下 CO_2-H_2O-NaCl 溶液密度随 NaCl 浓度的变化关系。可以看出, 各曲线斜率基本一致, 说明 NaCl 浓度对 CO_2-H_2O-NaCl 溶液密度的影响是一定的。通过以上对比发现, 温度和 NaCl 浓度对 CO_2-H_2O-NaCl 溶液密度的影响大于压力和 CO_2 质量分数的影响。

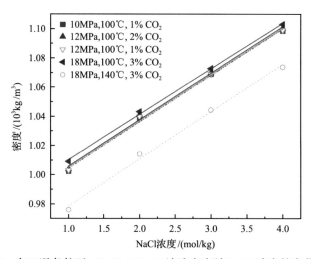

图 5.8　各工况条件下 CO_2-H_2O-NaCl 溶液密度随 NaCl 浓度的变化关系

5.2.2 CO_2–咸水溶液密度测量

我国于 2009 年启动了"CO_2 地质封存"国家 863 计划重点项目,以渤海湾盆地北塘凹陷馆陶组咸水层为试验点,综合室内实验、现场试验和数值模拟多种手段,研究 CO_2-咸水溶液的物理化学特性,掌握 CO_2 注入地下咸水层后的运移规律及环境响应。表 5.1 列出了试验点地下咸水中的离子成分及其浓度。利用磁悬浮天平实验系统对封存条件下 CO_2-咸水溶液的密度进行了实验研究,测量典型地质封存工况(40~90℃、10~18MPa)、CO_2 质量分数(0~3%)条件下 CO_2-咸水溶液密度,探讨温度、压力和 CO_2 质量分数对 CO_2-咸水溶液密度的影响规律,为 CO_2-地下咸水层封存提供数据支持和理论指导。

表 5.1 渤海湾盆地北塘凹陷馆陶组地下咸水样品分析

成分	浓度/(mg/L)	分析方法	仪器
Na^+	1513.60	原子吸收光谱测定法	AAS(Solar,Unicam 969)
K^+	11.64	原子吸收光谱测定法	AAS(Solar,Unicam 969)
Ca^{2+}	9.86	原子吸收光谱测定法	AAS(Solar,Unicam 969)
Mg^{2+}	3.21	原子吸收光谱测定法	AAS(Solar,Unicam 969)
Fe^{3+}	0.03	原子吸收光谱测定法	AAS(Solar,Unicam 969)
Cl^-	1294.00	离子色谱法	ICS-90 离子色谱仪
F^-	2.72	离子色谱法	ICS-90 离子色谱仪
SO_4^{2-}	0.43	离子色谱法	ICS-90 离子色谱仪
HCO_3^-	1815.95	化合价平衡法	—

1. 压力的影响

图 5.9 和图 5.10 分别为温度 40℃、90℃时,不同 CO_2 质量分数条件下 CO_2-咸水溶液

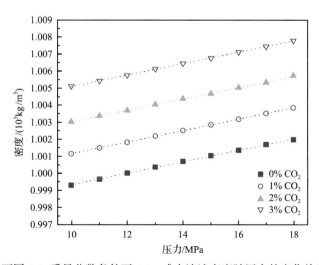

图 5.9 不同 CO_2 质量分数条件下 CO_2-咸水溶液密度随压力的变化关系(40℃)

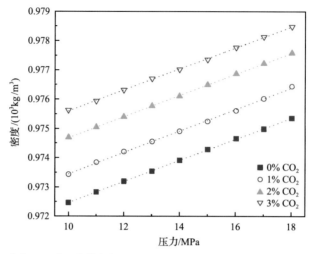

图 5.10　不同 CO_2 质量分数条件下 CO_2-咸水溶液密度随压力的变化关系(90℃)

密度随压力的变化关系。可以看出，在相同温度下，CO_2-咸水溶液密度随着压力的增加呈线性增大，而且各种条件下，密度的增大速率几乎一致。这是因为在此压力范围内，随着压力的增加，纯咸水的密度也以同样的速率增大。

2. 温度的影响

14MPa 时不同 CO_2 质量分数条件下 CO_2-咸水溶液密度随温度的变化关系如图 5.11 所示。可以发现，当 CO_2 质量分数相同时，CO_2-咸水溶液密度随温度的升高而减小，这与纯咸水密度随温度的变化趋势相同。这是因为当温度升高时，分子热运动加剧，分子内能增加，分子间运动更加剧烈，导致分子发生扩散膨胀，使得溶液体积增大，密度减小。

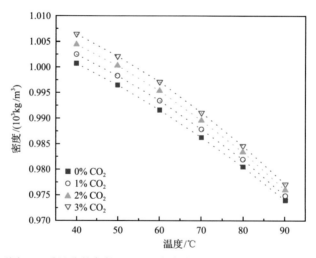

图 5.11　不同 CO_2 质量分数条件下 CO_2-咸水溶液密度随温度的变化关系(14MPa)

3. CO_2 质量分数的影响

图 5.12 和图 5.13 分别为 40℃和 90℃时，不同压力条件下 CO_2-咸水溶液密度随 CO_2

质量分数的变化关系。从图中可以看出，通常情况下，CO_2 溶解到咸水中以后引起咸水密度的增大，而且随着 CO_2 质量分数的增大，CO_2-咸水溶液密度呈近似线性增长，且斜率与温度相关，温度越高，斜率趋于平缓，当温度从 40℃升高到 90℃时，CO_2-咸水溶液密度与 CO_2 质量分数的斜率呈下降趋势，从 $0.193 g/cm^3$ 降到 $0.106 g/cm^3$。

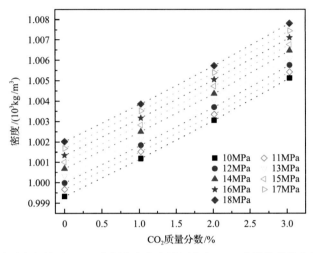

图 5.12　不同压力条件下 CO_2-咸水溶液密度随压力和 CO_2 质量分数的变化关系（40℃）

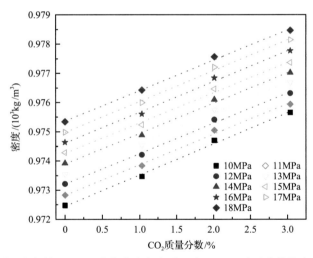

图 5.13　不同压力条件下 CO_2-咸水溶液密度随压力和 CO_2 质量分数的变化关系（90℃）

5.2.3　CO_2-咸水溶液密度模型

目前 CO_2-咸水溶液密度模型主要有经验模型和理论模型两类。经验模型不考虑过程机理，多以实验数据为基础，设立多个参数，采用最小二乘法拟合数学关系式得到。经验模型形式比较简单，参数没有实际的物理意义，模型精度与实验数据量及其测量精度有着密切关系，预测精度在实验测量范围内较高，但预测工况有限，外推能力较弱。理论模型是通过基本理论推导得到的，模型参数具有明确的物理意义，但由于实际推导过程比较复杂，影响因素众多，理论模型的精度可能低于经验模型，但它具有更可靠的外推与预测能力。

统计缔合流体理论(statistical associating fluid theory, SAFT)模型可以用来表示封存条件下 CO_2 溶液的 PVTx 特性。SAFT 模型是一种具有统计力学基础的热力学模型，近年来在石油化工领域经常被用于预测流体的热力学特性。该模型是 Chapman 等[7]于 1990 年提出的，利用 Wertheim 的一阶微扰理论(TPT1)[8,9]进行预测。SAFT 理论是以剩余 Helmholtz 自由能的形式进行定义，基本思想是将体系的剩余 Helmholtz 自由能表示成三种不同分子间相互作用力的加和：链节间相互作用(包括短程硬球排斥力和长程色散吸引力)、由于共价键存在而发生的成链作用以及不同分子间的缔合作用(如氢键的形成)，即

$$a^{res} = a^{HBS} + a^{pert} = (a^{hs} + a^{chain}) + (a^{assoc} + a^{disp}) \qquad (5.5)$$

式中，a^{res} 代表每摩尔分子的剩余 Helmholtz 自由能；a^{hs}、a^{chain}、a^{disp} 和 a^{assoc} 分别表示每摩尔分子的硬球作用、成链作用、色散作用和缔合作用对剩余 Helmholtz 自由能的贡献。式(5.5)中前两项表示硬球链参考项，即分子排斥力及成链作用；后两项表示微扰项，表示真实分子状态与硬球链模型的差异，即真实分子之间存在色散吸引作用及其他特殊作用力(如氢键)。参考项无须利用混合规则即可将其扩展至硬球链混合物，微扰吸引项则需要引入混合规则进行计算。

近年来，关于 SAFT 模型的改进相继出现，如 Simplified-SAFT 模型[10]、SAFT-LJ 模型[11]、SAFT-VR 模型[12]、PC-SAFT 模型[13]、tPC-PSAFT 模型[14]等。但是目前广泛应用的是 Huang 等[15]改进的 SAFT 模型，以及 Gross 等[13]提出的 PC-SAFT 模型。此外，Karakatsani 和 Economou[14]将 PC-SAFT 模型推广至极性流体，提出的 tPC-PSAFT 模型在预测极性流体热力学特性方面也得到了较多应用[16]，模型中 a^{hs}、a^{chain}、a^{disp} 与 a^{assoc} 的表达式可参考文献[7]和[15]。

1. CO_2-H_2O-NaCl 溶液密度模型

地质封存条件下 CO_2-H_2O-NaCl 体系的密度数据较少，Nighswander 等[17]测量的实验密度具有系统误差，不适合用于 SAFT 模型验证[18,19]。基于 CO_2-H_2O 和 H_2O-NaCl 二元体系模型，提出了改进的 ePC-SAFT 模型，并通过 Song 等[20]和 Yan 等[21]的 CO_2-H_2O-NaCl 溶液密度数据进行验证。

在 CO_2-H_2O-NaCl 三元体系中，有 H_2O、CO_2、Na^+、Cl^-四种物质，分别用 1~4 表示。CO_2 与 Na^+、Cl^-之间的相互作用较弱，认为相互作用系数 $k_{23} = k_{24} = 0$。CO_2-H_2O、H_2O-Na^+ 和 H_2O-Cl^-的相互作用被认为是独立的二元相互作用，相互作用系数分别由式(5.6)、式(5.7)表示：

$$k_{12} = -75.09917 + 0.0335416 \times T + 1.92825 \times \frac{10^3}{T^{0.5}} - 1.39140 \times \frac{10^4}{T} \qquad (5.6)$$

$$k_{13} = k_{14} = -3.41307 + 7.80187 \times \frac{10^4}{T^{1.5}} - 1.04796 \times \frac{10^6}{T^2} \qquad (5.7)$$

$$\kappa^{AB} = 108.274 - 0.19181 \times T + 1.25171 \times 10^{-4} \times T^2 - 2.63931 \times \frac{10^4}{T} + 2.34465 \times \frac{10^6}{T^2} \quad (5.8)$$

因此，该模型是 ePC-SAFT 模型与 CO_2-H_2O、NaCl-H_2O 两个独立的二元相互作用的结合，以模拟三元体系的密度，称为改进的 ePC-SAFT 模型。计算过程中 H_2O、CO_2 和 NaCl 的分子参数如表 5.2~表 5.4 所示。其中，m 为链节数；σ 为硬球直径；$\varepsilon \cdot k^{-1}$ 为链节能量参数；κ^{AB} 为缔合体积；$\varepsilon^{AB} \cdot k^{-1}$ 为缔合能量。

表 5.2　H_2O 分子参数表

	m	$\sigma/10^{-10}$m	$\varepsilon \cdot k^{-1}$/K	κ^{AB}	$\varepsilon^{AB} \cdot k^{-1}$/K	模型下标
H_2O	2.1945	2.229	141.66	—	1804.17	1

表 5.3　CO_2 分子参数表

	m	$\sigma/10^{-10}$m	$\varepsilon \cdot k^{-1}$/K	κ^{AB}	$\varepsilon^{AB} \cdot k^{-1}$/K	模型下标
CO_2	2.6037	2.555	151.04	—	—	2

表 5.4　NaCl 分子参数表

	m	$\sigma/10^{-10}$m	$\varepsilon \cdot k^{-1}$/K	κ^{AB}	$\varepsilon^{AB} \cdot k^{-1}$/K	模型下标
Na^+	1	1.6262	119.8060	—	—	3
Cl^-	1	3.5991	359.6604	—	—	4

图 5.14 为改进的 ePC-SAFT 模型预测结果与 CO_2-H_2O-NaCl 溶液密度实验结果对比，模型预测的相对平均偏差为 0.19%。如图 5.14(a) 所示，在 80℃条件下，CO_2-H_2O-NaCl 溶液密度随 CO_2 质量分数的增加基本呈线性增长。然而，在 140℃条件下，如图 5.14(b) 所示，随着 NaCl 浓度的增加，CO_2-H_2O-NaCl 溶液密度随 CO_2 质量分数变化的斜率由正

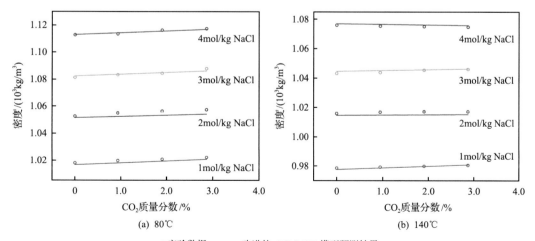

○实验数据　——改进的 ePC-SAFT 模型预测结果

图 5.14　CO_2-H_2O-NaCl 溶液密度实验结果与改进的 ePC-SAFT 模型预测结果对比

值变为负值，即在 NaCl 浓度为 4mol/kg 条件下，溶液密度随着 CO_2 质量分数的增加出现减小的现象。

改进的 ePC-SAFT 模型具有较好的理论基础，在预测更广工况下，CO_2-H_2O-NaCl 溶液的密度方面具有优势。应用改进的 ePC-SAFT 模型，对 Yan 等[21]的溶液密度测量数据(温度为 50℃、100℃和 140℃，压力为 5～40MPa，NaCl 浓度为 0mol/kg、1mol/kg 和 5mol/kg)进行预测分析，图 5.15 为 100℃条件下 Yan 等的 CO_2-H_2O-NaCl 溶液密度实验结果与改进的 ePC-SAFT 模型预测结果对比。发现改进的 ePC-SAFT 模型预测结果与实验结果吻合很好，平均相对偏差小于 0.18%，说明改进的 ePC-SAFT 模型具有较好的扩展能力，对于超出建模范围的 5mol/kg NaCl、40MPa 工况条件，其依然有很好的预测能力。

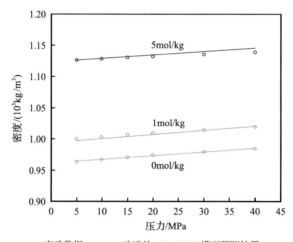

○实验数据 ——改进的 ePC-SAFT 模型预测结果

图 5.15 Yan 等[21]的 CO_2-H_2O-NaCl 溶液密度实验结果与改进的 ePC-SAFT 模型预测结果对比(100℃)

2. CO_2-咸水溶液密度模型

应用改进的 ePC-SAFT 模型预测实际 CO_2-咸水溶液密度，对于含有其他离子的咸水，可以利用式(5.9)将其他离子的浓度转化为 NaCl 浓度 S_{NaCl}，即等效盐度(mol/kg)：

$$S_{NaCl} = \frac{S_{ion}}{1000 \times M_{NaCl} \times \rho_b} \tag{5.9}$$

式中，S_{ion} 为除 Na^+、Cl^-外的其他离子的浓度，mg/L；M_{NaCl} 为 NaCl 的摩尔质量，g/mol；ρ_b 为咸水的密度，g/mL。

以天津 CO_2-咸水模型为例，详细信息可参考文献[22]和[23]。天津地下咸水样品的盐度可转化为 0.08027mol/kg 的等效 NaCl 浓度，模型计算结果与实验数据的偏差在 0.1% 以内，平均相对偏差(ARD)小于 0.041%。

以加拿大 Weyburn 地下咸水为例，Li 等[24]在温度为 59℃、压力为 29MPa 条件下测量了 Weyburn CO₂-咸水溶液的密度。Weyburn 咸水样品的总溶解固体(TDS)为 92.95g/L，换算成 NaCl 浓度为 1.5945mol/kg。Weyburn 咸水密度数据存在系统偏差，根据 Duan 等[25]的研究进行了校正。从图 5.16 可以看出，改进的 ePC-SAFT 模型可以很好地预测校正后的 Weyburn CO₂-咸水溶液密度，ARD 为–0.105%。

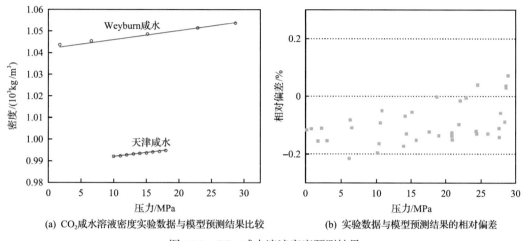

(a) CO₂咸水溶液密度实验数据与模型预测结果比较　　(b) 实验数据与模型预测结果的相对偏差

图 5.16　CO₂-咸水溶液密度预测结果

5.3　CO₂-混合烷烃溶液密度

本节基于 CO₂-混合烷烃溶液密度测量实验数据，系统分析温度、压力、CO₂ 浓度、烷烃碳数等对 CO₂ 混合烷烃溶液密度的影响，建立油藏条件下 CO₂ 烷烃体系高精度的密度模型，探讨油藏地质条件下 CO₂-混合烷烃二元、三元溶液密度及体积的变化，以及其对 CO₂ 混合体系流动特性的影响。

5.3.1　CO₂-烷烃二元体系

基于磁悬浮天平实验系统[26]，测量了地质封存条件下 CO₂ 烷烃溶液密度，实验中所有数据点均在 CO₂-烷烃混合溶液的泡点压力之上进行，因此测量的是单相均匀溶液的密度。

1. CO₂-癸烷溶液密度随温度、压力的变化

图 5.17 为不同 CO₂ 摩尔分数下 CO₂-癸烷溶液密度随压力的变化关系。从图中可以看出，CO₂ 的溶解会引起烷烃密度的增加，溶液密度随温度的增加而降低，随压力的增加而增加。CO₂-癸烷混合溶液的密度主要取决于混合溶液中含量高的组分，当 CO₂ 摩尔分数较低(如 0.2361 和 0.4698)时，混合溶液的密度随温度的变化与癸烷密度变化规律接近，随压力的变化基本呈线性增加趋势；当 CO₂ 浓度较高(0.7100、0.7725、0.8690)时，混合溶液密度随压力变化的斜率变大。斜率变化的主要原因是 CO₂ 比癸烷的压缩性好，

CO_2 含量较少时，溶液不容易被压缩，所以随着压力的增加，密度的增量很小；当 CO_2 含量高时，溶液的压缩性较好，所以随压力的增加，溶液密度的增量变大。这种斜率增大的现象导致高 CO_2 摩尔分数溶液密度曲线存在交点现象，而且交点对应的压力随着温度的增大而增加[27,28]。

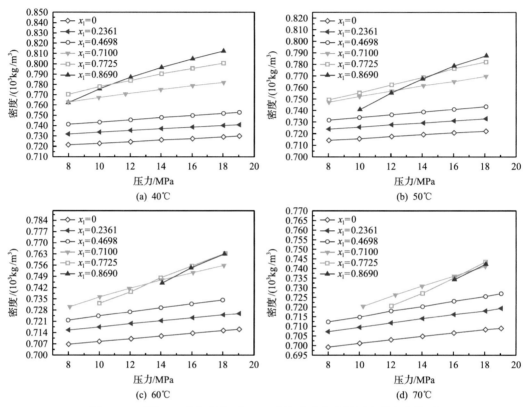

图 5.17　不同 CO_2 摩尔分数下 CO_2-癸烷溶液密度随压力的变化关系

图 5.18 为不同 CO_2 摩尔分数下 CO_2-癸烷溶液密度随温度的变化关系。在不同压力下，高 CO_2 浓度的混合溶液密度曲线也出现了交点，且交点对应的温度随压力的升高而增大，在 12～18MPa，交点温度分别为 45℃、50℃、60℃和 65℃，这一结论与图 5.17 的分析结果一致。出现交点现象的原因是：在相同的温度下，低压条件下 CO_2 的密度远低于癸烷，而且其密度降低的幅度也比癸烷大[图 5.19，CO_2 密度数据源自美国国家标准与技术研究院(NIST)]，所以当 CO_2 含量足够高时，溶液的性质更接近于 CO_2，因此会出现密度降低的现象。

2. CO_2-癸烷溶液密度随 CO_2 摩尔分数的变化

图 5.20 为 CO_2-癸烷溶液密度随 CO_2 摩尔分数的变化关系。实验结果表明，当摩尔分数 $x_1 < 0.7$ 时，CO_2-烷烃溶液密度随着 CO_2 摩尔分数的增加是逐渐增大的；当 $x_1 > 0.7$ 时，溶液密度呈现出不同程度的变化趋势，变化情况与温度、压力有关。如图 5.20 所示，当压力为 12MPa 时，30℃、40℃下溶液密度随着 CO_2 摩尔分数的增大而增大；50～80℃

下溶液密度出现先增加后降低的现象,且高温条件下更容易出现。在 12～18MPa 范围内,溶液密度开始降低时,对应的温度逐渐从 50℃ 升高到 70℃,这说明压力越高,出现密度降低现象对应的温度越高。这与图 5.17 中出现的交点现象是相对应的,当压力低于交点压力时,溶液密度随 CO_2 摩尔分数的增加是降低的,而且温度越高,交点压力越高。

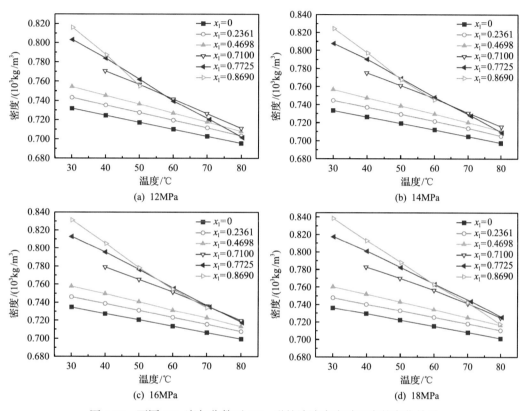

图 5.18　不同 CO_2 摩尔分数下 CO_2-癸烷溶液密度随温度的变化关系

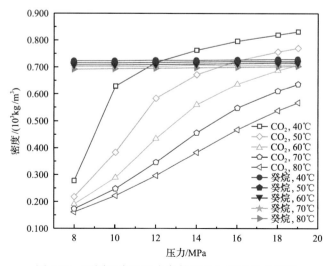

图 5.19　不同温度和压力条件下 CO_2 和癸烷的密度

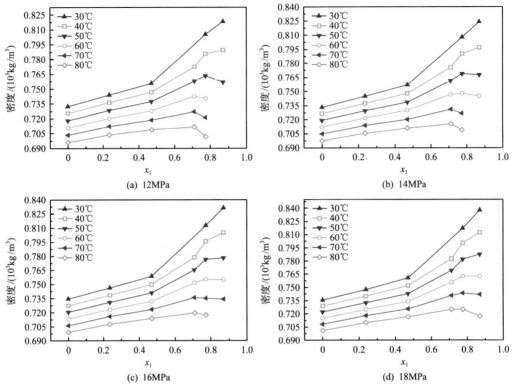

图 5.20 CO_2-癸烷溶液密度随 CO_2 摩尔分数的变化

结合 CO_2 驱油过程对图 5.20 进行进一步分析，以 12MPa 为例，在相同压力下，30℃ 和 40℃时，当油中 CO_2 摩尔分数增加至 0.8690 时，溶液密度一直是增加的，在重力分异作用下朝油藏底部运移从而实现安全埋存；而 50℃时，CO_2 摩尔分数在 0.7725 以内，溶液密度随着 CO_2 摩尔分数的增大而增加，当 CO_2 摩尔分数高于 0.7725 时，溶液密度出现降低的现象，CO_2 会在浮力的驱使下朝油藏顶部运移，存在 CO_2 上浮泄漏的风险。也就是说，在相同的 CO_2 注入压力下，低温油藏可以埋存更多的 CO_2，且泄漏的风险较低；而高温油藏如果 CO_2 注入量过高，会引起 CO_2 的上浮，可能导致泄漏。

以上分析结果说明，CO_2 的注入量对 CO_2 的安全埋存至关重要。当 CO_2 摩尔分数较高时，高温、低压条件下更容易出现溶液密度降低的现象，此时 CO_2 会朝油藏顶部上浮，增加 CO_2 泄漏的风险，不利于油的稳定驱替及 CO_2 的安全埋存。因此，在实际 CO_2 驱油及地质埋存时，CO_2 注入量并非越多越好，需要结合实际情况注入适量的 CO_2。研究结果表明，在温度为 50~80℃的油藏中，注入 CO_2 的摩尔分数控制在 0.7 以内对 CO_2 的安全封存更有利。

3. CO_2-烷烃溶液密度随烷烃碳数的变化

图 5.21 为不同种类的 CO_2-烷烃溶液密度，分别是 CO_2-庚烷（C7）、CO_2-癸烷（C10）、CO_2-十二烷（C12）、CO_2-十三烷（C13）、CO_2-十四烷（C14）溶液，其中 CO_2-C12、CO_2-C13 的密度数据来自 Zhang 等[29]和 Medina-Bermúdez 等[30]的文献。结果表明，在相同温度、相

近 CO$_2$ 摩尔分数情况下，CO$_2$-烷烃体系密度随压力线性增加，且具有相同的增加速率。从不同种类烷烃的密度结果发现，烷烃的碳数越高，其对应的 CO$_2$ 溶液密度也越大。图 5.22 为不同压力下 CO$_2$-烷烃溶液密度随烷烃碳数的变化关系，可以看出，CO$_2$-烷烃体系密度随烷烃碳数的增加而增大。

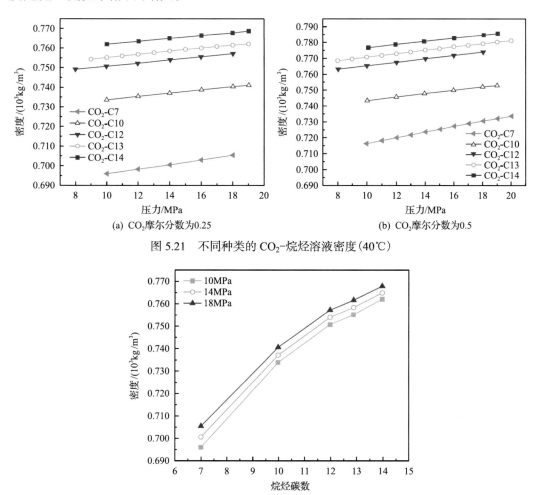

(a) CO$_2$ 摩尔分数为0.25   (b) CO$_2$ 摩尔分数为0.5

图 5.21 不同种类的 CO$_2$-烷烃溶液密度 (40℃)

图 5.22 不同压力下 CO$_2$-烷烃溶液密度随烷烃碳数的变化关系 (40℃, CO$_2$ 摩尔分数 0.25)

5.3.2 CO$_2$-混合烷烃三元体系

原油组成复杂，用单组分烷烃模拟原油是不够的，因此本书以不同比例的癸烷-十四烷混合烷烃体系作为模拟油，研究 CO$_2$ 与混合烷烃三元体系的密度特性，获得 CO$_2$ 烷烃三元体系的密度数据，分析温度、压力、烷烃组分、CO$_2$ 浓度对三元体系密度的影响，实验温度、压力选取范围为 40~80℃、10~19MPa，所有实验均在泡点压力之上进行。

对于不同混合烷烃，分别测量了 4 个 CO$_2$ 浓度下的溶液密度，CO$_2$ 摩尔分数分别设定为 0.25、0.5、0.7 及 0.9，具体的 CO$_2$ 摩尔分数见表 5.5。在三元体系中，CO$_2$、癸烷、十四烷分别对应为组分 1、2 和 3，CO$_2$ 的摩尔分数用 x_1 表示，x_2 和 x_3 分别对应三元体系中癸烷和十四烷的摩尔分数。

表 5.5　CO_2-癸烷-十四烷溶液对应的 CO_2 摩尔分数

混合溶液	x_1			
C10∶C14=1∶3	0.2529	0.5183	0.7718	0.8945
C10∶C14=1∶1	0.2457	0.5050	0.7195	0.9044
C10∶C14=3∶1	0.2419	0.5101	0.7095	0.8869

1. CO_2-癸烷-十四烷溶液密度随温度、压力及 CO_2 浓度的变化

图 5.23～图 5.25 为三种 CO_2-烷烃三元体系密度随压力、温度及 CO_2 浓度的变化关系。

从图 5.23 可以看出，溶液密度随压力近似线性增加，在 CO_2 浓度较低时，溶液密度随压力变化的斜率和烷烃接近，而随着 CO_2 浓度的增加，溶液密度随压力变化的斜率逐渐增大，并且高 CO_2 浓度的密度曲线在低压时存在交点现象，40℃下，三种烷烃组成不同的溶液密度曲线在 $x_1 \approx 0.7$ 和 0.9 附近的交点压力均在 10MPa 附近。CO_2-烷烃三元体

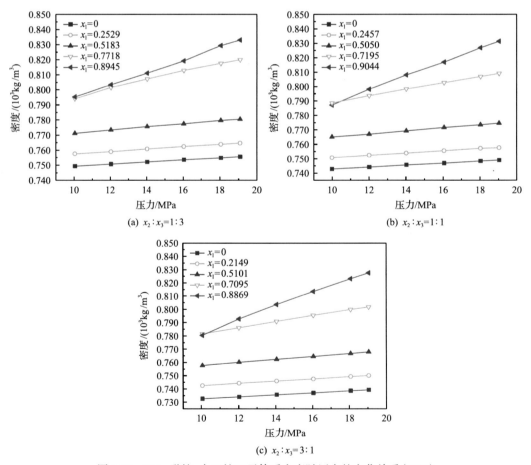

图 5.23　CO_2-癸烷-十四烷三元体系密度随压力的变化关系(40℃)

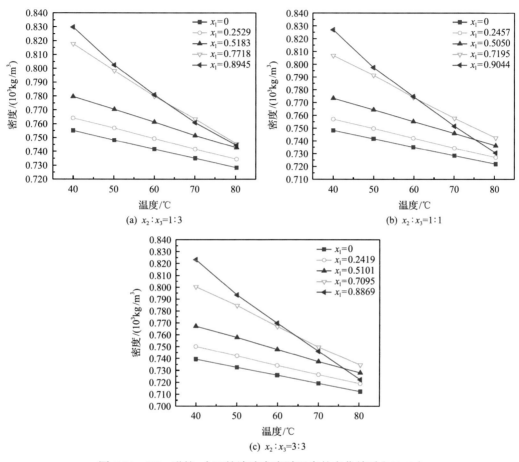

(a) $x_2 : x_3 = 1 : 3$

(b) $x_2 : x_3 = 1 : 1$

(c) $x_2 : x_3 = 3 : 3$

图 5.24　CO_2-癸烷-十四烷溶液密度随温度的变化关系(18MPa)

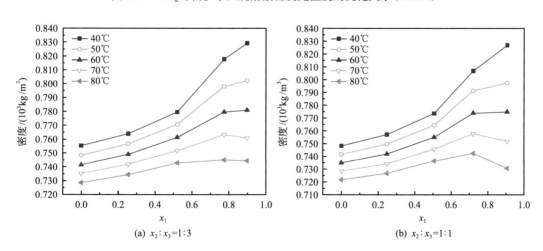

(a) $x_2 : x_3 = 1 : 3$

(b) $x_2 : x_3 = 1 : 1$

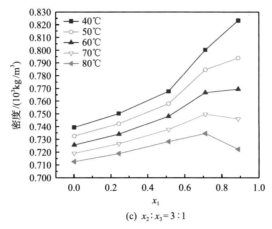

(c) $x_2:x_3=3:1$

图 5.25　CO_2-癸烷-十四烷三元体系密度随 CO_2 浓度的变化(18MPa)

系密度随温度近似线性降低，而且高 CO_2 摩尔分数的密度曲线也存在交点，如图 5.24 所示，18MPa 下，三种烷烃组成不同的溶液在 $x_1 \approx 0.7$ 和 0.9 附近的交点温度均在 60℃附近。

从图 5.25 可以看出，在 18MPa、40～60℃范围内，溶液密度随 CO_2 摩尔分数的增加而增大，但是高 CO_2 摩尔分数时，溶液密度的增量逐渐减小；在 70℃和 80℃时，溶液密度呈现先增加后降低的现象，且密度降低的现象发生在 CO_2 浓度较高时。综合图 5.23～图 5.25 的结果表明，三种不同组成的混合烷烃对应的 CO_2 溶液密度随温度、压力及 CO_2 摩尔分数的变化规律相似，主要原因是由于癸烷和十四烷两种烷烃碳数接近，其热物性也相似，所以其混合物对应的 CO_2 溶液密度也呈现出相似性。只是由于烷烃组成不同，在数值上存在一定差别。

2. CO_2-烷烃三元体系密度随烷烃碳数的变化

在相近的 CO_2 浓度下，三种不同的 CO_2-混合烷烃三元体系密度比较如图 5.26 所示。结果表明，在相同的温度下，CO_2 摩尔分数接近的三元体系密度随压力变化的斜率几乎相同，密度随着混合烷烃碳数的增加而增大。此处，混合烷烃的分子量是组成混合物的

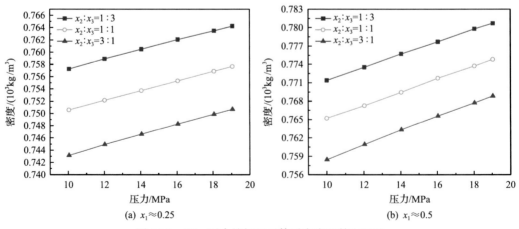

(a) $x_1 \approx 0.25$ 　　　　　　　　　　　　　(b) $x_1 \approx 0.5$

图 5.26　CO_2-混合烷烃三元体系密度比较(40℃)

单组分烷烃的摩尔分数和摩尔质量的线性加和，由图可以发现，随着混合烷烃分子量的增加，CO$_2$-烷烃体系的密度是递增的。

在 40℃、CO$_2$ 摩尔分数约 0.25 时，CO$_2$-混合烷烃三元体系密度随烷烃平均碳数的变化关系如图 5.27 所示。在温度、CO$_2$ 浓度相近时，CO$_2$-烷烃三元体系密度随着烷烃平均碳数的增大而增加，表明 CO$_2$-烷烃三元体系密度受烷烃碳数的影响较大。注意到癸烷与十四烷摩尔比 1∶1 的混合烷烃的平均碳数为 12.04，而十二烷的碳数是 12，二者的碳数接近，在相同条件下，如果混合烷烃的平均碳数与单组分烷烃近似，那么它们的密度也近似。

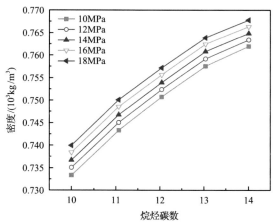

图 5.27　CO$_2$-混合烷烃三元体系密度随烷烃平均碳数的变化关系($x_1 \approx 0.25$)

在 $x_1 \approx 0.25$ 和 $x_1 \approx 0.5$ 时，CO$_2$-十二烷和 CO$_2$-癸烷-十四烷两种溶液对应的 CO$_2$ 溶液密度比较如图 5.28 所示。结果表明，碳数相同的烷烃溶液，其对应的 CO$_2$ 溶液密度也相同，因此对于 CO$_2$-复杂烷烃体系的密度，可以根据混合烷烃的组成求得其平均碳数，相应密度可用与其平均碳数相同的单组分烷烃的 CO$_2$ 溶液来表示。

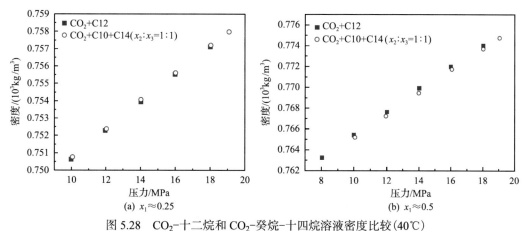

图 5.28　CO$_2$-十二烷和 CO$_2$-癸烷-十四烷溶液密度比较(40℃)

5.3.3　CO$_2$-烷烃多元体系密度模型

CO$_2$-烷烃多元体系密度是影响 CO$_2$ 扩散和运移的重要参数之一。然而，通过实验方

法获取 CO_2-烷烃混合物的密度数据耗时较长，因此建立一个可靠的 CO_2-烷烃混合物密度预测模型至关重要。本书利用正构烷烃的密度数据，对微扰链统计缔合流体理论（PC-SAFT）方程的参数（m、σ 和 ε/k）进行优化，建立模型参数 m、σ、ε/k、k_{ij} 与烷烃碳数 n 的关系，提升 PC-SAFT 模型密度预测的通用性和扩展性[31]。

1. 纯烷烃密度模型

PC-SAFT 模型是 Gross 和 Sadowski[13]在 SAFT 的基础上提出的，通常用于计算流体相行为。近年来，PC-SAFT 模型已被用于预测甲苯、异辛烷、环辛烷以及一系列正构烷烃的密度。然而，对于正构烷烃，PC-SAFT 模型在压力大于 55MPa 时有过度预测的趋势。因此，Burgess 等[32]拟合了文献中高温高压（HTHP）密度数据的方程，得到了一组新的纯组分 PC-SAFT 参数，以提高温度从环境温度到 533K、压力从 6.9MPa 到 276MPa 下的密度预测精度。Gross 和 Sadowski[13]的 PC-SAFT 模型简称为 G-S PC-SAFT 模型，Burgess 等[32]的 PC-SAFT 模型简称为 HTHP PC-SAFT 模型。

本书利用 MATLAB 程序拟合纯正构烷烃的实验密度数据，优化 PC-SAFT 模型参数（m、σ、ε/k）。采用以下目标函数进行参数优化：

$$F=\min\sum_{i=1}^{n}\left|\frac{\rho_{i,\exp}-\rho_{i,\mathrm{cal}}}{\rho_{i,\exp}}\right| \tag{5.10}$$

式中，n 为数据点个数；exp 和 cal 分别表示实验值和计算值。PC-SAFT 模型参数（m、σ 和 ε/k）的初始值取自文献[33]和[34]，当计算值与实验值的偏差最小时，得到优化的模型参数。正构烷烃的优化参数如表 5.6 所示，称为优化的 PC-SAFT 模型。庚烷、辛烷、壬烷和癸烷的密度数据来自美国国家标准与技术研究院，其他数据来自文献[35]~[38]。实验值与计算值之间的平均绝对偏差 AAD 用式（5.11）计算：

$$\mathrm{AAD}=\frac{1}{n}\sum_{i=1}^{n}\frac{\rho_{i,\mathrm{cal}}-\rho_{i,\exp}}{\rho_{i,\exp}}\times100\% \tag{5.11}$$

将优化的 PC-SAFT 模型与 G-S PC-SAFT 模型、HTHP PC-SAFT 模型进行比较[32]，如表 5.6 所示，优化的 PC-SAFT 模型显示出较高的精度，并且 AAD 值均小于 0.07%。除辛烷外，HTHP PC-SAFT 模型的 AAD 值均小于 0.4%，而 G-S PC-SAFT 的 AAD 值相对较大，十三烷的 AAD 为 1.57%。G-S PC-SAFT 模型中，烷烃密度的偏差归因于这些参数是通过关联蒸汽压和液体摩尔体积获得的。

表 5.6   正构烷烃的 PC-SAFT 模型参数优化值和拟合精度

烷烃	m	$\sigma/\text{Å}$	$\varepsilon/k/\text{K}$	AAD/%			$T/\text{℃}$	P/MPa
				PC-SAFT	HTHP PC-SAFT	G-S PC-SAFT		
庚烷	4.8777	3.3844	213.87	0.02	0.21	0.59	40~90	2~20
辛烷	5.2029	3.4493	221.27	0.02	1.41	1.07	30~80	8~30
壬烷	6.1995	3.3669	218.47	0.01	0.12	0.22	30~80	8~30

续表

烷烃	m	σ/Å	ε/k/K	AAD/%			T/℃	P/MPa
				PC-SAFT	HTHP PC-SAFT	G-S PC-SAFT		
癸烷	6.9041	3.3529	219.45	0.01	0.11	0.26	40～80	8～20
十二烷	8.0237	3.3762	225.76	0.01	0.11	0.61	40～80	8～18
十三烷	8.4831	3.4016	230.96	0.02	0.10	1.57	40～90	1～25
十四烷	8.8207	3.4404	235.87	0.01	0.12	0.60	40～80	8～19
十五烷	9.4113	3.4438	238.79	0.07	0.40	0.68	20～11	0.1～100
十七烷	10.391	3.4704	244.54	0.05	0.33	0.71	30～11	0.1～100
十八烷	10.843	3.4864	247.56	0.07	0.13	1.01	40～11	0.1～80
十九烷	11.081	3.5263	253.13	0.05	0.26	0.74	40～11	0.1～90

采用优化的 PC-SAFT 模型、HTHP PC-SAFT 模型和 G-S PC-SAFT 模型对正构烷烃进行研究，如图 5.29 所示。HTHP PC-SAFT 模型在温度为 70℃、80℃时与实验数据吻合良好，在较低温度下，密度偏差较大，这主要是因为模型参数是由 150℃下的烷烃密度

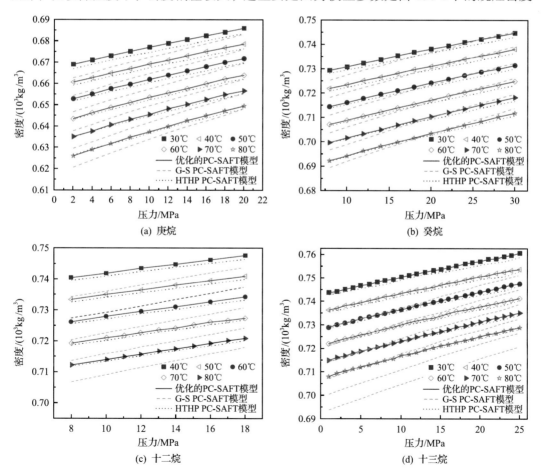

(a) 庚烷 (b) 癸烷 (c) 十二烷 (d) 十三烷

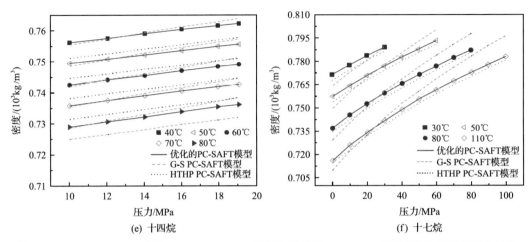

图 5.29　HTHP PC-SAFT 模型、G-S PC-SAFT 模型和优化的 PC-SAFT 模型对正构烷烃的拟合结果

关联得到的。在整个温度和压力范围内，优化的 PC-SAFT 模型与实验数据拟合最好，很好地预测了 2～20MPa 庚烷的密度和 8～30MPa 癸烷的密度，计算的十三烷密度与 90℃、25MPa 以下的实验数据吻合较好。此外，优化的 PC-SAFT 模型能够准确预测 110℃、110MPa 以内十七烷的密度[31]。

2. 二元相互作用系数与烷烃碳数关系

Karakatsani 和 Economou[14]将 PC-SAFT 模型推广至极性流体，提出了 tPC-PSAFT 模型，在预测极性流体热力学特性方面得到了较多应用。本书采用相应的混合规则，将 PC-SAFT 模型和 tPC-PSAFT 模型扩展至混合体系。二元相互作用系数 k_{ij} 用来修正两种不同分子间的吸引力，对于流体热力学性质的预测非常重要，通常根据实验数据拟合得到。本书根据 CO_2-烷烃二元体系的密度数据进行 k_{ij} 的拟合，然后根据一系列的 k_{ij} 结果，再对 k_{ij} 与烷烃碳数之间的关系进行研究。

除本书测量的 CO_2-癸烷、CO_2-十四烷二元体系密度外，现有研究中对 CO_2-庚烷[30,39]、CO_2-癸烷[31,40]、CO_2-十二烷[29]、CO_2-十三烷[30]等二元体系也进行了测量，并给出了详细的密度数据。因此，基于上述 CO_2-烷烃二元体系的密度数据进行 k_{ij} 的拟合，得到了 CO_2 与不同烷烃体系的最佳 k_{ij} 值，优化的 k_{ij} 结果如表 5.7 和图 5.30 所示，优化 k_{ij} 后的模型分别称为改进的 PC-SAFT 模型和改进的 tPC-PSAFT 模型。

表 5.7　改进的 PC-SAFT 模型和 tPC-PSAFT 模型中 CO_2-烷烃二元体系的 k_{ij} 及预测结果

二元体系	改进的 PC-SAFT		改进的 tPC-PSAFT		数据来源
	k_{ij}	AAD/%	k_{ij}	AAD/%	
CO_2-庚烷	0.134	0.59	0.108	0.55	Medina-Bermúdez 等[30]
CO_2-癸烷	0.151	0.47	0.124	0.54	建伟伟[31]
CO_2-十二烷	0.160	0.31	0.131	0.40	Zhang 等[29]
CO_2-十三烷	0.167	0.50	0.14	0.57	Medina-Bermúdez 等[30]
CO_2-十四烷	0.171	0.33	0.141	0.40	建伟伟[31]

表 5.7 中的优化结果表明，对于两种改进的模型，k_{ij} 均随着烷烃碳数的增加而增大，说明烷烃碳数越大，CO_2 与烷烃之间的相互作用越强。根据图 5.30 发现，改进的 tPC-PSAFT 模型优化的 k_{ij} 结果均略低于改进的 PC-SAFT 模型，这是因为改进的 tPC-PSAFT 模型考虑了极性作用，一定程度上分担了色散作用对 Helmholtz 自由能的贡献，所以 k_{ij} 值较小，这一现象在 Tang 等[41]的研究中也有提及。

根据图 5.30 建立 k_{ij} 和烷烃碳数之间的关系式，对于 PC-SAFT 模型，k_{ij} 与烷烃碳数之间的关系式为

$$k_{ij}^1 = 0.0053n + 0.0972 \tag{5.12}$$

对 tPC-PSAFT 模型，k_{ij} 与烷烃碳数之间的关系式为

$$k_{ij}^2 = 0.0048n + 0.0745 \tag{5.13}$$

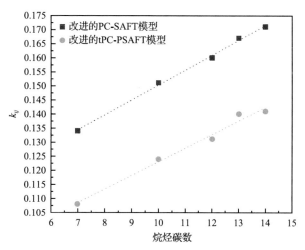

图 5.30　改进的 PC-SAFT 模型和 tPC-PSAFT 模型中 k_{ij} 随烷烃碳数的变化关系

3. CO_2-烷烃多元体系密度预测

在二元体系中，CO_2 与烷烃的相互作用采用式(5.12)和式(5.13)计算。改进的 PC-SAFT 模型和 tPC-PSAFT 模型对 CO_2-烷烃二元体系密度的预测结果如表 5.7 所示，表中的数据来源是指参与 k_{ij} 优化的 CO_2-烷烃密度数据。

表 5.8 为改进的两种模型对 CO_2-癸烷体系密度的预测结果。在低 CO_2 浓度下，改进的 PC-SAFT 模型的预测精度较高，随着 CO_2 浓度的增加，改进的 tPC-PSAFT 模型的预测精度略高于改进的 PC-SAFT 模型，部分高 CO_2 浓度下两种模型精度相当。对于本书中 CO_2+癸烷密度数据，改进的 PC-SAFT 模型的精度高于改进的 tPC-PSAFT 模型；Bessières 等[42]数据的预测结果表明，当 $x_1 < 0.66$ 时，改进的 PC-SAFT 模型的预测精度更高，而当 $x_1 \geqslant 0.66$ 时，改进的 tPC-PSAFT 模型的预测精度更高；Zúñiga-Moreno 和 Galicia-Luna[43]的数据预测结果表明，当 $x_1 < 0.8114$ 时，改进的 PC-SAFT 模型的预测精

度更高，而当 $x_1 \geqslant 0.8114$ 时，改进的 tPC-PSAFT 模型的预测精度更高[44]。

通过进一步分析发现，Zúñiga-Moreno 和 Galicia-Luna[43]的数据包含 90℃、20MPa 以上的数据，Bessières 等[42]测量了 95℃、20～40MPa 条件下的数据，从表 5.8 的结果看，改进的 tPC-PSAFT 模型的优势在 Bessières 等[42]的结果中体现得更明显。这说明改进的 tPC-PSAFT 模型的优势体现在高 CO_2 浓度、高温高压条件下，尤其是高压条件下，改进的 tPC-PSAFT 模型的预测精度明显高于改进的 PC-SAFT 模型。这是由于四极矩作用是分子间的吸引力，随着分子间距的上升很快下降，是一种超短程力，且四极矩一般很小。在较低 CO_2 浓度下，CO_2 分子间间距较大，因此极性作用非常小，此时改进的 tPC-PSAFT 模型考虑了 CO_2 极性作用，预测精度反而有所降低；而在高 CO_2 浓度、高温高压条件下，分子被压缩且分子间活动剧烈，CO_2 分子分布密集，分子间间距明显减小，因此分子间存在一定的极性作用，而改进的 PC-SAFT 模型没有考虑极性作用，导致精度比改进的 tPC-PSAFT 模型低。这说明 CO_2 分子的极性作用受其浓度、温度和压力共同影响，在特定条件下极性作用才得以体现。改进的 PC-SAFT 模型更适合低 CO_2 浓度下的预测，而改进的 tPC-PSAFT 模型更适合高 CO_2 浓度、高温高压条件下的预测。

表 5.8 改进的 PC-SAFT 模型和 tPC-PSAFT 模型对 CO_2-癸烷溶液密度的预测结果

数据来源	温压范围	x_1	AAD/%	
			改进的 PC-SAFT 模型	改进的 tPC-PSAFT 模型
建伟伟[31]	30～80℃ 8～19MPa	0.2361	0.07	0.12
		0.4698	0.78	0.91
		0.71	0.48	0.58
		0.7725	0.35	0.33
		0.869	0.78	0.9
Bessières 等[42]	35～95℃ 20～40MPa	0.15	0.13	0.18
		0.3	0.25	0.36
		0.51	0.28	0.45
		0.66	0.96	0.71
		0.78	0.95	0.69
		0.84	1.45	1.2
Zúñiga-Moreno 和 Galicia-Luna[43]	40～90℃ 2～25MPa	0.0551	0.05	0.07
		0.2369	0.2	0.28
		0.4536	0.35	0.5
		0.8114	0.22	0.19
		0.9663	2.78	2.58

表 5.9 为两种模型对 CO_2-烷烃溶液密度的预测结果，也存在与 CO_2-癸烷溶液密度预测相似的现象。对于 CO_2-庚烷溶液，当 $x_1 < 0.7514$ 时，改进的 PC-SAFT 模型预测精度高于改进的 tPC-PSAFT 模型，而当 $x_1 \geqslant 0.7514$ 时，改进的 tPC-PSAFT 模型预测精度更高。尤其对 CO_2-十二烷/十四烷溶液，在 $x_1 < 0.8$ 时，改进的 PC-SAFT 模型预测精度

明显高于改进的 tPC-PSAFT 模型，当 x_1＞0.8 时，二者的预测精度接近。对于 CO₂-十三烷体系，当 x_1＜0.7549 时，改进的 PC-SAFT 模型预测精度高于改进的 tPC-PSAFT 模型，而当 x_1≥0.7549 时，改进的 tPC-PSAFT 模型预测精度更高。主要原因与 CO₂-癸烷溶液一样，CO₂-庚烷和 CO₂-十三烷的密度均包含 90℃、9~25MPa 高温、高压条件下的数据，因此改进的 tPC-PSAFT 模型的优势更突出。而对于 CO₂-十二烷和 CO₂-十四烷溶液，由于其覆盖的温度、压力相对较低，在整个 CO₂ 浓度范围内，改进的 PC-SAFT 模型预测精度更高。两种模型的预测结果表明，除 CO₂-庚烷溶液在 x_1=0.9496 条件下，对其他烷烃在所有 CO₂ 浓度下的预测精度均在 1%以内，而且在 CO₂ 浓度 0.7 以内，改进的 PC-SAFT 模型和 tPC-PSAFT 模型预测精度均在 0.59%以内。主要原因是 CO₂ 浓度为 0.9496 时，几乎相当于纯 CO₂，且实验温度和压力均高于 CO₂ 临界条件，而超临界条件下 CO₂ 密度变化剧烈，难以进行准确预测。

表 5.9 改进的 PC-SAFT 和 tPC-PSAFT 模型对 CO₂-烷烃溶液密度的预测结果

二元体系	温压范围	x_1	AAD/%		数据来源
			改进的 PC-SAFT 模型	改进的 tPC-PSAFT 模型	
CO₂-庚烷	40~90℃ 2~25MPa	0.0218	0.05	0.05	Medina-Bermúdez 等[30]
		0.3184	0.12	0.13	Medina-Bermúdez 等[30]
		0.5058	0.4	0.42	Medina-Bermúdez 等[30]
		0.7514	0.77	0.63	Medina-Bermúdez 等[30]
		0.9496	2.41	2.21	Medina-Bermúdez 等[30]
CO₂-十二烷	40~80℃ 8~18MPa	0.2497	0.08	0.16	Zhang 等[29]
		0.5094	0.23	0.39	Zhang 等[29]
		0.7576	0.41	0.49	Zhang 等[29]
		0.8610	0.65	0.66	Zhang 等[29]
CO₂-十三烷	40~90℃ 9~25MPa	0.0955	0.14	0.17	Medina-Bermúdez 等[30]
		0.2526	0.4	0.48	Medina-Bermúdez 等[30]
		0.5259	0.41	0.59	Medina-Bermúdez 等[30]
		0.7549	0.79	0.81	Medina-Bermúdez 等[30]
		0.8978	0.91	0.92	Medina-Bermúdez 等[30]
CO₂-十四烷	40~80℃ 8~18MPa	0.2469	0.23	0.29	建伟伟[31]
		0.5241	0.28	0.43	建伟伟[31]
		0.7534	0.47	0.54	建伟伟[31]
		0.8773	0.42	0.41	建伟伟[31]

对于三元体系，分别用改进的 PC-SAFT 模型和 tPC-PSAFT 模型进行密度预测。这两个模型计算 CO₂-烷烃三元体系密度和 CO₂-烷烃二元体系密度的主要区别在于：混合

规则和结合规则的计算中需要考虑三种组分,其余的计算公式均与二元溶液相同。关于色散项结合规则中不同组分的二元相互作用系数 k_{ij} 处理方式为:CO_2-癸烷、CO_2-十四烷两种二元溶液的 k_{ij} 直接参考 5.3.2 节给出的 k_{ij} 和烷烃碳数的关联式进行计算,而不考虑癸烷和十四烷之间的相互作用。

(1) 不同 CO_2 浓度的 CO_2-烷烃三元体系密度的预测。

表 5.10~表 5.12 为改进的 PC-SAFT 模型和 tPC-PSAFT 模型对 CO_2-烷烃三元体系密度的预测结果。结果表明,改进的 PC-SAFT 模型的总体预测结果更好,对三种三元体系密度预测的 AAD 平均值分别为 0.63%、0.57% 和 0.56%,CO_2 浓度在 0.8 以内时,预测的 AAD 在 0.61% 以内;改进的 tPC-PSAFT 模型对三元体系密度的预测精度稍次于改进的 PC-SAFT 模型,预测的 AAD 分别为 0.75%、0.69% 和 0.67%。在高 CO_2 浓度下,改进的 tPC-PSAFT 模型的预测精度并不比 PC-SAFT 模型更好,这主要是因为三元体系实验数据在 80℃、19MPa 范围以内,不满足高 CO_2 浓度、高温高压条件,改进的 tPC-PSAFT 模型的优势无法得以体现,因此其预测精度相对较低。

表 5.10　改进的 PC-SAFT 模型和 tPC-PSAFT 模型对 CO_2–烷烃三元体系密度的预测结果 ($x_2 : x_3 = 1:3$)

x_1	AAD/%	
	改进的 PC-SAFT 模型	改进的 tPC-PSAFT 模型
0.2529	0.16	0.23
0.5183	0.34	0.5
0.7718	0.61	0.69
0.8945	1.41	1.56
总体平均值	0.63	0.75

表 5.11　改进的 PC-SAFT 模型和 tPC-PSAFT 模型对 CO_2–烷烃三元体系密度的预测结果 ($x_2 : x_3 = 1:1$)

x_1	AAD/%	
	改进的 PC-SAFT 模型	改进的 tPC-PSAFT 模型
0.2457	0.2	0.28
0.5050	0.34	0.49
0.7195	0.54	0.59
0.9044	1.45	1.67
总体平均值	0.57	0.69

表 5.12　改进的 PC-SAFT 模型和 tPC-PSAFT 模型对 CO_2–烷烃三元体系密度的预测结果 ($x_2 : x_3 = 3:1$)

x_1	AAD/%	
	改进的 PC-SAFT 模型	改进的 tPC-PSAFT 模型
0.2419	0.2	0.27
0.5101	0.48	0.64
0.7095	0.53	0.58
0.8869	1.13	1.31
总体平均值	0.56	0.67

（2）饱和 CO$_2$-癸烷-十四烷溶液密度的预测。

表 5.13 和表 5.14 为改进的 PC-SAFT 模型和 tPC-PSAFT 模型对饱和 CO$_2$-癸烷-十四烷三元体系密度的预测结果。饱和 CO$_2$-癸烷-十四烷溶液密度数据参考 Karizonovi 等[45]和 Nourozieh 等[46]，温度为 50℃和 100℃、压力为 1～6MPa。预测结果表明，改进的 PC-SAFT 模型预测结果更好，在 50℃、100℃时，对饱和 CO$_2$-癸烷-十四烷三元体系密度预测的 AAD 分别为 0.19%、0.42%；改进的 tPC-PSAFT 模型在实验温压范围内对三元体系密度预测的偏差在 0.53%以内，预测精度稍低于改进的 PC-SAFT 模型。

表5.13 改进的 PC-SAFT 模型和 tPC-PSAFT 模型对饱和 CO$_2$-癸烷-十四烷溶液密度的预测结果（50℃）

混合溶液	AAD/%	
	改进的 PC-SAFT 模型	改进的 tPC-PSAFT 模型
x_2:x_3 =1:3	0.16	0.24
x_2:x_3 =1:1	0.2	0.28
x_2:x_3 =3:1	0.22	0.29
总体平均值	0.19	0.27

表5.14 改进的 PC-SAFT 模型和 tPC-PSAFT 模型对饱和 CO$_2$-癸烷-十四烷三元体系密度的预测结果（100℃）

混合溶液	AAD/%	
	改进的 PC-SAFT 模型	改进的 tPC-PSAFT 模型
x_2:x_3 =1:3	0.45	0.53
x_2:x_3 =1:1	0.43	0.51
x_2:x_3 =3:1	0.38	0.46
总体平均值	0.42	0.5

综上所述，在实验温度、压力及 CO$_2$ 浓度范围内，改进的 PC-SAFT 模型能够准确预测 CO$_2$-烷烃三元体系的密度，主要由于该模型对烷烃及 CO$_2$-烷烃二元体系密度的高精度预测，保证了其对三元体系的准确预测。因此，对多元体系热力学特性预测的精度主要取决于模型对混合体系中各个组分性质的预测能力，只有对各个组分的预测精度足够高，才能保证对多元体系预测的准确性。

参 考 文 献

[1] 顾英姿. 基于液体静力称量法的密度测量研究. 北京: 中国计量科学研究院, 2007.

[2] 薛一鸣. 液体密度计量装置的研制与开发. 北京: 中国农业大学, 2000.

[3] Song Y C, Zhan Y C, Zhang Y, et al. Measurements of CO$_2$-H$_2$O-NaCl solution densities over a wide range of temperatures, pressures, and NaCl concentrations. Journal of Chemical & Engineering Data , 2013, 58(12): 3342-3350.

[4] 詹扬春. 地质封存中 CO$_2$-盐水体系密度测量及模型研究. 大连: 大连理工大学, 2017.

[5] Jian W W, Zhang Y, Song Y C, et al. Research progress of the basic physical properties of CO$_2$ brine in the sequestration of CO$_2$. Advances in Electric and Electronics, 2012, 155: 739-745.

[6] Song Y C, Zhan Y C, Zhang Y, et al. Density measurement of CO_2 + deionized water in warm formations by a magnetic suspension balance. Energy Procedia, 2013, 37: 5520-5527.

[7] Chapman W G, Gubbins K E, Jackson G, et al. New reference equation of state for association liquids. Industrial & Engineering Chemistry Research, 1990, 29(8): 1709-1721.

[8] Wertheim M S. Fluids with highly directional attractive forces. I . Statistical thermodynamics. Journal of Statistical Physics, 35(1-2): 19-34.

[9] Wertheim M S. Fluids with highly directional attractive forces. II . Thermodynamic perturbation theory and integral equations. Journal of Statistical Physics, 35(1-2): 35-47.

[10] Fu Y H, Sandler S I. A simplified SAFT equation of state for associating compounds and mixtures. Industrial & Engineering Chemistry Research, 1995, 34(5): 1897-1909.

[11] Banaszak M, Chiew Y S, Olenick R, et al. Thermodynamic perturbation theory:Lennard-Jones chains. Journal of Chemical Physics, 1994, 100(5): 3803-3807.

[12] GilVillegas A, Galindo A, Whitehead P J, et al. Statistical associating fluid theory for chain molecules with attractive potentials of variable range. Journal of Chemical Physics , 1997, 106(10): 4168-4186.

[13] Gross J, Sadowski G. Perturbed-chain SAFT: An equation of state based on a perturbation theory for chain molecules. Industrial & Engineering Chemistry Research, 2001, 40(4): 1244-1260.

[14] Karakatsani E K, Economou I G. Perturbed chain-statistical associating fluid theory extended to dipolar and quadrupolar molecular fluids. Journal of Physical Chemistry B, 2006, 110(18): 9252-9261.

[15] Huang S H, Radosz M. Equation of state for small, large, polydisperse, and associating molecules. Industrial & Engineering Chemistry Research, 1990, 29(11): 2284-2294.

[16] Song Y C, Jian W W, Zhang Y, et al. Density measurement and PC-SAFT/tPC-PSAFT modeling of the CO_2 + H_2O system over a wide temperature range. Journal of Chemical & Engineering Data, 2014, 59(5): 1400-1410.

[17] Nighswander J A, Kalogerakis N, Mehrotra A K. Solubilities of carbon dioxide in water and 1 wt% NaCl solution at pressures up to 10 MPa and temperatures from 80 to 200°C. Journal of Chemical and Engineering Data, 1989, 34(3): 355-360.

[18] Ji X, Tan S P, Adidharma H, et al. SAFT1-RPM approximation extended to phase equilibria and densities of CO_2-H_2O and CO_2-H_2O-NaCl systems. Industrial & Engineering Chemistry Research, 2005, 44(22): 8419-8427.

[19] Sun R, Dubessy J. Prediction of vapor-liquid equilibrium and PVTx properties of geological fluid system with SAFT-LJ eos including multi-polar contribution. part II:Application to H_2O-NaCl and CO_2-H_2O-NaCl System. Geochimica et Cosmochimica Acta, 2012, 88: 130-145.

[20] Song Y C, Zhan Y C, Zhang Y, et al. Measurements of CO_2-H_2O-NaCl solution densities over a wide range of temperatures, pressures, and NaCl concentrations. Journal of Chemical and Engineering Data, 2013, 58(12): 3342-3350.

[21] Yan W, Huang S L, Stenby E H. Measurement and modeling of CO_2 solubility in NaCl brine and CO_2-saturated NaCl brine density. International Journal of Greenhouse Gas Control, 2011, 5(6): 1460-1477.

[22] Zhang Y, Chang F, Song Y C, et al. Density of carbon dioxide plus brine solution from Tianjin reservoir under sequestration conditions. Journal of Chemical and Engineering Data, 2011, 56(3): 565-573.

[23] Zhang Y, Jian W W, Zhan Y C, et al. Density measurement and equal density temperature of CO_2+brine from Dagang—Formation from 313 to 363 K. Korean Journal of Chemical and Engineering, 2015, 32(1): 141-148.

[24] Li Z, Dong M, Li S, et al . Densities and solubilities for binary systems of carbon dioxide + water and carbon dioxide + brine at 59 °C and pressures to 29 MPa. Journal of Chemical and Engineering Data , 2004, 49(4): 1026-1031.

[25] Duan Z, Hu J, Li D, et al. Densities of the CO_2-H_2O and CO_2-H_2O-NaCl systems up to 647 K and 100 MPa. Energy & Fuels , 2008, 22(3): 1666-1674.

[26] 詹扬春, 张毅, 赵佳飞, 等. 基于磁悬浮天平的超临界 CO_2-癸烷溶液密度特性研究, 大连理工大学学报, 2013, (3): 354-358.

[27] Jian W W, Song Y C, Zhang Y, et al. Densities and excess volumes of CO₂ + decane solution from 12 to 18MPa and 313.15 to 343.15K. Energy Procedia, 2013, 37: 6831-6838.

[28] Song Y C, Jian W W, Zhang Y, et al. Densities and volumetric characteristics of binary system of CO₂ + decane from (303.15 to 353.15) K and pressures up to 19 MPa. Journal of Chemical & Engineering Data, 2012, 57(12): 3399-3407.

[29] Zhang Y, Liu Z Y, Liu W G, et al. Measurement and modeling of the densities for CO₂ + dodecane system from 313.55 K to 353.55 K and pressures up to 18 MPa. Journal of Chemical & Engineering Data, 2014, 59(11): 3668-3676.

[30] Medina-Bermúdez M, Saavedra-Molina L A, Escamilla-Tiburcio W, et al. (p, ρ, T) Behavior for the binary mixtures carbon dioxide + heptane and carbon dioxide + tridecane. Journal of Chemical & Engineering Data, 2013, 58(5): 1255-1264.

[31] 建伟伟, CO₂-EOR 中 CO₂ 烷烃多元体系密度实验和预测模型研究. 大连: 大连理工大学, 2015.

[32] Burgess W A, Tapriyal D, Morreale B D, et al. Prediction of fluid density at extreme conditions using the perturbed-chain SAFT equation correlated to high temperature, high pressure density data. Fluid Phase Equilibria, 2012, 319: 55-66.

[33] Huang S H, Radosz M. Equation of state for small, large, polydisperse, and associating molecules: Extension to fluid mixtures. Industrial & Engineering Chemistry Research, 1990, 30(8): 1994-2005.

[34] Cameretti L F, Sadowski G, Mollerup J M. Modeling of aqueous electrolyte solutions with perturbed-chain statistical associated fluid theory. Industrial & Engineering Chemistry Research, 2005, 44(9): 3355-3362.

[35] Zhang Y, Jian W W, Song Y C, et al. (p, ρ, T) Behavior of CO₂+tetradecane systems: Experiments and thermodynamic modeling. Journal of Chemical & Engineering Data, 2015, 60(5): 1476-1486.

[36] Dutour S, Daridon J L, Lagourette B. Pressure and temperature dependence of the speed of sound and related properties in normal octadecane and nonadecane. International Journal of Thermophysics, 2000, 21(1): 173-184.

[37] Daridon J L, Carrier H, Lagourette B. Pressure dependence of the thermophysical properties of n-pentadecane and n-heptadecane. International Journal of Thermophysics, 2002, 23(3): 697-708.

[38] Elizalde-Solis O, Galicia-Luna L A, Camacho-Camacho L E. High-pressure vapor-liquid equilibria for CO₂+alkanol systems and densities of n-dodecane and n-tridecane. Fluid Phase Equilibria, 2007, 259(1): 23-32.

[39] Fenghour A, Trusler J P M, Wakeham W A. Densities and bubble points of binary mixtures of carbon dioxide and n-heptane and ternary mixtures of n-butane, n-heptane and n-hexadecane. Fluid Phase Equilibria, 2001, 185(1): 349-358.

[40] Cullick A S, Mathis M L. Densities and viscosities of mixtures of carbon dioxide and n-decane from 310 to 403 K and 7 to 30 MPa. Journal of Chemical & Engineering Data, 1984, 29(4): 393-396.

[41] Tang X, Gross J. Modeling the phase equilibria of hydrogen sulfide and carbon dioxide in mixture with hydrocarbons and water using the PCP-SAFT equation of state. Fluid Phase Equilibria, 2010, 293(1): 11-21.

[42] Bessières D, Saint-Guirons H, Daridon J L. Volumetric behavior of decane+ carbon dioxide at high pressures. measurement and calculation. Journal of Chemical & Engineering Data, 2001, 46(5): 1136-1139.

[43] Zúñiga-Moreno A, Galicia-Luna L A. Compressed liquid densities and excess volumes for the binary system CO₂+N, N-dimethylformamide(DMF) from (313 to 363) K and pressures up to 25 MPa. Journal of Chemical & Engineering Data, 2005, 50(4): 1224-1233.

[44] Song Y C, Jian W W, Zhang Y, et al. Density behavior of CO₂+decane mixtures by modified SAFT equation of state. Energy Procedia, 2014, 61: 440-444.

[45] Kariznovi M, Nourozieh H, Abedi J. Phase composition and saturated liquid properties in binary and ternary systems containing carbon dioxide, n-decane, and n-tetradecane. The Journal of Chemical Thermodynamics, 2013, 57: 189-196.

[46] Nourozieh H, Kariznovi M, Abedi J. Measurement and correlation of saturated liquid properties and gas solubility for decane, tetradecane and their binary mixtures saturated with carbon dioxide. Fluid Phase Equilibria, 2013, 337: 246-254.

第 6 章 | CO₂-咸水多相传质特性

CO₂ 咸水层封存是一个多时空、多相、多组分的复杂物理化学过程。由于 CO_2 可溶于咸水，CO_2 将与地层流体发生相间传质。地层内气-液相间传质以气体分子扩散、溶解和对流混合为主。发生相间传质的 CO_2 随着咸水缓慢迁移，其迁移速率远小于气相 CO_2，降低了自由态气相 CO_2 向上泄漏的风险。气体扩散系数与溶解速度是确定气体的溶解能力及最佳注入速度的关键参数。为了有效评价 CO_2 咸水层封存的安全性，必须对多孔介质中 CO_2 传质过程进行深入研究。本章利用传统 PVT 结合 CCD 相机、核磁共振成像和 CT 技术等方法，开展 CO_2 封存过程中涉及的气液传质特性多尺度研究，重点探讨 CO_2 扩散、溶解和对流混合特性，进而揭示地质封存过程中的 CO_2 传质特性。

6.1　CO₂-咸水扩散特性

扩散是质量传递的一种基本方式，是在浓度差或其他推动力的作用下，由分子、原子等的热运动引起的物质在空间的迁移现象。CO_2 在地层流体中的溶解过程是由 CO_2 在咸水中的分子扩散和在可混溶流动中的弥散所驱动的[1]。在 CO_2-咸水相间界面附近，CO_2 将通过分子扩散缓慢溶解到水相中[2]。为了量化这一动态传质过程，一般使用 CO_2-咸水传质系数来表征 CO_2 在咸水中的溶解速度。CO_2 溶解于水溶液，从而增加了水溶液密度[3]。密度差产生的对流混合现象极大地促进了流体间的质量传递[4]。准确测量 CO_2 在咸水中的扩散系数，对 CO_2 地下运移规律研究以及 CO_2 咸水层封存项目的风险评估具有重要作用。本节基于 PVT 方法开展储层条件下 CO_2-咸水体系扩散特性的实验研究。

6.1.1　扩散系数测量原理

图 6.1 为 CO_2 在咸水中扩散的物理模型。其中，H 代表反应釜的直径，r_0 表示 Berea 岩心半径。经过盐水饱和的 Berea 岩心处于恒温反应釜中，其两端用环氧树脂进行密封，保证 CO_2 只能沿径向扩散。与一般的纵向扩散实验不同，采用径向扩散可以利用岩心的侧表面积，因此在测量中可以使用更多的气相体积，易于操作且测量结果更加可靠。在测量过程中，气体、岩心和液体始终处于相同的压力下，因此这种方法可以在高压中使用，可以模拟实际储层条件。虽然岩心底部的静水压力略有增加，但是固结岩心中的毛细管力足以防止岩心中的盐水从底部渗出[5]。

在确定盐水饱和岩心中的 CO_2 扩散系数时采用如下假设条件[6]：

（1）在压力衰减法测量的实验过程中，CO_2 在盐水饱和的 Berea 岩心中的扩散系数保持恒定不变。

（2）Berea 岩心具有均质性，盐水在其中均匀分布。

(3)忽略 Berea 岩心中自然对流的影响。

(4)忽略 NaCl 溶液的膨胀效应。

(5)实验中蒸发的水蒸气忽略不计。

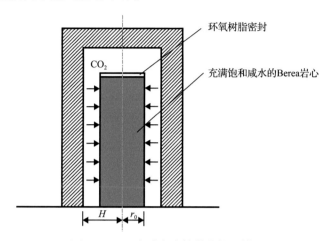

图 6.1 CO_2 在咸水中扩散的物理模型

假设 1 要求扩散系数与盐水溶液中 CO_2 浓度和测量过程中的压力衰减无关，前者一般对稀溶液成立，当压力的变化量相较于初始压力较小时，可认为大致满足后者。当压力衰减法测量的过程中压力变化较小时，假设 3 也是可以接受的。因为当均质岩心垂直放置时，CO_2 浓度沿扩散的径向方向均匀分布，在垂直方向上不存在密度引起的自然对流。根据 Rao 和 Wang 计算岩样雷诺数的计算公式[7]，实验中的岩心瑞利数在 5 左右，自然对流在瑞利数小于 50 时可以忽略不计[8]，所以可以忽略沿径向较小密度差引起的自然对流。为了检测假设 4，定义给定压力下 CO_2-咸水溶液的体积除以相同压力下咸水的体积为 CO_2-咸水系统的膨胀系数，根据 Li 等[9]的测量方法可得到该实验中膨胀系数为 1.01，十分接近 1，故可大致认为假设 4 成立。对于假设 5，CO_2 相中的水蒸气对扩散过程的影响可以忽略不计，因为根据文献中的结果，实验过程中蒸发到气相中的水的摩尔分数小于 0.01。流失到气相中的水的量小于岩心中水的 0.1%[10, 11]。

根据 Crank 的假设，如果溶液是稀溶液，则扩散系数与气体浓度无关，周围 CO_2 只通过径向扩散到圆柱形液柱中，可以得到 CO_2 在液柱中的扩散方程为[12]

$$\frac{\partial C}{\partial t} = \frac{D_{eff}}{r} \frac{\partial}{\partial r}\left(r \frac{\partial C}{\partial r}\right) \tag{6.1}$$

式中，C 表示 CO_2 的浓度，mol/L；D_{eff} 表示 CO_2 的扩散系数，m^2/s；t 表示 CO_2 扩散时间，s；r 表示液柱半径，m。

若将圆柱形液柱换成水饱和的均质岩心，并且岩心上下两端端面都被防水层密封，使扩散过程只在径向方向进行。类比多孔介质中的一维扩散方程，可得到扩散系数方程[13]：

$$\frac{\partial C}{\partial t} = \frac{D_{\text{eff}}}{r} \frac{\partial}{\partial r}\left(r \frac{\partial C}{\partial r} \right) \tag{6.2}$$

式中，C 表示 CO_2 的浓度，mol/m^3。

边界和初始条件为

$$C = C_0, \quad r = r_0, \quad t \geqslant 0 \tag{6.3}$$

$$C = 0, \quad 0 < r < r_0, \quad t = 0 \tag{6.4}$$

式中，C_0 为初始压力时液体中 CO_2 的浓度，mol/m^3；r_0 为多孔介质的半径，m；t 表示 CO_2 在液相中的扩散时间，s。

式 (6.2) 的解为[12]

$$\frac{C}{C_0} = 1 - \frac{2}{r_0} \sum_{n=1}^{\infty} \frac{\exp(-D_{\text{eff}}\alpha_n^2 t) J_0(r\alpha_n)}{\alpha_n J_1(r_0\alpha_n)} \tag{6.5}$$

式中，$J_0(x)$ 表示零阶的第一类 Bessel 函数；$J_1(x)$ 表示一阶的第一类 Bessel 函数；α_n 为正根。

$$J_0(r\alpha_n) = 0 \tag{6.6}$$

根据式 (6.5)，可得到 t 时间内，CO_2 进入多孔介质的物质的量为

$$\frac{N}{N_\infty} = 1 - \sum_{n=1}^{\infty} \frac{4}{r_0^2 \alpha_n^2} \exp(-D_{\text{eff}}\alpha_n^2 t) \tag{6.7}$$

式中，N 为时间 t 内扩散到多孔介质内的 CO_2 的摩尔质量数；N_∞ 为扩散过程结束后扩散到多孔介质内的 CO_2 的摩尔质量数。利用式 (6.7) 推导出确定扩散系数的计算模型。

CO_2 不断地扩散到多孔介质中，扩散池内的压力逐渐减小。在时间 t 内，气相中损失的气体量可以通过状态方程计算得到

$$\Delta n = \frac{\Delta PV}{ZRT} \tag{6.8}$$

式中，Δn 表示气相中气体的损失量，mol；ΔP 为扩散前后压力的变化值，Pa；V 为扩散池中气相的体积，m^3；R 为气体常数，$8.314\text{J}/(\text{mol·K})$；$T$ 为实验设定的温度，℃；Z 为气体压缩因子。

由质量守恒可知，在时间 t 内 CO_2 的损失量等于扩散到多孔介质溶液中的 CO_2 量，结合式 (6.7) 和式 (6.8) 可得

$$\Delta P = \frac{ZN_\infty RT}{V}\left[1 - \sum_{n=1}^{\infty} \frac{4}{r_0^2 \alpha_n^2} \exp(-D_{\text{eff}}\alpha_n^2 t) \right] \tag{6.9}$$

在压力衰减法的实验中，Z，N_∞，R，T，V，r_0，α_n 均为常数，D_{eff} 是唯一需要确定的参数。将实验中得到的 ΔP 与 t 的关系图结合式(6.9)，可确定 CO_2 在咸水饱和的多孔介质中的扩散系数 D_{eff}。在实际情况中，当 $D_{eff}t/r_0^2$ 不大时，也可以通过式(6.7)的近似形式得到扩散系数的值[12]：

$$\frac{N}{N_\infty} = \frac{4}{\pi^{\frac{1}{2}}}\left(\frac{D_{eff}t}{r_0^2}\right)^{\frac{1}{2}} - \frac{D_{eff}t}{r_0^2} - \frac{1}{3\pi^{\frac{1}{2}}}\left(\frac{D_{eff}t}{r_0^2}\right)^{\frac{3}{2}} + \cdots \tag{6.10}$$

研究表明，当 $D_{eff}t/r_0^2 < 0.35$ 时，式(6.10)与式(6.7)的结果几乎相同。当 $D_{eff}t/r_0^2 < 0.1$ 时，可将式(6.10)第一项当作 N/N_∞。将式(6.10)的第一项代入式(6.9)，可得

$$\Delta P = k\sqrt{t} \tag{6.11}$$

$$k = \frac{4ZRT\sqrt{D_{eff}}}{r_0 V\sqrt{\pi}} \tag{6.12}$$

将式(6.12)进行转化，可得

$$D_{eff} = \frac{\pi}{16}\left(\frac{r_0 kV}{N_\infty ZRT}\right)^2 \tag{6.13}$$

式中，k 表示压降与时间平方根坐标中直线的斜率。由式(6.13)可计算得到扩散系数值。

6.1.2 典型工况扩散系数

目前有关 CO_2 在咸水中的扩散研究大多集中在无多孔介质、温度压力较低的条件下，与实际储层条件相差较大。本节采用压力衰减法测量储层条件下 CO_2 扩散系数，实验压力为 8～30MPa，温度为 40～100℃，渗透率为 10～100mD，盐度为 0.5～2mol/L，得到了不同工况下 CO_2 的扩散系数，分析温度、压力、渗透率、盐度对 CO_2 在咸水中扩散系数的影响。

1. 实验流程与材料

制备不同浓度的 NaCl 溶液(0.5mol/L、1mol/L、1.5mol/L 和 2mol/L)，将 Berea 岩心两端用环氧树脂进行密封，并完全浸泡在盛有 NaCl 溶液的烧杯中，将烧杯置于真空皿中，用真空泵对其抽真空，随后将盐水完全饱和到 Berea 岩心中。在实验系统中注入高压 N_2 检漏。用油浴进行加热，将反应釜与中间容器加热到设定的温度。将中间容器内的 CO_2 加压至实验值的 50%以上，以保证打开阀门后，反应釜内的压力能迅速达到预期值。待中间容器中的 CO_2 达到预期压力和预期温度后，利用压力传感器测量 CO_2-咸水扩散过程中反应釜内的压力，并进行实时记录直到达到稳定状态。

2. 扩散系数

以压力为 10MPa、温度为 60℃、渗透率为 50mD、浓度为 1mol/L 的工况为例，得到的压力衰减曲线如图 6.2 所示。从图中可以看出，压力随时间衰减的曲线可以分成 A、B、C 三部分，分别对应压力快速衰减、过渡区和压力稳定区。实验刚开始时处于压力快速衰减区，注入 CO_2 后，CO_2 迅速向盐水饱和的 Berea 岩心中扩散，压力不断降低；随后扩散速度逐渐减缓，但是仍不断向岩心中扩散，压力缓慢降低，此时处于过渡区，过渡区一般持续时间较长；最后系统进入压力稳定区，此时 CO_2 不再向盐水饱和的岩心中扩散，整个系统的压力维持稳定不变，标志着 CO_2 扩散过程的结束。

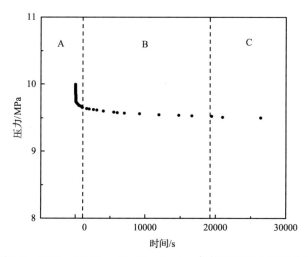

图 6.2　60℃、10MPa、50mD、1mol/L 条件下的压力衰减曲线

将原始的压力衰减曲线进行处理，以压力变化量为纵轴、时间的平方根为横轴，可以得到图 6.3。前半部分对应压力快速衰减区和过渡区，拐点过后为压力稳定区，拟合得

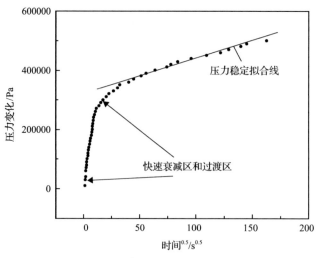

图 6.3　压降与时间平方根关系图

到直线的斜率 k 值，即可根据式(6.13)计算 CO$_2$ 的扩散系数。采用控制变量法研究盐水饱和的 Berea 岩心中温度、压力、渗透率、盐度对 CO$_2$ 扩散系数的影响。在每一组实验中，只改变温度、压力、渗透率、盐度中的一个实验条件，其他三个实验条件保持不变。共完成实验 33 组，详细数据如表 6.1 所示。

表 6.1　不同实验条件下的 CO$_2$ 扩散系数

序号	压力/MPa	温度/℃	渗透率/mD	盐度/(mol/L)	CO$_2$ 扩散系数/(10^{-11}m^2/s)
1	8.28	40	50	1	2.97
2	10.05	40	50	1	3.56
3	15.26	40	50	1	4.36
4	20.25	40	50	1	5.27
5	25.83	40	50	1	5.83
6	30.23	40	50	1	6.47
7	10.22	50	50	1	3.96
8	15.15	50	50	1	4.88
9	20.78	50	50	1	5.55
10	25.06	50	50	1	6.36
11	29.68	50	50	1	7.06
12	10.07	60	50	1	4.30
13	15.36	60	50	1	5.33
14	20.14	60	50	1	6.18
15	25.27	60	50	1	6.84
16	30.57	60	50	1	7.67
17	15.00	70	50	1	5.74
18	20.07	70	50	1	6.69
19	25.1	70	50	1	8.05
20	30.27	70	50	1	8.05
21	10.88	80	50	1	4.85
22	15.09	80	50	1	6.25
23	20.09	80	50	1	7.14
24	30.91	80	50	1	8.50
25	11.55	100	50	1	5.30
26	15.28	100	50	1	7.71
27	19.7	100	50	1	7.89
28	30.94	100	50	1	9.61
29	15.06	50	100	1	9.50
30	15	50	10	1	1.66
31	15.03	50	50	0.5	5.21
32	15.07	50	50	1.5	4.24
33	15.06	50	50	2	3.77

6.1.3 扩散系数影响因素

本节在测量得到一系列不同条件下 CO_2-咸水体系扩散系数的基础上,进一步分析温度、压力、渗透率、盐度等对 CO_2 扩散系数的影响。

在相同压力下,分别在 40℃、50℃、60℃、70℃、80℃和 90℃温度下进行了多组实验。实验过程中只改变温度,其余实验条件均保持不变。采用 1mol/L 的 NaCl 溶液,渗透率为 50mD 的 Berea 岩心。根据压力衰减曲线可以得到不同温度下的 CO_2 扩散系数,如图 6.4 所示。

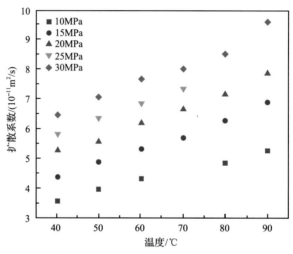

图 6.4 温度对 CO_2 扩散系数的影响

从图中可以看出,温度对扩散系数的影响显著,且 CO_2 扩散系数与温度正相关,随着温度的升高,扩散系数增大。主要原因有:①在 CO_2 扩散过程中,占主导作用的是分子的热运动,而分子热运动与温度有着密切的关联,温度越高,CO_2 分子热运动越剧烈,CO_2 具有的动能也越大,增强了 CO_2 的扩散能力,也使扩散系数增大;②盐水的黏度与温度也有着密切关系,温度升高,岩心中的饱和盐水黏度会减小,降低 CO_2 的扩散阻力,从而增大 CO_2 的扩散系数。

在保持温度、盐度和渗透率不变的情况下,分别在 8MPa、10MPa、15MPa、20MPa、25MPa 和 30MPa 压力下进行实验。采用浓度为 1mol/L 的盐水,渗透率为 50mD 的 Berea 岩心。图 6.5 为压力对 CO_2 扩散系数的影响。

从图 6.5 可以看出,压力对扩散系数的影响显著,压力的增大将导致扩散系数增加。随着压力逐渐增大,反应釜内 CO_2 浓度增大,浓度越大,扩散越快,扩散系数也随之增大。但是当实验温度一定时,CO_2 的黏度会随着压力的增大而增加,阻碍了 CO_2 的扩散过程,导致扩散系数的增加速率逐渐减小。

在温度 50℃、压力 15MPa、渗透率 50mD 的实验条件下进行了四组不同盐度下的扩散实验,计算得到不同盐度下的 CO_2 扩散系数,如表 6.2 所示。

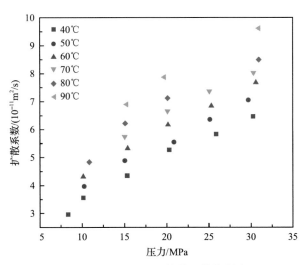

图 6.5　压力对 CO$_2$ 扩散系数的影响

表 6.2　不同盐度下 CO$_2$ 的扩散系数

盐度/(mol/L)	0.5	1	1.5	2
扩散系数/(10^{-11}m^2/s)	5.21	4.88	4.24	3.77

图 6.6 为盐度对 CO$_2$ 扩散系数的影响，CO$_2$ 扩散系数随着盐度的增加而减小。产生这一现象的原因是：CO$_2$ 溶解度、盐水黏度与盐度有直接联系。随着盐度的增加，CO$_2$ 溶解度逐渐降低，并且盐水黏度增加，阻碍了 CO$_2$ 的扩散过程，从而降低了 CO$_2$ 的扩散系数。这对封存选址有一定的指导意义，较低含盐量的咸水层是 CO$_2$ 封存的更好选择。

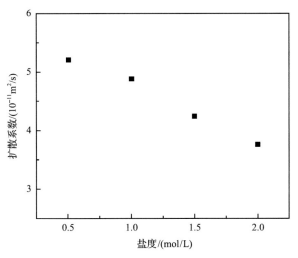

图 6.6　盐度对 CO$_2$ 扩散系数的影响

图 6.7 为岩心渗透率对 CO$_2$ 扩散系数的影响，实验均在温度 50℃、压力 15MPa、盐度 1mol/L 条件下进行，渗透率分别为 10mD、50mD、100mD。从图中可以看出，岩心渗透率对 CO$_2$ 扩散系数有着明显的影响，渗透率的增加会导致扩散系数的增大。渗透率

是表示岩石传导液体能力强弱的参数，渗透率越大，岩石传导液体的能力就越强，CO_2 在岩心中的流动就越容易，CO_2 扩散系数也随之增大。

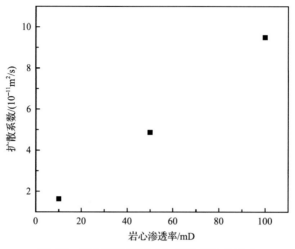

图 6.7　岩心渗透率对 CO_2 扩散系数的影响

6.2　CO_2-咸水溶解特性

CO_2 咸水层封存过程中，咸水吸渗并束缚自由态 CO_2，二者充分接触后逐渐发生溶解。CO_2-咸水溶解主要发生在两相界面处，相间界面演化特性极大地影响了 CO_2-咸水相间传质特性。因此定量研究溶解封存过程相界面演变规律，有助于预测 CO_2 在地层咸水中的溶解过程，并提高传质系数的测量精度。然而多孔介质内 CO_2-咸水相间界面变化过程尚缺乏充分的量化分析手段，本节采用高精度的 CT 技术，探明 CO_2-咸水相界面演化特性参数，对比稳定和不稳定流动中的孔隙尺度传质过程，系统揭示 CO_2 非平衡溶解过程局部传质特性。

6.2.1　测量原理与方法

实验过程中所用反应釜为聚醚醚酮制成的，BZ-02（直径 0.2mm）和 BZ-04（直径 0.4mm）玻璃砂填充为砂芯。为了探讨均质与非均质多孔介质中相界面分布特性，将填充 BZ-04 玻璃砂的称为均匀砂芯，将填充 BZ-02 和 BZ-04 玻璃砂的称为混合砂芯。其中混合砂填充过程中，两种玻璃砂保持质量比为 1:1。开展多孔介质内咸水吸渗实验，利用微焦点 CT 动态追踪 CO_2-咸水相间界面并计算界面面积，揭示溶解封存过程相间界面演变规律和传质系数。

具体实验参数设置如表 6.3 所示。雷诺数 Re 可以在一定程度上表征宏观注入流速，本节实验中的咸水注入流速覆盖了较宽的雷诺数区间。同时设置了不同的注入方向以观察重力效应对相间界面形态的影响。引入无量纲数重力数 G，以提供识别流态稳定性和不稳定性的标准：

$$G = \frac{k(\rho_{bot} - \rho_{top})g}{v\mu_w} \qquad (6.14)$$

式中，k 为多孔介质的渗透率；ρ_{bot}–ρ_{top} 为顶部流体和底部流体的密度差；v 为流体注入流速；μ_w 为注入流体的黏度。

表 6.3　实验参数设置

实验编号	填砂砂芯	咸水注入方向	注入流速/(mL/min)	雷诺数	重力数
A1	均匀砂	向上	0.005	0.00736	—
A2			0.01	0.0138	20.42
A3			0.02	0.0294	10.21
A4			0.03	0.0415	—
A5			0.04	0.0553	5.11
B1	混合砂	向上	0.01	0.00893	−20.42
B2			0.02	0.0179	−10.21
B3			0.04	0.0357	−5.11
B4			0.065	0.0581	
C1	均匀砂	向下	0.005	0.00736	—
C2			0.01	0.0147	—
C3			0.02	0.0276	—
C4			0.03	0.0415	—
C5			0.04	0.0589	—
D1	混合砂	向下	0.02	0.0179	—
D2			0.04	0.0357	—
D3			0.065	0.0581	—

6.2.2　气液溶解界面特性

通过孔隙尺度的实验获得连续的 CT 扫描图像，可以清晰地展示多孔介质内 CO$_2$–咸水两相传质过程中的分布微小差异。向上吸渗过程中咸水流动路径的变化如图 6.8 所示，其中绿色区域为 CO$_2$ 团簇，蓝色区域为咸水，棕色区域为多孔介质。雷诺数的增加导致咸水流动路径更多，进而影响传质过程。在 Re=0.0138 时，未饱和咸水形成一个优先流动路径，随后在横向上聚集和延伸。沿着流动路径，咸水向 CO$_2$ 团簇之间的孔隙中渗透，随后逐渐溶解。残留的 CO$_2$ 气泡被限制在较窄喉道结构中，此时局部孔隙结构和毛细管力占主导因素。当雷诺数增加至 0.0553 时，咸水逐渐侵入优先流动路径周围的一些大孔隙中，咸水流动路径形成更多分支。小尺度的非均质结构将极大地增强 CO$_2$ 在孔隙空间内的捕获，因此束缚在局部孔隙结构中的 CO$_2$ 团簇的形状变得不规则，并且束缚在咸水路径中的孤立 CO$_2$ 团簇的数量增加。对于较大的雷诺数，分支结构更多的咸水路径促使

CO$_2$和咸水之间的接触面积增大，并且增强了对较小喉道结构中非连续相 CO$_2$的束缚。从图 6.8(b)可以看到，大部分 CO$_2$团簇和气泡被束缚于狭窄的喉道附近，这表明 CO$_2$-咸水两相传质过程中喉道位置易出现夹断现象。

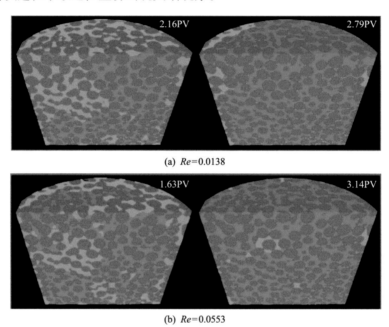

(a) $Re=0.0138$

(b) $Re=0.0553$

图 6.8　向上吸渗过程中咸水流动路径的变化

PV(pore volume)表示孔隙体积

1. 相间界面演变类型

咸水吸渗过程中随时间变化的 CO$_2$-咸水相间界面如图 6.9 所示，图中仅展示部分具有代表性的实验数据。在三维渲染图中，每个相互孤立的 CO$_2$-咸水相间界面都按照其尺寸，根据颜色条渲染为相应颜色，以便直接有效地展示孔隙内每个孤立的相间界面演变过程。然而，随着 CO$_2$被咸水逐渐拆分和溶解，特别是在传质后期，只有少量 CO$_2$气泡占据孔隙空间。因此，相间界面面积与气泡的形状相关，但与气泡的表面积并不等同。具有不规则和纤细形状的相间界面可以延伸至多个孔隙，但单体面积较小。相反，具有规则形状和较大面积的相间界面可占据 2~3 个孔隙。另外，CO$_2$-咸水相间界面通常位于喉道两侧，此时 CO$_2$和咸水都附着在多孔介质表面，这种分布类型夹断了 CO$_2$-咸水相间界面的空间连续性。为了便于有效分类和观察，根据其数量和面积特征，将 CO$_2$-咸水相间界面面积划分为三种类别：界面聚集节、界面簇和界面单体。

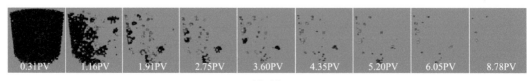

(a) A4

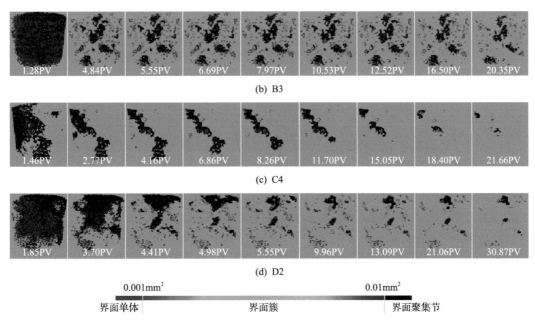

(b) B3

(c) C4

(d) D2

0.001mm^2 0.01mm^2

界面单体   界面簇   界面聚集节

图 6.9　咸水吸渗过程中随时间变化的 CO$_2$-咸水相间界面

将界面面积大于 0.01mm^2 的相间界面称为界面聚集节，如图 6.9 所示。界面聚集节由相互连接的界面簇组成，其显著大于其他种类的相间界面，但数量较少。例如，在 B3 实验中（表 6.3），1.28PV 时界面聚集节的分布范围为 0.01075～1156.25mm^2，这一面积范围比典型界面单体的大 7 个数量级左右。此外，随着咸水的持续注入，更多较小且相互孤立的界面聚集节涌现出来，其面积分布范围更大。考虑到这种类型的界面约占每个图像中所有 CO$_2$-咸水相间界面数量的 0.2%，本节使用单一的粉红色来表示这种数量较少的界面聚集节。在传质过程中，界面聚集节在咸水入侵时进一步演变，其数量和尺寸减小。然而，不止一个界面聚集节可以持续保持连接并一直存在，直到剩余少量 CO$_2$ 气泡。特别是对于混合砂，其中的界面聚集节通常可以保持 50PV 以上。

在咸水吸渗过程中，润湿相侵入非润湿相的主要机制包括绕流现象和夹断效应。绕流现象可以控制咸水注入过程中界面聚集节的形成，因为咸水的自发活塞式推进将流经小尺度的孔隙，并绕过大孔隙中相互连接的 CO$_2$ 簇。界面聚集节的缩小主要有三种方式：界面沿着边缘原位收缩、界面碎裂成较小的聚集节或簇，以及两种机制的组合，如图 6.10 所示。这种现象可以解释为原位 CO$_2$ 相的碎裂和夹断。前者随着连通的致密喉道中 CO$_2$ 的破裂而产生[14]，后者则发生在具有大纵横比的大孔隙中，生成孔隙中离散的残余聚集节和簇[15]。CO$_2$-咸水相间传质主要发生在界面聚集节附近，促进了总 CO$_2$-咸水相间界面面积减小，并导致 CO$_2$ 相主体消失[16]。

在图 6.10 中，颜色分布范围在红色与青色间的体素被归类为界面簇，通过颜色梯度来表示界面的演变，其面积分布范围为 0.001～0.01mm^2。在传质过程中，界面簇的面积变化比界面聚集节更为多样化。由于界面演变的方法和速度不同，界面簇可由三种方法演化。由于润湿相的侵入，CO$_2$ 相聚集节的某些部分将由喉道退回至孔隙中，此时界面张力使得非润湿相的前导部分碎裂成界面簇。一些界面簇将随着传质过程的进行而收缩

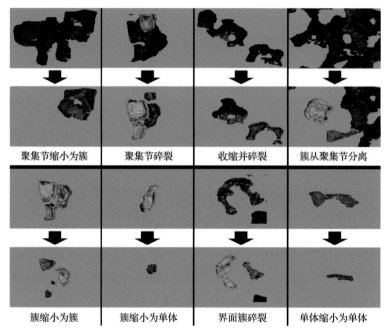

| 聚集节缩小为簇 | 聚集节碎裂 | 收缩并碎裂 | 簇从聚集节分离 |

| 簇缩小为簇 | 簇缩小为单体 | 界面簇碎裂 | 单体缩小为单体 |

图 6.10　咸水吸渗过程中界面聚集节、界面簇与界面单体的演变

和溶解，同时其他界面簇可以持续超过 10PV，这类似于界面聚集节的演变过程。界面簇的碎裂很少发生，这是因为随着咸水注入流速的降低，CO_2 团簇分解为多个 CO_2 气泡的概率显著降低。在局部孔隙空间中，界面簇仅分布于 1～3 个孔隙中，此时 CO_2 将优先溶解于不饱和咸水中。

单个孔隙中的束缚 CO_2 气泡与周围咸水之间的相间界面定义为界面单体。在三维渲染图中，界面单体由单一的蓝色表示，显示为较为零散、区分度较高的颗粒状体素。各个界面单体间的尺寸和形状具有显著差异，在本节实验中，界面单体所占比例约为 16.5%。对于单个孔隙中捕获到的 CO_2 气泡，CO_2-咸水相间界面被限制在喉道或者孔隙角落。界面单体的演变模式不依赖于流动条件，而是具有一定的随机性。但是由于其产生的原因，界面单体与界面聚集节和界面簇的位置有关。在咸水吸渗并溶解孤立的 CO_2 气泡期间，CO_2-咸水相间界面分布较为离散，并且是界面单体。随着具有较小界面面积的非润湿相单体缓慢溶解收缩，反应釜出口端的 CO_2 浓度逐渐降低。这些观察结果表明，长期存在孤立的 CO_2 气泡，界面单体将显著延长传质过程的总体持续时间。

2. 相间界面面积与咸水饱和度定量关系

由于测量方法和精度的限制，在大多数实验中较难准确测量 CO_2-咸水相间界面面积，而咸水饱和度容易测量，因此可以通过建立相间界面面积与咸水饱和度的定量关系来预测相间界面面积。为了排除不同多孔介质粒径对相间界面面积特征的影响，可以测量多孔介质的表面积，据此将 CO_2-咸水相间界面面积进行归一化处理，得到 CO_2-咸水相间的相对界面面积（RIA）。

图 6.11 为相对界面面积与咸水饱和度的线性关系。可以发现，对于相同的咸水饱和

度，向上吸渗过程的相对界面面积约为向下吸渗过程的 1.3 倍。A 组实验的相间界面形状更不规则，导致更大的相间界面面积。随着雷诺数的增加，均匀砂实验中线性关系式的斜率具有增大的趋势，而混合砂实验中线性关系式的斜率与雷诺数没有直接关联。在相同雷诺数下，混合砂实验中的相对界面面积大于均匀砂实验。混合砂的非均质性显著增大了两相的接触面积，且表面积仅略大于均匀砂，因此在两者的共同作用下，相对界面面积与咸水饱和度的相关趋势仍取决于砂芯的非均质性。较大的相对界面面积有利于提升传质过程的稳定性，因此非均质性有助于增强 CO_2 在咸水中的溶解能力。

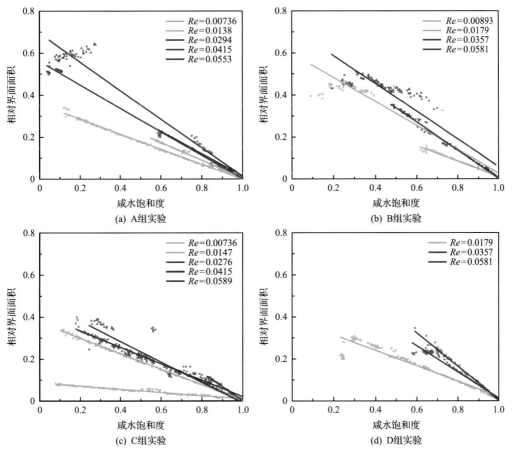

图 6.11 相对界面面积与咸水饱和度的关系

6.2.3 非平衡传质特性

传统的气-液传质模型，并没有考虑气-液相界面演化特性。本节基于 CT 测量的 CO_2-咸水非平衡界面面积发展经典传质模型，构建考虑非平衡界面参数的传质模型，探讨多孔介质内 CO_2 非平衡传质系数及其影响因素。

1. CO_2 浓度变化规律

为了更好地预测非均匀多孔介质内相间传质过程，需要测定多孔介质内局部传质系

数。局部传质系数的计算方法为[17]

$$\rho_{\mathrm{g}} \frac{\mathrm{d}\theta}{\mathrm{d}t} = k_1 a_i (C_{\mathrm{s}} - C) \tag{6.15}$$

式中，ρ_{g} 为 CO_2 的密度；θ 为 CO_2 体积含有率；t 为时间；k_1 为局部传质系数；a_i 为比界面面积；C_{s} 为 CO_2 在咸水中的最大溶解度时对应的浓度；C 为咸水中 CO_2 的瞬时浓度。为了获得局部传质系数，首先需要获取咸水中的 CO_2 浓度。

通过图像处理可以间接测得 CO_2 在咸水中的瞬时浓度。从 CT 图像堆栈中可以测得传质过程中每一时刻 CO_2 的体积含有率，将 CO_2 体积含有率乘以 CO_2 密度可以得到 CO_2 的瞬时质量变化，即为咸水中溶解的 CO_2 质量，并且通过 CO_2 相的变化准确计算获得 CO_2 的质量损失。通过一维对流流动-扩散-反应输运方程来获得咸水中的 CO_2 浓度[18]，如公式(6.16)所示。对于本节实验，输运方程中的流动项占主导地位，因此流动主导了实验过程中 CO_2 浓度的变化。

$$C(x,t) = \frac{\rho_{\mathrm{g}}}{v_x} \int_0^x \frac{\partial \theta(x,t)}{\partial t} \mathrm{d}x \tag{6.16}$$

式中，v_x 为咸水沿着注入方向上的微观线性流速；x 为沿咸水吸渗方向的轴向距离。向上吸渗过程中归一化 CO_2 浓度随时间的变化如图 6.12 所示，其中使用 CO_2 在咸水中的最大溶解度 C_{s}(本节实验条件下 $C_{\mathrm{s}}=2.61\times10^{-5}\mathrm{mol/m^3}$)将 CO_2 浓度进行归一化处理[19]。由于咸水中的 CO_2 浓度在实验过程中跨越多个数量级，图中的纵轴设置为对数坐标轴，以便清晰展示 CO_2 浓度曲线的变化。当 CO_2 与储层内咸水接触时，其将不断溶解至储层咸水中，直至达到平衡浓度 C_{Q}。因为归一化 CO_2 浓度均小于 1，所以实验中 CO_2 浓度都没有达到溶解平衡值。这是因为多孔介质结构和 CO_2 团簇的空间非均匀分布，以及传质过程中 CO_2-咸水两相的接触时间不足。

2. 重力数对局部传质系数的影响

不同重力数下的局部传质系数如图 6.13 所示，其中左侧纵坐标轴用对数坐标表示，

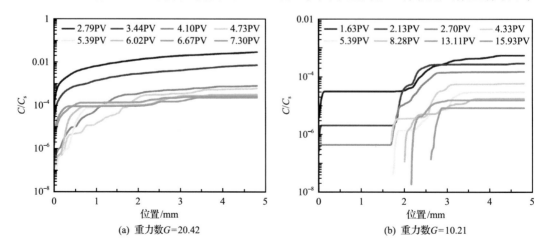

(a) 重力数 $G=20.42$

(b) 重力数 $G=10.21$

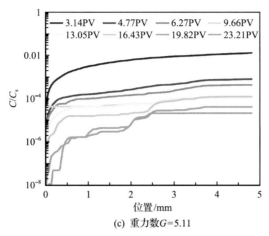

(c) 重力数 G=5.11

图 6.12 向上吸渗过程中归一化 CO$_2$ 浓度随时间的变化

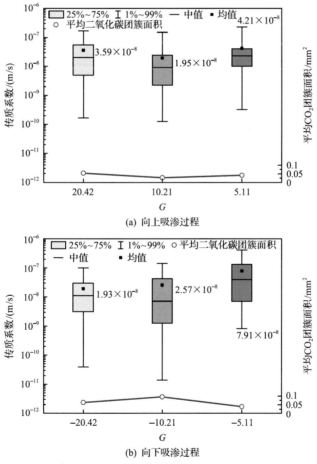

(a) 向上吸渗过程

(b) 向下吸渗过程

图 6.13 不同重力数下的局部传质系数

黑点对应均值点，并在右侧纵坐标轴列出不同重力数下的平均 CO$_2$ 团簇面积作为对比。在稳定流动中，随着重力数的减小，局部传质系数的均值和上下四分位数都随之发生改变，平均 CO_2 团簇面积也具有相似的趋势，说明平均 CO_2 团簇面积极大地影响了局部传质系数的整体数据分布范围。

对比其他重力数下的局部传质系数，当 $G=5.11$ 时，局部传质系数的下四分位数和最小值显著增大，同时其最大值略微增大，导致局部传质系数的数据分布范围显著缩小。此外，随着重力数的减小，局部传质系数的均值不断接近其上四分位数，甚至在 $G=5.11$ 时超过了其上四分位数。这表明相对较大的局部传质系数的数量逐渐增加，在较小重力数下的传质效率得到了增强。随着重力数的减小，CO_2 团簇数量增加，可以预见 CO_2-咸水之间的接触得到增强，从而提高了传质效率。

6.3　CO_2-咸水对流混合特性

在 CO_2 咸水层封存中，饱和 CO_2 溶液与未饱和 CO_2 溶液产生密度差，密度差引起对流混合现象，导致界面不稳定，进而促进 CO_2 溶解。当前已有很多关于溶解过程对流的理论分析和数值模拟研究，但是很少有针对多孔介质内 CO_2-咸水体系的对流混合研究。为了还原咸水层原位温度、压力和盐度条件，本节设计加工耐高温高压 Hele-Shaw 实验台和多孔介质内对流混合 MRI 测量实验平台，可实现储层条件下多孔介质内对流混合特性的可视化研究，重点阐释对流混合的形成、指头发展及传质特性。

6.3.1　大体积流体对流混合特性

本节利用自主设计的高压 Hele-Shaw 实验台，开展储层条件下含 CO_2 纯流体的对流混合特性研究。

1. 纯流体对流混合实验装置和流程

对流混合实验装置(图 6.14)主要包括 CCD 成像设备。微型工业高分辨率摄像头(CCD)、亮度可调的平面背光板以及与摄像头相连接的数据采集单元(DAU)，构成了实验系统的基本骨架。高压 Hele-Shaw 盒子中两块很厚的玻璃中间用铜垫片控制缝隙的大小，缝隙控制在 1mm。容器采用橡胶圈密封，测试发现盒子最高承压 20MPa。通过特定

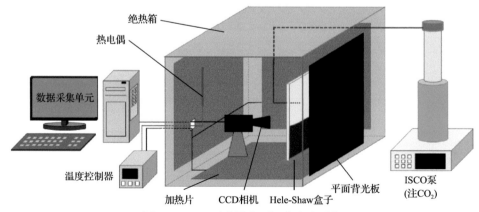

图 6.14　CO_2 对流混合可视化实验系统

波长单色光来透射透明高压 Hele-Shaw 盒子, 借助吸光度分析法来测量溶液的 pH, 也就是氢离子浓度, 结合电解平衡来计算 CO_2 的量[20]。

实验设计的目标工况温度点分别是 33℃、38℃ 和 43℃, 压力分别为 9MPa、10MPa 和 11MPa。NaCl 溶液浓度分别为 0.17mol/L、0.34mol/L、0.51mol/L。采用的试剂质量要求比较高, 指示剂溶液是按照化学分析中规定比例配置, 将 0.1g 溴甲酚绿溶解到 14mL 的 0.01mol/L 氢氧化钠溶液中, 然后用超纯水稀释到 200mL。实验将指示溶液作为后续配置咸水溶液的母液[21]。

2. 高压下纯流体对流混合特性

高压下 CO_2 溶解速度快, 在极短时间内饱和 CO_2 溶液与未饱和 CO_2 溶液产生密度差, 密度差导致的不稳定性界面很快突破溶液薄层, 导致对流混合初始时刻时间点远小于拍摄间隔 (1s), 因此本节中的可视化图像无法准确捕捉开始时间。通常情况下, 指进的运动速率很快, 能达到 5mm/s。在 Hele-Shaw 盒子内竖直对流区域为 60mm 的情况下, 指进的发展期平均只有 12~15s 的时间, 最后对流混合过程很快进入了指进触底的阶段。

以 38℃ 为例, 实验开始 10s 时指进的形态特征如图 6.15 所示。研究结果表明, 压力对指进迁移速率有促进作用, 而盐度对其有抑制作用, 但是二者效果都比较微弱, 原因是本节实验设计工况中压力和盐度的梯度过小, 以至于二者变化时对指进现象的影响效

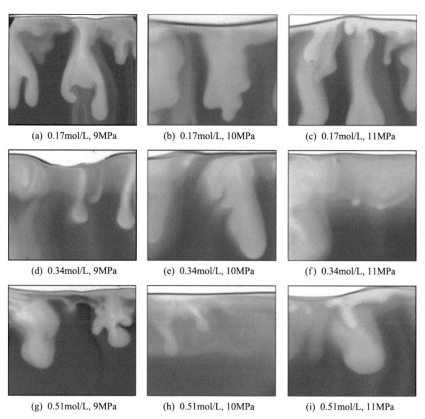

(a) 0.17mol/L, 9MPa   (b) 0.17mol/L, 10MPa   (c) 0.17mol/L, 11MPa

(d) 0.34mol/L, 9MPa   (e) 0.34mol/L, 10MPa   (f) 0.34mol/L, 11MPa

(g) 0.51mol/L, 9MPa   (h) 0.51mol/L, 10MPa   (i) 0.51mol/L, 11MPa

图 6.15　38℃、不同压力和盐度条件下第 10s 时指进的形态

果不够显著。38℃下，超临界 CO_2 溶解过程短时间内进入指进发展阶段；指进数目减少，但是规模增大，迁移速率快速提升。本节中却观察到两相界面的明显上升现象，液面上升到顶点，此时 Hele-Shaw 盒子内咸水溶液已经全部被 CO_2 溶液取代，但是 CO_2 的浓度分布不均匀，局部流动还在继续，并且依然有少量 CO_2 指进生成。

图 6.16 为指进占据 Hele-Shaw 盒子后溶液流动状态。尽管 CO_2 溶液已经达到底层，但是依然有许多指进继续生成，CO_2 溶解继续依靠指进形态传质。对流指进产生后，指进迅速向下迁移，后续的 CO_2 质量流主要靠上层的 CO_2 溶液薄层扩散流入指进区域。指进的流动很快，但是所到区域的 CO_2 浓度受到上层薄层中传质速率的限制，密度增长有限。面对两相界面处高速的 CO_2 水合反应和高压下更高的 CO_2 溶解度，下层的 CO_2 溶液与上层溶液薄层依然会形成较大的密度差，使得指进形态继续在溶液中存在。

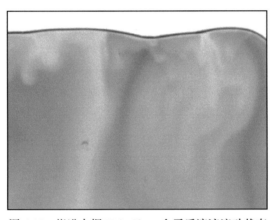

图 6.16　指进占据 Hele-Shaw 盒子后溶液流动状态

当前对于超临界 CO_2 溶解过程中溶液 CO_2 浓度的计算比较困难。本节根据灰度值定量计算局部 CO_2 浓度，进而获得 38℃下 CO_2 溶液浓度平均值，结果如图 6.17 所示。整体上看，CO_2 浓度变化趋势相同，这与实验最初工况设计中变量梯度偏小有关。观察 500～1000s 这段时间，并不是 CO_2 溶液和咸水对流阶段，但是它还是处于上层界面处 CO_2 溶液薄层和下层密度更小的 CO_2 溶液自然对流过程中。在 0.17mol/L、11MPa 工况下，CO_2 浓度增长最快，而在 0.51mol/L、9MPa 工况下，CO_2 浓度增长最慢，说明压力对 CO_2 溶解传质过程是有促进作用的，而盐度对其却有抑制作用。同时，压力对 CO_2-咸水中的传质系数影响很小，说明实验中的超临界 CO_2 溶解过程，压力主要影响对流传质部分，也就是促进了指进形态的发展。

本节中的 CO_2 溶液和咸水对流指进发展期处在开始阶段 15s 内，因此重点分析这段时间内 CO_2 浓度的增长情况，如图 6.18 所示。初始时刻 CO_2 浓度接近，但是 CO_2 浓度增长速率有轻微差别，0.17mol/L、11MPa 工况的增长速率明显高于其他工况，而 0.51mol/L、9MPa 下的浓度增长在前 5s 时间内偏慢。单独考虑压力和盐度对指进形态的影响，0.17mol/L 盐度下 CO_2 浓度增长速率随压力的升高明显增加；11MPa 下，盐度越低，CO_2 浓度增长越快，进一步验证了压力和盐度对指进的影响。盐度是通过增加溶液密度来抑制指进的形成和迁移。压力越大，CO_2 溶解度越高，同时界面处溶液薄层的 CO_2

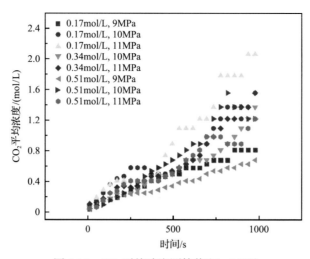

图 6.17　CO₂ 平均浓度测算值($T = 38℃$)

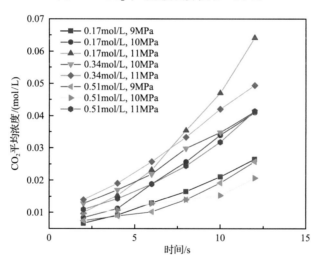

图 6.18　指进发展阶段 CO₂ 平均浓度变化($T = 38℃$)

质量积累更多，不稳定性容易在多处突破形成指进，使得 CO₂ 浓度更快增加。温度也是指进形态的一个影响因素，当盐度为 0.51mol/L、压力为 11MPa 时，分析温度对 CO₂ 平均浓度的影响。虽然温度升高降低了 CO₂ 在咸水的溶解度，但是超临界 CO₂ 在盐水中的溶解度绝对值大，所以对流动力密度差有足够的保障。温度升高导致传质系数增大，CO₂ 的指进在向下迁移中，根部处 CO₂ 溶液薄层向指进流入的质量流增大，并且温度升高，溶液的黏度降低，指进迁移的阻力降低，因此温度越高，指进发展越快，CO₂ 浓度更高。

6.3.2　储层内对流混合特性

实验室内对于储层条件下对流界面不稳定性的研究时间尺度较大，进行原位可视化分析有一定的困难。本节进一步基于高场核磁共振成像系统研究多孔介质内对流混合特性。采用类比的方法，选取具有代表性的模拟流体对，模拟溶解了 CO₂ 的盐水与真实盐水间的对流混合过程。MnCl₂ 溶液和乙二醇溶液分别作为轻流体和重流体，乙二醇溶液在 MRI 图像中呈现白色，而 $MnCl_2$ 溶液由于 Mn^{2+} 抑制成像而呈现黑色，两种溶液易于区分。瑞利数 Ra 是描述对流混合过程稳定性最重要的特征参数，表征对流混合开始以及两相流体界面的不稳定程度。理论研究表明，只有当 $Ra \geq 4\pi^2$ 时，才会发生对流混合现象。瑞利数为重力与扩散率的比值：

$$Ra = \frac{k\Delta\rho gH}{\varphi\mu D} \tag{6.17}$$

式中，k 表示多孔介质绝对渗透率；$\Delta\rho$ 表示流体的密度差；g 表示重力加速度，$9.8m/s^2$；H 表示特征长度，即多孔介质高度；φ 表示孔隙度；D 表示两种流体在多孔介质中的扩散系数；μ 表示小密度流体的黏度。本节实验设置的瑞利数分别为 631、1922 和 2188。

1. 对流混合初始时刻

初始时刻 t_{onset} 指的是注入过程中两种流体从扩散到对流过程的时间，可以根据 MRI 平均信号强度来判断。如图 6.19（a）为注入速度为 0.003mL/min 条件下不同瑞利数对应的初始时刻。通常，扩散阶段的信号强度是相对平坦的，在这个阶段，图像上没有出现指进现象。当扩散层足够厚时就会产生扰动，标志着不稳定性开始发生，信号强度开始有下降的趋势。此时传质模式由扩散传质转变为对流传质。结合图像和 MRI 信号强度值，考虑将曲线的转折处定为初始时刻，$Ra=2188$ 的初始时刻为 66min，$Ra=1922$ 的初始时刻为 89min，$Ra=631$ 的初始时刻为 124min。此外，图 6.19（b）为初始时间与 Ra 数之间的关系，并与前人模拟结果[17]进行了对比，两者之间服从规律 $t_{onset} \sim Ra^2$，存在一个前因子 a，本节前因子 a 的值约为 3600，与数值模拟相比（845~5619），低 Ra 下的前因子 a 值较低。

2. 指头数量密度和波数

指头数量密度（表示为 N）由 MRI 轴向成像分析得到，研究 $z=0mm$ 处指头数量密度随时间的变化规律，如图 6.20 所示。由于反应釜边缘具有较大的渗透率，难以保持特别

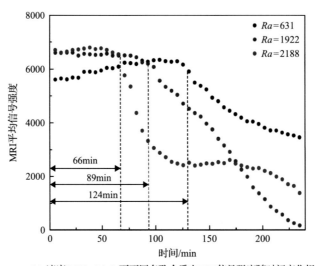

(a) 速度0.003mL/min下不同多孔介质中MRI信号强度随时间变化规律

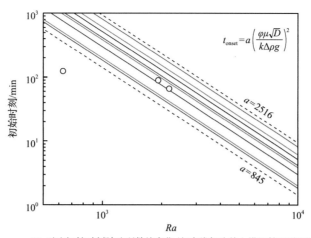

$$t_{\text{onset}} = a \left(\frac{\varphi \mu \sqrt{D}}{k \Delta \rho g} \right)^2$$

(b) 对流初始时刻随瑞利数的变化（与直线部分前人模拟结果对比）

图 6.19　对流初始时刻随时间和瑞利数的变化

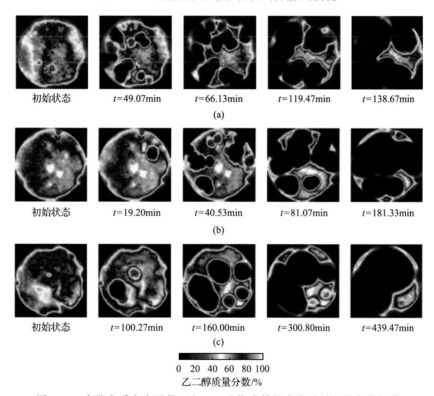

0　20　40　60　80　100
乙二醇质量分数/%

图 6.20　多孔介质中水平截面（z=0mm）指头数量密度随时间的变化规律

平整的初始状态，但从图像上看并不影响所要研究的基本规律。较早时期没有出现指进现象，此时以流体界面间扩散为主导。随着时间的增加，逐渐引起扰动，指头数量密度 N 随着瑞利数的增加而增加。如图 6.21（a）所示，Ra=631（t=205min）过程中 N 的最大值为 6；Ra=1922（t=119min）过程中 N 的最大值为 10；Ra=2188（t=80min）时 N 的最大值为 11。随着时间的推移，指头数量密度先增加（指进的生长和分裂以及新指进的产生）后减少（相邻指头的合并)。可以发现,峰值后的曲线与峰值前的曲线相比更加平缓,说明指进后期的合并现象需经历较长的时间。

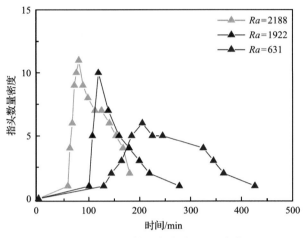

图 6.21　指头数量密度随 Ra 的变化

3. 指进生长速率

指进生长速率的平均值是通过 MRI 图像计算指进移动一定距离所用的时间。指进移动速率越高,说明单位时间内与盐水混合的 CO_2 越多。指进生长速率与 Pe 的关系如图 6.22 所示。从图中可以看出,在实验范围内,随着 Pe 的增加,指进生长速率增加,这说明随着 Pe 的增加,流体界面混合程度会增强(与注入速率增加相对应)。

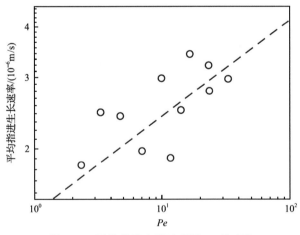

图 6.22　平均指进生长速率随 Pe 的变化

6.3.3　对流混合传质特性

基于 MRI 可视化测量的对流混合界面运移特性,分析流体指尖前沿浓度、对流质量通量和弥散通量等质量传递参数。

1. 流体指尖前沿浓度分析

在计算与流体指尖前沿浓度相关联的 MRI 信号强度之前,将 MRI 图像平均分为 4×4 像素块,消除噪声后对图像进行着色,其中黑色区域代表 MnCl$_2$ 溶液,其他区域代表乙二醇。研究发现,在不同 Ra 下,指进沿直径方向呈梯度分布。指头间的融合和后期混合的增强导致指进前沿周围的浓度较低,这里主要关注矢状面切片单个指进前沿的 MRI 平均信号强度的变化,如图 6.23(a)~(c)所示。由于混合边界层的存在,信号值在初始时刻存在一个梯度,然后追踪指进前沿的轨迹,分析不同时间点下的流体指尖前沿浓度。乙二醇的浓度从界面处(z=0mm)到指尖呈现出递减趋势。实验中指尖处是接触 MnCl$_2$ 溶液面积最多的部位,MRI 平均信号强度较低,在实验范围内增加注入速度可以促进指进移动速度,从而增强混合。图 6.23(d)为第 100min 时不同 Pe 下的流体指尖前沿乙二醇浓度,在高 Pe 下表现出更陡的梯度,很好地证实了增加注入速度可以促进指进移动速度,从而增强混合。

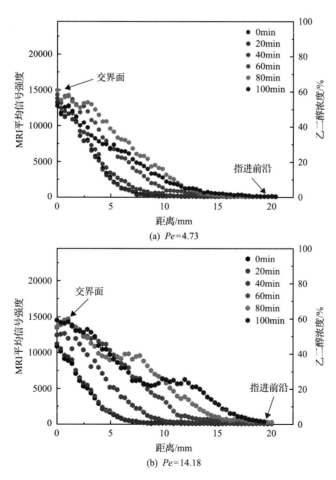

(a) Pe=4.73

(b) Pe=14.18

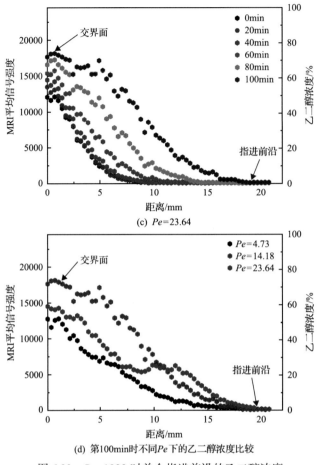

(c) Pe=23.64

(d) 第100min时不同Pe下的乙二醇浓度比较

图 6.23　Ra=1922 时单个指进前沿的乙二醇浓度

2. 对流质量通量

为了分析 CO_2 在盐水中的溶解速率，定义无量纲参数舍伍德数 Sh 来描述对流过程的质量通量。舍伍德数为对流传质速率与扩散传质速率的比值，定义如下：

$$Sh = \frac{F}{\varphi\Delta D / H} \tag{6.18}$$

式中，$F=\varphi V\Delta$ 为对流通量，Δ 为两个液体之间的浓度梯度，V 为流体间接触界面的移动速度，数值上等于指进生长速度；D 为扩散系数；H 为特征长度。图 6.24 为对流质量通量随 Ra 的变化规律。可以看出，舍伍德数 Sh 与瑞利数 Ra 的关系遵循幂次规律：$Sh=aRa^b$，当注入速度为 0.943×10^{-5}m/s 时，a=115.41，b=0.23；当注入速度为 2.829×10^{-5}m/s 时，a=83.59，b=0.29；当注入速度 4.715×10^{-5}m/s 时，a=32.22，b=0.43；当注入速度为 6.601×10^{-5}m/s 时，a=55.03，b=0.36。对流质量通量与界面处薄扩散边界层的不稳定性有关[22]，从图中可以发现，对流质量通量随 Ra 的增大而增大（注入速度小于 6.601×10^{-5}m/s），说明 CO_2 在盐水中的传质速率增大。另外，界面不稳定性随注入速度的增加而增加，因此

在相同 Ra 下，高速率下存在较大的对流质量通量。为了 CO$_2$ 封存的安全性，在较高 Ra 下以一定的注入速度进入地层可以降低溶解的时间尺度和泄漏的风险。

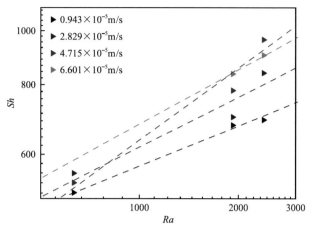

图 6.24 对流质量通量随 Ra 的变化规律

3. 弥散通量

向下流动的乙二醇溶液和向上流动的 MnCl$_2$ 溶液在对流混合过程中会产生不均匀的速度场，与固体表面的相互作用会导致流线的分裂和重组。弥散是传质过程中的一个重要因素，由于剪切流体存在混溶性，会使流体从一条流线运动到另一条流线。本节采用无量纲数 Pe 来表征混相流体间的弥散性，并与前人的研究结果进行比较。图 6.25(a) 为局部指进前沿和单个指进图像，为了方便分析，定义了 z 方向和 r 方向，δ_z 和 r_f 是指进的厚度和指进的平均半径，D 是分子扩散系数，D_T 是横向弥散系数。本实验将 MRI 信号强度分布转化为流体浓度分布进行计算。为简化分析，提出如下假设：①由于弥散是一种各向异性现象，这里忽略了 r 方向的对流，并假设该方向上的弥散通量在各个方位上是相同的；②只考虑 z 方向的对流，忽略纵向弥散；③平均对流流速的矢量值用指进

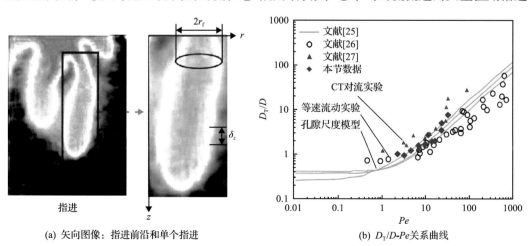

(a) 矢向图像：指进前沿和单个指进   (b) D_T/D-Pe关系曲线

图 6.25 指进前沿和单个指进以及机械弥散随 Pe 的变化

生长速度表示；④MRI 图像的信号值与乙二醇在多孔介质中的质量分数成正比。在这些假设下，计算方法采用质量守恒定律，并借鉴了 Wang 等的分析计算过程[23]。D_T-Pe 的关系曲线如图 6.25(b)所示，图中菱形数据点是本节研究数据，其中包括五种传质状态[24]。在本研究中，Pe 范围为 2.34～33.09。在 2.34<Pe<5 时，对流开始促进弥散，此时 D_T/D 值接近 1，扩散效应仍然较强；在 5<Pe<33.09 时，对流开始主导弥散，但是这时的扩散作用虽然强度降低但是也不可忽略，D_T-Pe 曲线在这个阶段服从良好的幂律关系。可以发现，较高 Pe 下有利于流体之间的传质，这一观察结果与文献[25]～[27]的结果基本吻合。

<h1 align="center">参 考 文 献</h1>

[1] Unwin H J T, Wells G N, Woods A W. CO₂ dissolution in a background hydrological flow. Journal of Fluid Mechanics, 2016, 789: 768-784.

[2] Farajzadeh R, Zitha P L J, Bruining J. Enhanced mass transfer of CO₂ into water: Experiment and modeling. Industrial and Engineering Chemistry Research, 2009, 48(13): 6423-6431.

[3] 李义曼, 庞忠和, 李捷, 等. 二氧化碳咸水层封存和利用. 科技导报, 2012, 30(19): 70-79.

[4] Weir G J, White S P, Kissling W M. Reservoir storage and containment of greenhouse gases. Transport in Porous Media, 1996, 23(1): 37-60.

[5] Li Z W, Dong M Z, Li S L, et al. A new method for gas effective diffusion coefficient measurement in water-saturated porous rocks under high pressures. Journal Porous Media, 2006, 9(5): 445-461.

[6] 郦泽嵘. 储层条件 CO₂-咸水扩散实验与模拟研究. 大连: 大连理工大学, 2021.

[7] Rao Y F, Wang B X. Natural-convection in vertical porous enclosures with internal heat-generation. International Journal of Heat and Mass Transfer, 1991, 34(1): 247-252.

[8] Rao Y F, Wang B X. Numerical study of natural-convection in a vertical porous cylinder with internal heat-generation// Heat-Transfer 1990, Vols 1-7, Jerusalem, 1990.

[9] Li Z W, Dong M Z, Li S L. Densities and solubilities for binary systems of carbon dioxide plus water and carbon dioxide plus brine at 59 degrees C and pressures to 29 MPa. Journal of Chemical and Engineering Data, 2004, 49(4): 1026-1031.

[10] Wiebe R. The binary system carbon dioxide-water under pressure. Chemical Reviews, 1941, 29(3): 475-481.

[11] King A D, Coan C R. Solubility of water in compressed carbon dioxide, nitrous oxide, and ethane-evidence for hydration of carbon dioxide and nitrous oxide in gas phase. Journal of the American Chemical Society, 1971, 93(8): 1857-1862.

[12] Crank J. The mathematics of diffusion. Wseas Transactions on Systems and Control, 1975, 8(3): 625-626.

[13] Raats P. Dynamics of fluids in porous media. Engineering Geology, 1972, 7(4): 174-175.

[14] Singh K, Menke H, Andrew M, et al. Dynamics of snap-off and pore-filling events during two-phase fluid flow in permeable media. Scientific Reports, 2017, 7(1). https://doi.org/10.1038/s41598-017-05204-4.

[15] Pak T, Butler I B, Geiger S, et al. Droplet fragmentation: 3D imaging of a previously unidentified pore-scale process during multiphase flow in porous media. Proceedings of the National Academy of Sciences of the United States of America, 2015, 112(7): 1947-1952.

[16] Landry C J, Karpyn Z T, Piri M. Pore-scale analysis of trapped immiscible fluid structures and fluid interfacial areas in oil-wet and water-wet bead packs. Geofluids, 2011, 11(2): 209-227.

[17] Zhang C, Yoon H, Werth C J, et al. Evaluation of simplified mass transfer models to simulate the impacts of source zone architecture on nonaqueous phase liquid dissolution in heterogeneous porous media. Journal of Contaminant Hydrology, 2008, 102(1-2): 49-60.

[18] Mayer A S, Miller C T. The influence of mass transfer characteristics and porous media heterogeneity on nonaqueous phase dissolution. Water Resources Research, 1996, 32(6): 1551-1567.

[19] Duan Z, Sun R. An improved model calculating CO_2 solubility in pure water and aqueous NaCl solutions from 273 to 533K and from 0 to 2000 bar. Chemical Geology, 2003, 193(3-4): 257-271.

[20] 王思佳. CO_2 地质封存过程中流体界面不稳定性研究. 大连: 大连理工大学, 2019.

[21] 陆国欢. 密度差驱动的 CO_2-咸水对流混合特性 Hele-Shaw 盒实验研究. 大连: 大连理工大学, 2017.

[22] Neufeld J A, Hesse M A, Riaz A, et al. Convective dissolution of carbon dioxide in saline aquifers. Geophysical Research Letters, 2010, 37(22): 208-217.

[23] Wang L, Hyodo A, Sakai S, et al. Three-dimensional visualization of natural convection in porous media. Energy Procedia, 2016, 86: 460-468.

[24] Koch D L, Brady J F. Dispersion in fixed beds. Journal of Fluid Mechanics, 1985, 154: 399-427.

[25] Bijeljic B, Blunt M J. Pore-scale modeling of transverse dispersion in porous media. Water Resources Research, 2007, 43(12). DOI: 10.1029/2006wr005700.

[26] Sahimi M. Flow and Transport in Porous Media and Fractured Rock: From Classical Methods to Modern Approaches. New York: Joho Wiley & Sons, Inc., 2011.

[27] Nakanishi Y, Hyodo A, Wang L, et al. Experimental study of 3D Rayleigh–Taylor convection between miscible fluids in a porous medium. Advances in Water Resources, 2016, 97: 224-232.

第 7 章 | CO_2 提高石油采收率

将 CO_2 注入地下油藏，既可以提高原油采收率，又可以实现 CO_2 地下埋存，是最具应用前景和经济效益的"碳中和"有效手段之一。注入 CO_2 提高原油采收率技术起始于 20 世纪 50 年代，国内外大量实验研究和现场应用结果已经证明，将 CO_2 注入地下油藏，通常在水驱二次强化采油的基础上，可以进一步提高原油采收率 10%～15%，是重要的三次采油方式之一。

7.1 CO_2-油最小混相压力

由于 CO_2 是一种在油和水中溶解度都很高的气体，当它大量溶解于原油中时，可以通过以下机理来提高采收率：①降低原油黏度；②改善原油与水的流度比；③产生混相效应；④通过分子扩散作用溶于原油中；⑤使原油体积膨胀；⑥使原油中轻烃萃取和汽化；⑦降低界面张力；⑧溶解气驱作用；⑨提高渗透率。因此，CO_2 驱油过程涉及的气液相态转化问题十分复杂，通常被分为混相驱和非混相驱，CO_2-原油体系的最小混相压力 (minimum miscible pressure，MMP) 是判定混相驱和非混相驱的重要判据。最小混相压力是指在一定温度下，油气系统完全互溶形成均一流体时所需要的最小压力。当系统达到或超过这个压力时，气液界面张力为零，相界面消失，流体可以任意比例混合，混合流体达到混相状态。

7.1.1 传统测量方法

传统的最小混相压力测量方法主要有细管驱替法[1-3]、上升气泡仪法[4-6]、密度压力图法[7]和界面张力消失法[8-10]等。

1. 细管驱替法

最先测量最小混相压力的方法是细管驱替法，该方法也是当前工程和实验中应用最广泛的方法。所用的细管一般长 10～33m 并弯曲成盘状，实验时需要在细管中填充砂子作为多孔介质。实验时将细管垂直放置于恒温浴中，入口处与分别装有油和 CO_2 的高压容器相连，初始时通过高压泵将细管中多孔介质饱和油，之后再用高压泵注入 CO_2 驱替油，其实验系统如图 7.1 (a) 所示。在给定地层原油及油藏温度的条件下，使驱替压力梯度增加，获得驱替压力和原油采收率的关系曲线，如图 7.1 (b) 所示。而对于最小混相压力的选取，有的以注入 1.2 倍孔隙体积的 CO_2 气体时对应的压力为参考基准，也有的以原油采收率为 80%、90%时对应的压力为参考基准，还有的以原油采收率曲线拐点对应的压力为参考基准。虽然细管驱替法是当前工程中应用最多的测定方法，但其只关注采收率的变化，对细管内的混相、非混相、CO$_2$ 运移、黏性指进等过程无法观测，且耗时较长，工作量较大。

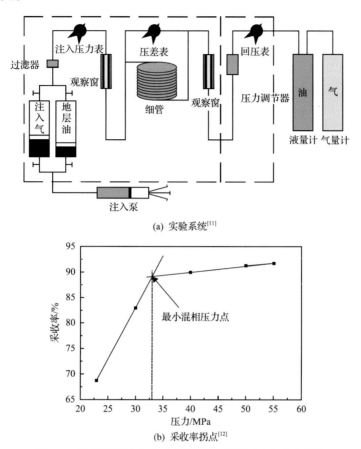

(a) 实验系统[11]

(b) 采收率拐点[12]

图 7.1　细管驱替法实验系统及其最小混相压力确定标准

2. 上升气泡仪法

为了能可视化观测到在驱替过程中混相的具体过程，Christiansen 和 Haines[13]提出了上升气泡仪法。与细管驱替法相比，它可以实现对混相过程的可视化直接观测，且不需要测量与原油采收率有关的压力曲线。上升气泡仪装置简图如图 7.2 所示，中心是一根垂直的耐压扁平玻璃细管，其后有背光灯来观测并拍摄上升气泡，气泡是由在细管下部的空心针产生的。其原理是气泡与原油在细管中接触，气-液界面会发生气液传质，直到二者传质达到平衡，气-液界面消失即达到混相。在实验操作过程中，将细管系统加热到油藏温度条件，加压到设定压力，之后在空心针处调节速率释放一个气泡，观察气泡上升过程中气-液界面变化，之后再改变压力，重复实验。根据所拍摄的气泡动态变化图来确定最小混相压力[14]。该方法的优点是省时，近 1h 就可完成实验，而细管驱替法需要 2 周左右。但该方法是根据所拍摄的图片，人为判断其是否达到混相，有一定的随机性。

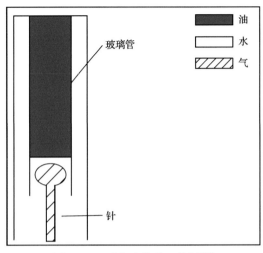

图 7.2　上升气泡仪装置简图[14]

3. 密度压力图法

密度压力图法由 Harmon 和 Grigg 于 1988 年提出的，是一种动态试验方法[15]。该方法在恒容可视 PVT 窗内进行，测试系统如图 7.3(a)所示。容器内盛有一定量的油，从油底部向容器内注入 CO_2，每注入一次 CO_2，测定一次富气相密度和液相体积，随着 CO_2 的逐次注入，容器内压力逐渐增大，最终测得一系列压力下的富气相密度。

密度压力图法的最小混相压力判别依据是：逐级注入气体后，容器内油气体系压力升高，所测富气相密度逐渐增大，并在一个特定压力点突变，绘制蒸汽密度与压力的关系曲线，找出该突变点，如图 7.3(b)所示，对应压力即为最小混相压力。该法可以较为简便快捷地测量 CO_2 与油的最小混相压力，但是不足之处是该法所得最小混相压力与富气相组分变化路径相关，受到容器内初始油体积的影响。此外，该方法在高压下无法直接测得液相密度，只能通过取样法获得富气相密度，而取样法测得的密度准确性不高，

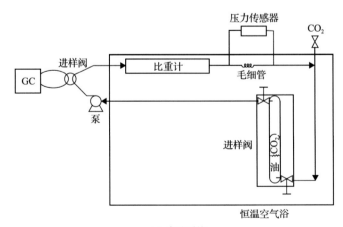

(a) 实验系统

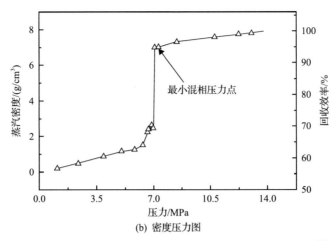

(b) 密度压力图

图 7.3　密度压力图法实验系统及其最小混相压力确定标准[15]

同时也会改变油气系统平衡。密度压力图法测得一个最小混相压力通常需要 1～2 天，实验过程优化后可以减少到几个小时。

4. 界面张力消失法

根据混相的基本物理概念，Rao[16]首次提出界面张力消失法。其原理是当 CO₂ 与油达到混相时，CO₂ 与油相之间的界面张力会减小到一个极小值，理论上可以达到 0，此时对应的压力值即为最小混相压力。实验装置图及结果如图 7.4 所示，在给定地层原油及油藏温度的条件下，通过界面张力测试仪测定该压力条件下的界面张力，之后梯度增加压力，直至 CO₂ 与油相达到混相，绘制界面张力和压力的关系曲线，在曲线拐点处沿直线外延至界面张力 0 值，此压力值即为最小混相压力。此方法的优点在于基础理论明确，且比细管驱替法省时，但缺点在于实验初期需要对 CO₂-油相的摩尔比进行不同比例的配比，前期准备工作较多，且液滴易受到杂质的影响，从而测得的最小混相压力偏大。

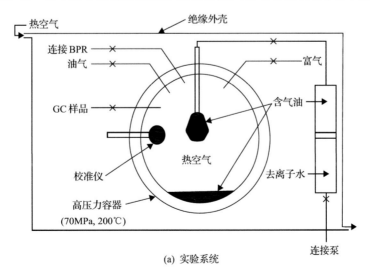

(a) 实验系统

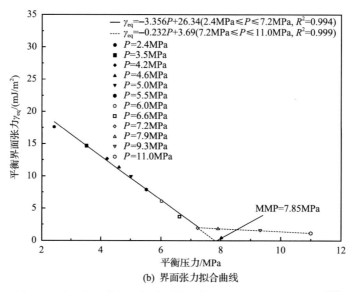

(b) 界面张力拟合曲线

图 7.4　界面张力消失法实验系统及其最小混相压力确定标准[16]

7.1.2　MRI 测量方法

上述传统方法各有优缺点，但都无法实现混相过程的油气相态变化与最小混相压力的同步测量，因此基于密度压力图法和界面张力法，MRI 被提出用于测量 CO_2-油体系的最小混相压力[17,18]。通过 MRI 对 CO_2-油体系混相过程进行可视化监测，获得不同压力条件下的核磁质子密度图像，并将图像信号强度值转化为油相的当量密度值，绘制当量密度与压力变化的曲线，根据其变化规律外推至当量密度值达到某一定小值时，对应的压力即为最小混相压力。

1. 核磁共振成像信号强度

根据核磁共振成像原理，自旋回波序列的信号强度是质子密度 ρ_0、纵向弛豫时间 T_1 和横向弛豫时间 T_2 的函数：

$$I = k\rho_0 f(T_1, T_2) = k\rho_0 \left(1 - e^{-\frac{T_R}{T_1}}\right) e^{-\frac{T_E}{T_2}} \tag{7.1}$$

式中，k 为常数，其大小由 MRI 系统硬件决定；ρ_0 为 ^1H 质子密度；T_E 为回波时间；T_R 为恢复时间。由式中可见，信号强度与质子密度的关系受到样品 T_1 和 T_2 值影响。因此，在测量 CO_2 与油的最小混相压力时，所检测的样品信号强度取决于含 ^1H 质子油相(液相中的油组分)的密度和 T_1、T_2 值。为了消除这种影响，本节考察信号强度表达式的指数特性，发现设定长 T_R 值(相对于样品 T_1)和短 T_E 值(相对于样品 T_2)时，拍摄的图像只对样品质子密度敏感。例如，选取 $T_R=3T_1$ 和 $T_E=T_2/10$，两次扫描的样品质子密度分别为 ρ_1 和 ρ_2，若 T_1 和 T_2 均不变，则两次扫描信号强度比 $I_2/I_1=\rho_2/\rho_1$，反映了样品的质子密度变化；若 T_2 不变，第二次扫描的 T_1 值比第一次增大 10%，那么信号强度比 I_2/I_1= 1.017ρ_2/ρ_1，比值仅仅增大 1.7%；若 T_1 不变，第二次扫描的 T_2 值比第一次减小 10%，那么 I_2/I_1=1.011ρ_2/ρ_1，比值仅仅增大 1.1%。从上例可以看到，在对 T_1 和 T_2 值变化不大的油成像时，选取合适的 T_R 和 T_E 值，可以对液相中的油组分质子密度进行定量分析。

因此，在实验前设置序列参数时，尽可能选取长 T_R 值和短 T_E 值，来获得只与质子密度相关的信号强度值，直接反映油组分所含 ^1H 质子密度，为 MRI 法测量油气最小混相压力提供测量基础。

2. 油气混相特性

油气达到最小混相压力之前，两相之间存在相界面。混相后，成为单一均质相，相界面消失，相间界面张力为零。

这里需将混相与气液两相泡点和露点进行区别。以 CO$_2$-正癸烷体系为例[19]，在两相组分压力图中(图 7.5)，每一个 CO$_2$ 摩尔分数都对应一个两相露点或泡点，这些点连成一条压力线，在该压力线下方，无论组分如何构成，油气都呈两相状态；在该压力线上及其上方，油气成为单一相。图 7.5 中显示，在 CO$_2$ 摩尔分数为 0.5 时，对应的单一相压力最低约为 6.9MPa，而 CO$_2$ 摩尔分数增加到 0.7 时，这个最低压力值增加到约 10.3MPa。可见，随机大小的 CO$_2$ 摩尔分数下所得到的单一相最低压力并不能代表 CO$_2$ 与正癸烷的最小混相压力，只有压力大于露点泡点线的最大值时，才能保证 CO$_2$-正癸烷体系在任意浓度下混溶。因此，对于 CO$_2$-正癸烷体系，需要测的最小混相压力点就是露点泡点线的最大值点。对于复杂油气体系，露点泡点线最大值代表的是一次接触最小混相压力点。

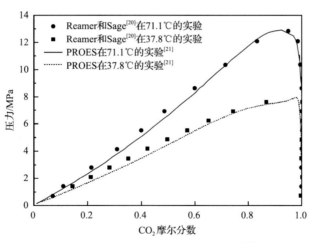

图 7.5 CO$_2$-正癸烷体系组分压力图[19]

3. 最小混相压力判断标准

在同一温度下，随着压力的升高，CO$_2$ 溶入油的量增大，导致液相的 ^1H 质子密度和弛豫时间减小，MRI 信号强度逐渐减小，直至趋近于零。达到混相时，CO$_2$ 与油完全互溶，以任意比例混合而形成均一流体。此时，若 CO$_2$ 与油的摩尔百分比足够大，则

油中 ^1H 质子密度因降到足够低而难以采集到信号,油相的信号强度值降至与噪声相同的量级。

参照密度压力图法,采用逐级注气法对 CO_2-油体系进行增压, CO_2 摩尔浓度逐渐增加,直至达到混相。利用 MRI 扫描得到不同压力下 CO_2-油体系的信号强度,得到信号强度与压力的函数曲线,其变化趋势可以作为流体混相的趋势。从图 7.5 可以看到,37.8℃时, CO_2-正癸烷体系泡点露点压力最高点对应的 CO_2 摩尔分数约为 0.99,混相时液相中正癸烷密度太小,其信号强度值几乎为零。因此,对于温度低于 37.8℃时的 CO_2-正癸烷体系,认为液相的 MRI 图像信号强度随压力的变化曲线达到零点时,对应的压力点为最小混相压力。对于其他单组分油、混合油或温度大于 37.8℃时的 CO_2-正癸烷体系,最小混相压力点对应的 CO_2 摩尔浓度小于 0.99,信号强度为零的标准不再适合,因此提出以气液相信号强度的交点对应的压力作为最小混相压力。以上论述就是用 MRI 技术测量 CO_2 与油最小混相压力的原理和判断标准,基于以上技术对 CO_2-正烷烃体系在一定温度下的最小混相压力进行实验测量。

7.1.3 CO_2 与单组分烷烃的最小混相压力

近几十年来,国内外研究者对油气系统最小混相压力做了广泛研究。其中很多是针对 CO_2 和原油的最小混相压力的测量研究。然而,原油中所含组分极多且极复杂,不同储层采出的原油相差迥异,导致所测结果无法对比,不得不采取用拟组分代替相近油组分的方法,而以 CO_2-纯组分油体系为实验对象的研究并不系统。本节尝试对 CO_2 和单组分油的最小混相压力进行测量,得出 CO_2-油体系最小混相压力与油组分之间的定量关系。首先,对 CO_2 与单组分烷烃的最小混相压力进行测量,并与传统实验方法对比;然后,对 CO_2-混合烷烃体系进行测量,得出 CO_2-正烷烃体系最小混相压力与正烷烃含碳量之间的关系。

1. 实验系统

如图 7.6 所示,实验系统由 MRI 系统、 CO_2 气罐、 CO_2 高压计量注入泵、高压容器、平底试管、加热制冷循环器、真空泵、压力变送器、热电偶等部分组成。通过获取 CO_2 与油在一定温度、一系列压力下的 MRI 图像,得到信号强度随压力的变化关系,确定该温度下 CO_2-油体系的最小混相压力。

2. CO_2-正癸烷最小混相压力

图 7.7 为 20℃时,不同压力下,从气体注入到气液达到平衡状态的过程中,油相图像平均信号强度随时间的变化。可见,在每一个压力下,液相信号强度均逐渐下降达到一个平衡值需要至少 30min。并且,随着压力升高,信号强度达到平衡值所需的时间逐渐增大,原因是随着压力的升高,液相体积增大, CO_2 需要通过更长的路径扩散至底部与正癸烷达到均匀混合,所需时间随之增大。随着压力的升高,平均信号强度值逐渐减小,这是由于压力升高导致更多的 CO_2 溶入正癸烷中。

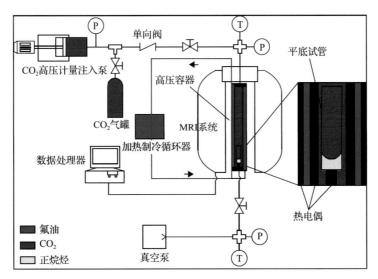

图 7.6　实验系统图

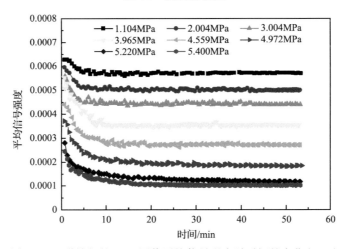

图 7.7　正癸烷相的 MRI 图像平均信号强度随时间的变化(20℃)

图 7.8 CO₂-正癸烷体系的 MRI 图像。可见，随着压力升高，CO₂、正癸烷和玻璃管之间的接触角变化明显，在相同温度下，接触角从常压下的接近 0°改变至近混相时的接近90°，混相时，气液界面消失，接触角不再存在。图 7.9 为界面接触角随压力的变化关系。

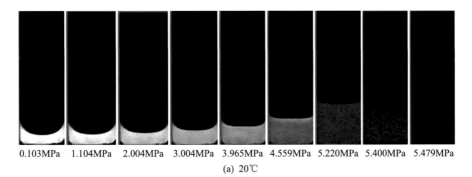

(a) 20℃

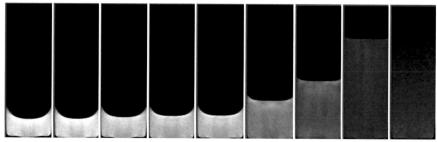

(b) 30℃

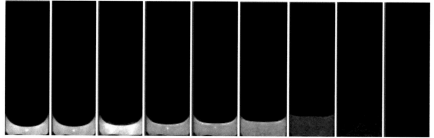

(c) 37.8℃

图 7.8　CO_2-正癸烷体系的 MRI 图像

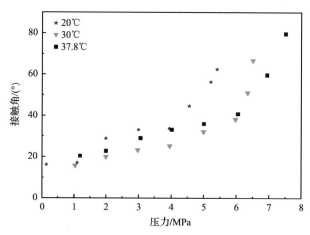

图 7.9　界面接触角随压力的变化关系

接触角的变化与界面张力消失法中所用的竖直毛细管法测气液界面张力时毛细管液高度逐渐减小所表征的现象相同。同时，CO_2 与正癸烷间的界面形状明显改变，常压下界面形状为半球形，随压力的升高，界面形状变为蝶形。当压力接近最小混相压力时，界面变平，说明 CO_2 与正癸烷间界面张力急剧下降。最后，当系统压力等于和高于最小混相压力时，界面消失，样品信号强度减弱至与噪声信号相当。界面形状的变化实际上是 CO_2 与正癸烷界面张力的减小造成的。在相同压力下，温度升高，接触角减小，界面张力增大。

原因是随着温度升高，CO_2 在正癸烷中的溶解度降低，液体分子间作用力加强。从图 7.8 可以看出，正癸烷的体积随压力升高而增大，因为更多的 CO_2 溶入正癸烷中，直到混相。

已有文献表明，37.8℃时，细管驱替法测得的 CO_2-正癸烷体系的最小混相压力为 8.2～8.6MPa[22]，上升气泡仪法测得的值为 8.8MPa[22]，界面张力消失法测得的值为 7.80MPa[23]。37.8℃不同压力下 CO_2-正癸烷体系的平均信号强度如表 7.1 所示，可以看出，信号强度值随压力的增加而逐渐减小。实验中，认为测定最小混相压力的标准是信号强度减弱至零，即对应无信号。由于界面的变化与界面张力消失法类似，有必要将所得最小混相压力与界面张力消失法测得的值进行对比。如图 7.10(c)所示，按信号强度和压力的关系来确定最小混相压力 P_M，两者呈很好的指数衰减关系，相关系数为 0.989，回归方程为

$$P = a \cdot \exp(I_L / b) + c \tag{7.2}$$

式中，P 为气液系统压力；I_L 为液相平均信号强度；a、b 和 c 为拟合参数。将所得指数关系曲线外延至零点，得出最小混相压力为 7.791MPa，与界面张力消失法测得的 7.80MPa[23] 相比，误差小于 0.1%，两者的一致性很好。因此，MRI 技术可以作为测量 CO_2 与油最小混相压力的有效方法。下面对 CO_2-正癸烷体系在不同温度下的最小混相压力进行测量。

表 7.1 CO_2–正癸烷体系的平均信号强度

T= 20℃			T= 30℃			T= 37.8℃		
压力/MPa	$I/10^{-4}$	$SD/10^{-4}$	压力/MPa	$I/10^{-4}$	$SD/10^{-4}$	压力/MPa	$I/10^{-4}$	$SD/10^{-4}$
0.103	15.31	0.03	0.103	15.00	0.05	0.103	9.37	0.04
1.104	13.73	0.08	1.056	14.81	0.02	1.211	9.29	0.09
2.004	12.17	0.05	2.021	14.48	0.07	2.021	8.67	0.03
3.004	10.39	0.04	2.983	13.05	0.10	3.059	7.73	0.05
3.965	8.31	0.06	3.969	12.26	0.05	4.035	6.77	0.06
4.559	6.43	0.03	4.975	10.76	0.07	5.010	5.65	0.06
4.990	4.14	0.02	5.437	9.23	0.08	6.050	4.00	0.03
5.079	3.19	0.05	5.962	7.57	0.05	6.950	2.41	0.02
5.220	2.88	0.04	6.340	5.58	0.06	7.500	1.22	0.02
5.400	1.58	0.03	6.500	3.44	0.03	7.592	0.75	0.01
5.479	1.16	0.01	6.750	1.64	0.01			

注：SD 为标准差(standard deviation)。

在 20℃和 30℃时，CO_2 为气态或液态，而不是超临界状态，因为 CO_2 的超临界点为 31℃和 7.377MPa[24]。表 7.1 给出了 20℃和 30℃不同压力下 CO_2-正癸烷体系的平均信号强度。信号强度与压力的关系如图 7.10(a)和(b)所示，二者呈现很好的指数衰减关系，相关系数分别为 0.998 和 0.984，所得指数曲线外延至零点得到 20℃和 30℃时的最小混相压力分别为 5.637MPa 和 6.682MPa。

根据所测得的 20～37.8℃的最小混相压力，用线性回归方程拟合出最小混相压力与温度的关系(图 7.11)，即

$$P_M = 3.183 + 0.12t \tag{7.3}$$

式中，P_M 为 CO_2-正癸烷体系的最小混相压力；t 为温度，℃。

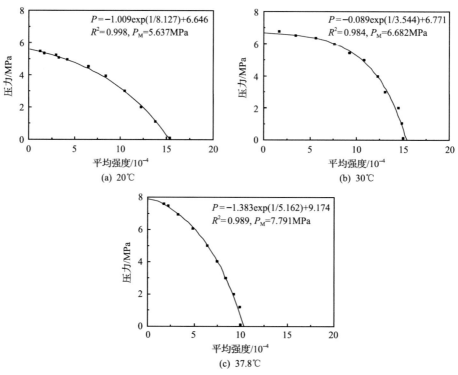

图 7.10 不同温度下 CO_2-正癸烷体系信号强度与压力的关系

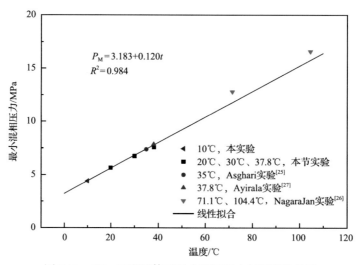

图 7.11 CO_2-正癸烷体系最小混相压力与温度的关系

采用以下两个步骤验证式(7.3)的通用性，第一步是用该实验的 MRI 法测出 20～37.8℃区间外某一温度点的最小混相压力，查看其值与式(7.3)预测结果的吻合程度；第二步是用该式计算得到与文献中温度相同时的最小混相压力，并与文献结果进行对比。

第一步，自验证。选择上述温度范围之外的一个温度点(10℃)，对 CO_2-正癸烷体系的最小混相压力进行测量，所得 MRI 图像及其拟合数据如图 7.12 和图 7.13 所示。
10℃时，CO_2-正癸烷体系的最小混相压力测量值为 4.387MPa，而由式(7.3)算出的值为
4.383MPa，二者仅相差 0.1%。说明式(7.3)适合于 CO_2-正癸烷体系在较低温度范围的最
小混相压力预测。

第二步，与文献结果对比。Asghari 等[25]测得 35℃时 CO_2-正癸烷体系的最小混相压
力为 7.329MPa，Nagarajan 等[26]测得 71.1℃和 104.4℃时 CO_2-正癸烷体系的最小混相压
力分别为 12.74MPa 和 16.49MPa，而由式(7.3)计算得到 35℃、71.1℃和 104.4℃下 CO_2-
正癸烷体系的最小混相压力分别为 7.383MPa、11.72MPa 和 15.71MPa，误差分别为 0.7%、
8.0%和 4.7%，可见 MRI 法所测得的最小混相压力与文献结果吻合，式(7.3)可以用来预
测 CO_2 与正癸烷在地层温度下(高至 100℃)的最小混相压力。

用 MRI 法确定最小混相压力点与密度压力图法类似，即气液相的平均信号强度随着
压力升高而变化，直到气相完全溶于液相时，均一相平均信号强度变为一点，以这样一
种路径所到达的压力点作为最小混相压力点。这个特定的压力点与组分路径相关。因此，
最小混相压力的大小与油的初始体积相对于整个系统体积的比例有关。

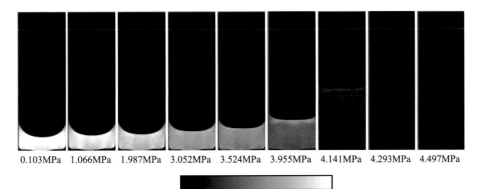

0.103MPa　1.066MPa　1.987MPa　3.052MPa　3.524MPa　3.955MPa　4.141MPa　4.293MPa　4.497MPa

信号强度　0　　　　　　　1

图 7.12　10℃时 CO_2-正癸烷体系的 MRI 图像

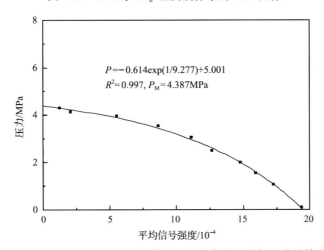

$P = -0.614\exp(1/9.277) + 5.001$
$R^2 = 0.997$, $P_M = 4.387$MPa

图 7.13　10℃时 CO_2-正癸烷体系的平均信号强度与压力的关系

7.1.4 CO₂ 与其他组分油的最小混相压力

在测量 CO_2-正癸烷体系最小混相压力时,判断气液混相的方法是液相 MRI 平均信号强度降至零的点(即与横坐标轴的交点)。而事实上,当 CO_2-正癸烷体系趋于混相状态时,富液相和富气相的平均信号强度趋于一致;达到混相时,CO_2 与正癸烷完全互溶,高压容器内变为均一流体相,整个可视域内的平均信号强度相同。因此,上述判断方法在测 CO_2-正癸烷体系时有误差,但误差并不大。原因是在 20~37.8℃的测量温度范围内,CO_2 与正癸烷的最小混相富化度(MME)足够小(不到 1%),从而导致混相时正癸烷浓度足够小,MRI 采集到的图像信号强度与噪声相当,接近 0。然而,正癸烷的实际浓度并非为 0,这个判断标准将不再适合 CO_2 与混合烷烃最小混相压力的确定。因此,需对 MRI 法最小混相压力的判断标准进行改进。

在改进的 MRI 法中,不再只考虑富液相的信号强度,同时还考虑富气相的信号强度。在远低于混相压力的较低压力下,CO_2 溶于烷烃的量较少,富液相中的 ^1H 质子密度缓慢减小,富气相中的烷烃量也很少,且增长缓慢。当压力接近混相压力时,CO_2 与烷烃大量互溶,富气相中烷烃含量增大,富液相中 CO_2 含量也迅速增大。此时,两相中的 ^1H 质子密度差变得很小,信号强度十分接近。最后,达到混相时,高压容器内流体均一,所得图像中信号强度处处相等。因此,改进的 MRI 判断标准是将气相和液相的 MRI 信号强度相等时对应的压力作为最小混相压力。

以上改进的判断标准与密度压力图法类似。而密度压力图法的劣势在于,在较低温度下,近混相时,富气相密度变化剧烈,需要高精密的密度计。密度压力图法只关注富气相密度而不关注富液相密度,实际上富液相更容易测量,高压时其密度变化并不剧烈,利于精确测量。因此,在改进的 MRI 判断标准中,同时考虑气相和液相中油组分的质子密度。

图 7.14~图 7.16 分别是 CO_2-正十二烷、CO_2-正十四烷和 CO_2-正癸烷/正十四烷(正癸烷与正十四烷摩尔百分比为 1:1)三个油气体系在 20℃、30℃和 37.8℃时不同压力下的 MRI 图像。首先进行横向对比(同种烷烃,相同温度,不同压力)。从纵向端面图可以看到,两相界面形状和接触角的变化与 CO_2-正癸烷体系类似,界面形状从半球形变成碟形,再变平,最后消失;接触角从大气压下的接近 0°改变至近混相时的接近 90°,混相后气液界面消失,接触角不再存在。从轴向断面图可以看出,富烷烃相的信号强度随着压力

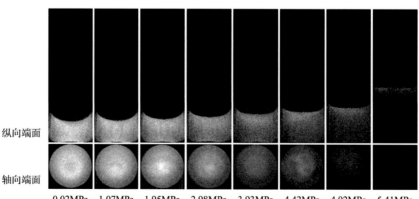

纵向端面　　轴向端面

0.02MPa　1.07MPa　1.95MPa　2.98MPa　3.93MPa　4.42MPa　4.92MPa　5.41MPa

(a) 20℃

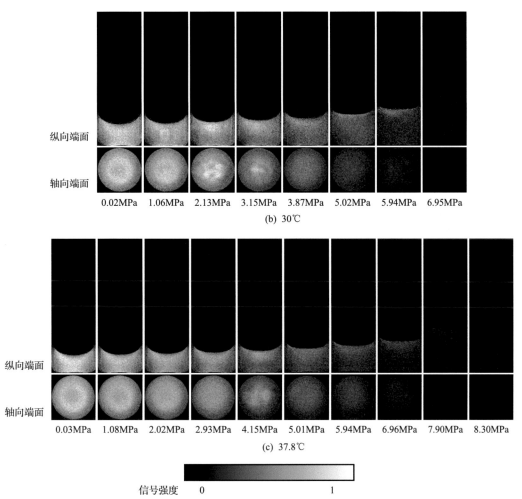

纵向端面

轴向端面

0.02MPa　1.06MPa　2.13MPa　3.15MPa　3.87MPa　5.02MPa　5.94MPa　6.95MPa

(b) 30℃

纵向端面

轴向端面

0.03MPa　1.08MPa　2.02MPa　2.93MPa　4.15MPa　5.01MPa　5.94MPa　6.96MPa　7.90MPa　8.30MPa

(c) 37.8℃

信号强度　0　　　　　　　　　　　1

图 7.14　CO$_2$-正十二烷体系在不同温度和压力下的 MRI 图像

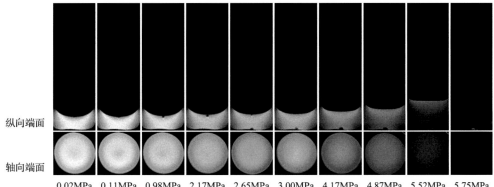

纵向端面

轴向端面

0.02MPa　0.11MPa　0.98MPa　2.17MPa　2.65MPa　3.00MPa　4.17MPa　4.87MPa　5.52MPa　5.75MPa

(a) 20℃

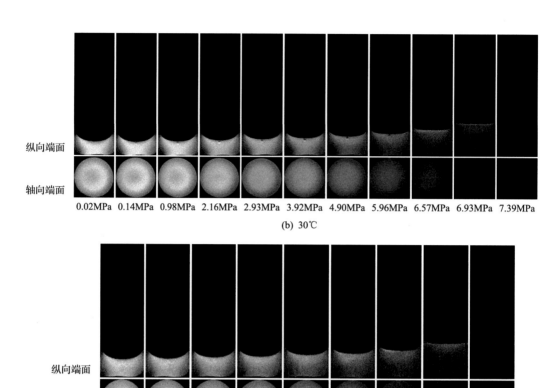

纵向端面

轴向端面

0.02MPa 0.14MPa 0.98MPa 2.16MPa 2.93MPa 3.92MPa 4.90MPa 5.96MPa 6.57MPa 6.93MPa 7.39MPa

(b) 30℃

纵向端面

轴向端面

1.08MPa 2.08MPa 3.14MPa 3.94MPa 5.00MPa 5.97MPa 6.91MPa 8.01MPa 8.92MPa

(c) 37.8℃

信号强度　0　　　　　　　　　　1

图 7.15　CO_2-正十四烷体系在不同温度和压力下的 MRI 图像

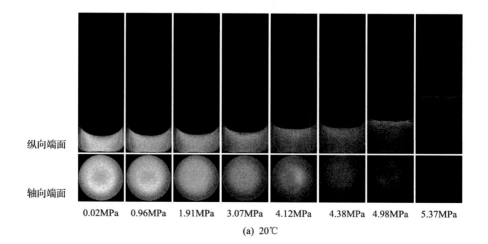

纵向端面

轴向端面

0.02MPa 0.96MPa 1.91MPa 3.07MPa 4.12MPa 4.38MPa 4.98MPa 5.37MPa

(a) 20℃

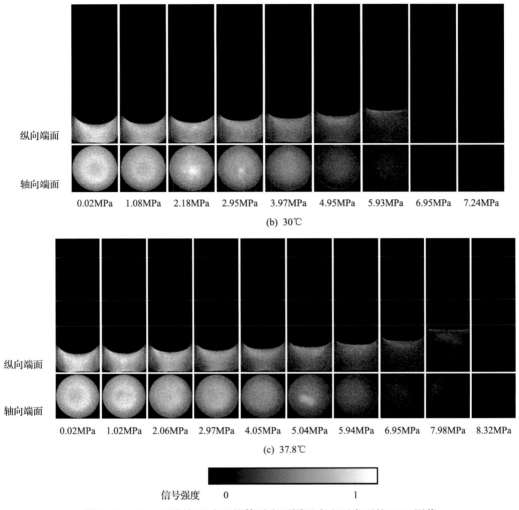

纵向端面

轴向端面

0.02MPa 1.08MPa 2.18MPa 2.95MPa 3.97MPa 4.95MPa 5.93MPa 6.95MPa 7.24MPa

(b) 30℃

纵向端面

轴向端面

0.02MPa 1.02MPa 2.06MPa 2.97MPa 4.05MPa 5.04MPa 5.94MPa 6.95MPa 7.98MPa 8.32MPa

(c) 37.8℃

信号强度 0   1

图 7.16   CO₂-正癸烷/正十四烷体系在不同温度和压力下的 MRI 图像

的升高明显降低。其次进行纵向对比。对于同种烷烃，在相同压力下，温度升高，接触角减小，这是由液相分子间作用力增大导致的。

对于 CO₂-正烷烃体系的在一定温度下的 MMP 值，根据改进的 MRI 法原理，首先对富液相和富气相的平均信号强度和压力进行拟合。富液相拟合所得的回归方程为

$$I_{\mathrm{L}} = a \cdot \exp(P/b) + c \qquad (7.4)$$

式中，I_{L} 为液相平均信号强度；P 为气液系统压力；a、b 和 c 为拟合参数。所有拟合曲线的相关系数均大于 0.985，拟合的曲线关系可靠。

对于富气相，由于其平均信号强度很小，数据处理时只对其进行简单的线性拟合或者只计算其平均值。计算得到 CO₂-正十二烷体系的富气相平均信号强度为 0.000135，CO₂-正十四烷体系的富气相平均信号强度为 0.000135，CO₂-正癸烷/正十四烷体系的富气相平均信号强度为 0.000131。那么，将富气相的平均信号强度代入式(7.4)，可得富气

相与富液相平均信号强度分别拟合所得曲线的交点,该交点对应的压力即为油气的最小混相压力。

　　三种CO_2-正烷烃体系的平均信号强度与压力的关系如图7.17所示。对于同一种CO_2-正烷烃体系,以图7.17(a)所示CO_2-正十二烷体系为例,随着温度的升高,指数曲线下降趋势减缓,体现为参数b随温度的增大,在各个温度下分别为3.436(20℃)、9.321(30℃)、38.15(37.8℃)。因此,在更高的压力下,两相信号强度曲线才能相交。

　　图7.18为MRI法改进标准后得到的CO_2-正烷烃体系的最小混相压力与改进标准前的对比。在相同温度下,CO_2-正十四烷体系的最小混相压力比CO_2-正十二烷体系大。在30℃和37.8℃时,CO_2-正十二烷和CO_2-正癸烷/正十四烷体系的最小混相压力大致相等,且约等于CO_2-正癸烷体系与CO_2-正十四烷体系最小混相压力的平均值。然而,在20℃时,CO_2-正癸烷体系的最小混相压力要比CO_2-正十二烷体系大,这是不合常理的结果,这种矛盾自然是由MRI法改进前后获取最小混相压力的方法不同导致的。因此,采用改进的MRI法重新计算CO_2-正癸烷体系的最小混相压力,得到更为准确合理的结果。新的对比结果如图7.19所示,随着温度的升高,CO_2与不同烷烃体系的最小混相压力之间的差值明显增大。CO_2-正十二烷体系和CO_2-正癸烷/正十四烷体系的最小混相压力大致

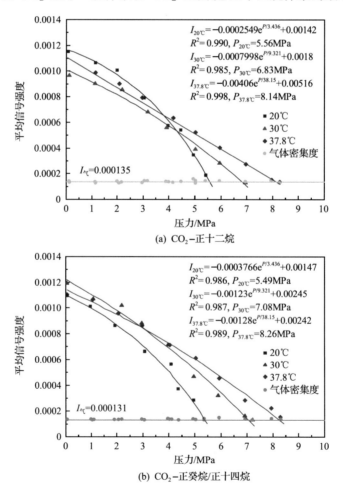

(a) CO_2-正十二烷

(b) CO_2-正癸烷/正十四烷

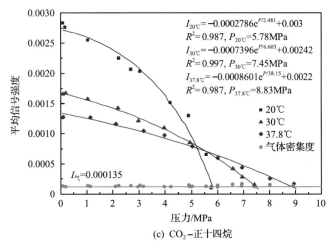

(c) CO₂-正十四烷

图 7.17 三种 CO₂-正烷烃体系的平均信号强度与压力的关系

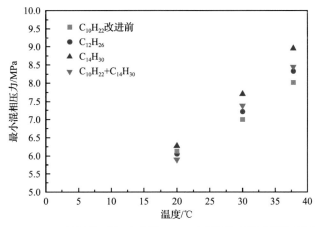

图 7.18 CO₂-正烷烃体系与改进前 CO₂-正癸烷体系最小混相压力对比

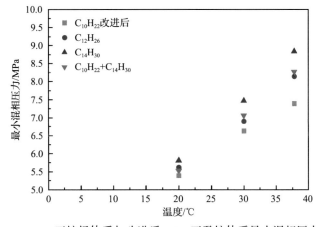

图 7.19 CO₂-正烷烃体系与改进后 CO₂-正癸烷体系最小混相压力对比

相等，这一结果显示 CO_2-正烷烃体系的最小混相压力与正烷烃的含碳量可能仅仅呈简单正比关系。

根据修正后的图发现，CO_2-正烷烃体系最小混相压力与正烷烃的碳数有一定的关系，如图 7.20 所示。可见，在相同温度下，CO_2-正烷烃体系的最小混相压力与含碳量 n 呈正比例增大关系，可以表示为：$P_M = dn + e$，其中 d 和 e 分别为拟合线的斜率和截距。将不同温度下的线性拟合线延长后发现，延长线交于一点，对应的含碳数为 3，压力为 4.8MPa。当含碳数为 2 和 3 时，对应烷烃分别为乙烷和丙烷，也就是说，在实验所测量的温度范围内，CO_2 与甲烷、乙烷都是一次接触混相的；而 CO_2 与丙烷的最小混相压力不随温度变化，总为 4.8MPa。而对丁烷及含更多碳数的烷烃，它们与 CO_2 的最小混相压力随着温度的升高而增大。

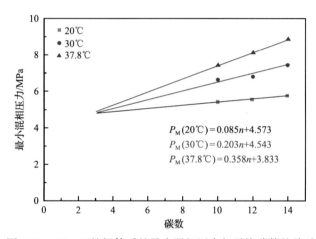

$$P_M(20℃) = 0.085n + 4.573$$
$$P_M(30℃) = 0.203n + 4.543$$
$$P_M(37.8℃) = 0.358n + 3.833$$

图 7.20　CO_2-正烷烃体系的最小混相压力与平均碳数的关系

7.2　CO_2 驱油 MRI 物理模拟

在模拟油藏温度、压力条件下，利用 MRI 技术研究多孔介质内 CO_2 驱油渗流过程，对实验结果进行量化分析。

7.2.1　CO_2 非混相驱

实验中填充试样选用玻璃砂 BZ-02（粒径分布为 0.177～0.250mm，60～83 目），重力法测得孔隙度为 35%，采用水相测量绝对渗透率为 13.8D。实验流体介质油相采用正癸烷，气相采用纯度为 99% 的 CO_2，不同条件下流体的物性如表 7.2 所示。

图 7.21 为 7.0MPa、40℃条件下，CO_2 非混相驱油过程中玻璃砂填充模型内油的分布变化图，驱替速度为 0.15mL/min，所对应时刻分别为 0min、19.2min、41.6min、64min、105.6min、144min、326.4min 和 915.2min，图像高 40mm，其底部和顶部分别对应 CO_2 的进出口，红色区域表示含油饱和度较高，蓝色区域表示含油饱和度较低。根据图像的信号强度分布图，能够可视化玻璃砂填充模型内油的赋存状态，进一步可以确定某一局

部位置的含油饱和度分布，其中图 7.21(a) 为 CO_2 未注入前多孔介质内油的饱和度分布。通过对质子密度像的进一步标定，可以得到其孔隙度分布图，如图 7.22 所示，即为玻璃砂填充模型一维轴向孔隙度分布图，孔隙度分布相对较均质。

表 7.2 不同条件下流体的物性

流体	压力/MPa	温度/℃	密度/(g/cm³)	黏度/cP
CO_2	7	40	0.198	0.0193
	8.5	40	0.354	0.0261
n-Decane	7	40	0.721	0.749
	8.5	40	0.722	0.762

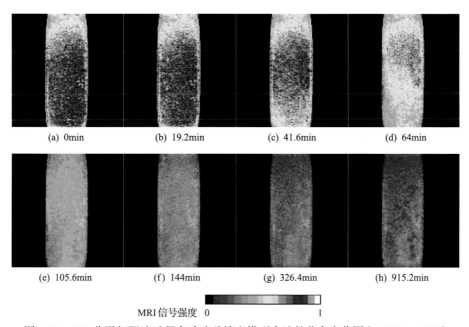

(a) 0min   (b) 19.2min   (c) 41.6min   (d) 64min

(e) 105.6min   (f) 144min   (g) 326.4min   (h) 915.2min

MRI信号强度 0   1

图 7.21 CO_2 非混相驱油过程中玻璃砂填充模型内油的分布变化图(7.0MPa，40℃)

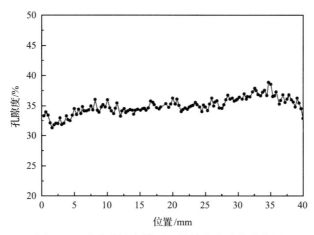

图 7.22 玻璃砂填充模型一维轴向孔隙度分布图

由驱替过程系列图可见，气态 CO_2 注入后，由于气、油两相黏度差和密度差的影响，黏性指进、重力超覆和窜流现象非常明显，CO_2 沿多孔介质内渗透性较高孔隙通道向上突进，形成许多细小的窜流通道，将该部分的油驱替出来，如图 7.21(b)～(d)所示；一旦 CO_2 驱替前缘穿透成像视野(FOV)后，后续 CO_2 会继续沿已形成的窜流通道运移，形成二次退饱和过程，一部分油被驱替出，如图 7.21(e)、(f)所示；最后，残余油饱和度基本不发生变化，由于玻璃砂表面润湿性，一些油残留在渗透性较差的区域，如图 7.21(h)所示。

图 7.23(a)为图 7.21 中二维图像的含油饱和度沿流动方向的一维分布图。图中 CO_2 流动方向为从左向右，可以定量确定驱替前缘推进过程中玻璃砂填充模型内含油饱和度的变化量，通过比较不同时刻的饱和度曲线，可以将驱替过程分为两个阶段：①CO_2 驱替前缘进入 FOV 到完全突破 FOV 的过程；②CO_2 驱替前缘完全突破 FOV 后直到剩余油饱和度不变的过程。

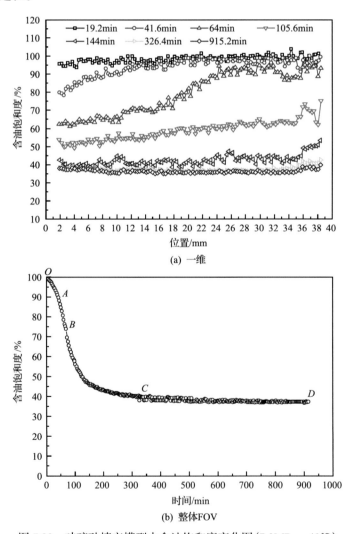

(a) 一维

(b) 整体FOV

图 7.23　玻璃砂填充模型内含油饱和度变化图(7.0MPa，40℃)

由图 7.23(b) 可见,可以将驱替过程分为四个阶段:*OA* 段,从 CO$_2$ 驱替前缘进入 FOV 到驱替前缘尾部完全进入 FOV 过程,该段注入 CO$_2$ 时间为 41.6min,含油饱和度降至 89.7%;*AB* 段,从 CO$_2$ 驱替前缘尾部完全进入 FOV 到驱替前缘头部开始突破 FOV 顶部 过程,该段注入 CO$_2$ 时间为 22.4min,含油饱和度线性降至 76.3%;*BC* 段,从 CO$_2$ 驱替 前缘头部开始突破 FOV 顶部到驱替前缘尾部完全突破 FOV 顶部过程,该段注入 CO$_2$ 时 间为 262.4min,含油饱和度呈指数趋势降至 37.8%;*CD* 段,CO$_2$ 驱替前缘尾部完全突破 FOV 顶部后,继续 CO$_2$ 注入 588.8min,但含油饱和度变化很小,最终残余油饱和度为 37.2%,整个驱替过程采收率为 62.8%。另外,驱替结束时,弛豫时间 T_2 为 22.9ms,远 大于回波时间图像采集所用参数 T_E,从而保证以上通过 MRI 法得到的含油饱和度数据 满足定量分析要求。

7.2.2 CO$_2$ 混相驱

实验中填充试样选用玻璃砂 BZ-02,重力法测得孔隙度为 35%,水测绝对渗透率为 13.8D。因为 CO$_2$ 临界点温度为 31.1℃,压力为 7398kPa,癸烷与 CO$_2$ 在 35℃时的最小 混相压力为 7329kPa,在 37.8℃时的最小混相压力为 7894kPa[25,27],为了实现混相驱,该 实验温度为 40℃,压力为 8.5MPa,模拟 800m 左右深储油层,分别在 CO$_2$ 注入速度为 0.2mL/min 和 0.15mL/min 时进行两次实验研究。

下面以 CO$_2$ 注入速度 0.2mL/min 为示例示意。图 7.24 为 8.5MPa、40℃条件下,混 相驱油过程中玻璃砂填充模型内油的分布变化图,所对应时刻分别为 0min、9.6min、 16min、22.4min、35.2min、48min、60.8min、67.2min、83.2min、211.2min、444.8min 和 812.8min,其中图 7.24(a) 为 CO$_2$ 未注入前多孔介质内油的饱和度分布。由驱替过程系 列图可以清楚地确定 CO$_2$ 替代区、混相区和高含油区在多孔介质内的赋存位置及动态运 移过程。超临界 CO$_2$ 首先与底部入口处的油形成混相,使图像变暗,形成一个明显的塞 状驱替前缘,该驱替前缘由超临界 CO$_2$ 前缘及其前端与油接触部分形成的一段明显的混

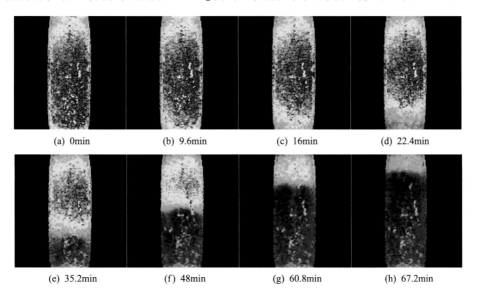

(a) 0min   (b) 9.6min   (c) 16min   (d) 22.4min

(e) 35.2min   (f) 48min   (g) 60.8min   (h) 67.2min

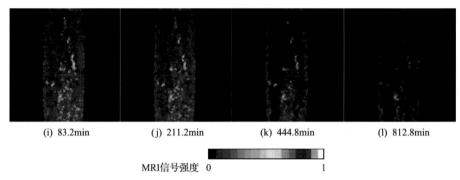

(i) 83.2min   (j) 211.2min   (k) 444.8min   (l) 812.8min

MRI信号强度   0   1

图 7.24 CO_2 混相驱油过程中玻璃砂填充模型内油的分布（8.5MPa，40℃，0.2mL/min）

相区组成，随着后续 CO_2 的不断注入，驱替前缘逐渐向上推进，直到通过图像顶部，这个过程是边混相边驱替的过程，此时图像与驱替前的饱和油图像相比整体变暗，这表明一部分孔隙或喉道内的油已经被驱替出，整个图像内含油饱和度降低。之后，部分剩余油会继续不断被后续 CO_2 混相驱出，因而图像也会不断变暗。驱油波及范围比非混相驱显著提高，黏性指进、重力超覆和窜流现象被很好地抑制。

  图 7.25(a) 为图 7.24 中二维图像的含油饱和度沿流动方向的一维分布图。图中 CO_2 流动方向为从左向右，可以定量确定驱替前缘推进过程中玻璃砂填充模型内含油饱和度的变化量。通过比较不同时刻的饱和度曲线，可以从量化的角度将驱替过程分为两个阶段：第一阶段，从驱替前缘进入 FOV 到驱替前缘完全突破 FOV，该过程是驱替前缘的推进而采收油过程，如图 7.24(e) 和 (f) 所示，可以分为 3 个区：(a) 低饱和区，位于驱替前缘上游；(b) 过渡区，位于驱替前缘所在位置；(c) 高饱和区，位于驱替前缘下游。由低饱和区可以确定驱替前缘的采收率；由过渡区长度可以确定驱替前缘的长度，通过积分可以确定驱替前缘的面积；由高饱和区含油饱和度的变化可以确定是否有 CO_2 窜流发生。第二阶段，从驱替前缘完全突破 FOV 后到剩余油饱和度不变，该过程是后续 CO_2 进一步提高采收率过程。

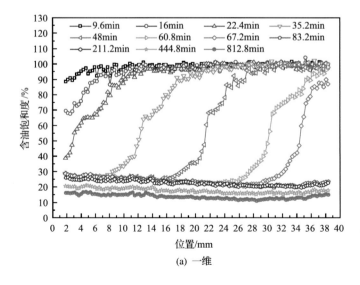

(a) 一维

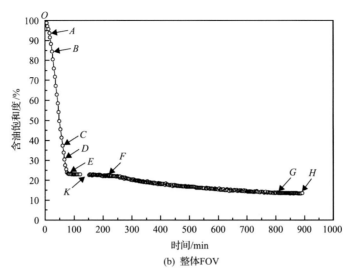

(b) 整体 FOV

图 7.25　玻璃砂填充模型内含油饱和度变化(8.5MPa，40℃，0.2mL/min)

通过对饱和度变化曲线图 7.25(b)进行分析，发现与驱替前缘通过 FOV 过程相关的以下 8 个明显的特征点,其实验和理想示意图如图 7.26 所示(FOV 位于总长 200mm 的模型管中间 40mm 段上)：O 点对应的时刻为驱替前缘的混相驱头部到达 FOV 下端，A 点为 CO_2 前缘开始进入 FOV 下端，B 点为驱替前缘尾部完全进入 FOV 下端，C 点为驱替前缘的混相驱头部到达 FOV 上端，D 点为 CO_2 前缘开始到达 FOV 上端，E 点为驱替前缘尾部完全突破 FOV 上端，F 点为驱替前缘尾部完全突破整个玻璃砂填充模型，G 点为含油饱和度达到最低值。因而，可以将驱替过程分为 8 个过程来分析。

(1)OA 段：随着 CO_2 注入含油饱和度降至 93.8%，因为塞状混相驱前缘头部不均匀性，含油饱和度曲线呈指数下降趋势，且下降梯度逐渐增大。

(2)AB 段：随着 CO_2 注入含油饱和度降至 88.3%，同样因为塞状 CO_2 前缘头部的不均匀性，含油饱和度曲线呈指数下降趋势，且下降梯度逐渐增大。

(3)BC 段：含油饱和度降至 37.3%，因为玻璃砂填充模型多孔介质从整体上来说孔隙分布较均匀，驱替过程中 CO_2 与油混相，没有严重的指进和窜流现象发生，因而驱替过程基本保持匀速，含油饱和度曲线呈指数下降趋势。

(4)CD 段：为混相驱前缘突破 FOV 顶部过程，含油饱和度降至 30.4%，同样因为混相驱前缘头部的不均匀性，含油饱和度曲线呈指数下降趋势。

(5)DE 段：为 CO_2 前缘突破 FOV 顶部过程，含油饱和度降至 23.2%，同样因为 CO_2 前缘头部的不均匀性，含油饱和度曲线呈指数下降趋势。

(6)EF 段：含油饱和度降至 22.2%，证明对于单一组分的油品试样(研究中采用的是癸烷)，在恒定驱替速度条件下，混相驱前缘的一次采收率基本上已经接近残余油饱和度，后续 CO_2 对提高采收率效果不大。

(7)FG 段：为后续 CO_2 强化驱扫过程，含油饱和度降至 13.6%。

(8)GH 段：最终含油饱和度降至 13.5%，后续 CO_2 对提高采收率效果不大。

上述 8 个过程中采收率随 CO_2 注入量的变化见表 7.3。可见，最终采收率为 86.5%，较气态 CO_2 非混相驱采收率提高 24%左右。

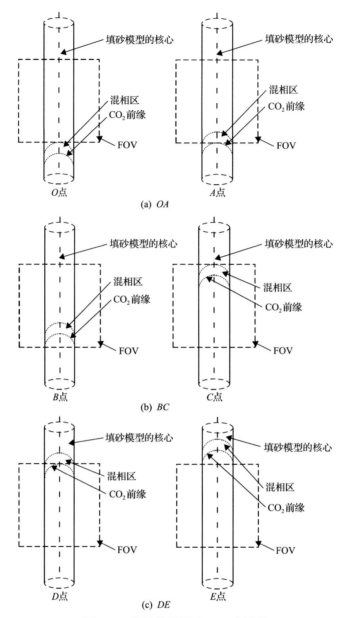

图 7.26　驱替前缘通过 FOV 全过程

表 7.3　采收率随 CO_2 注入量的变化（注入速度为 0.2mL/min）

特征时段	CO_2 注入时间/min	CO_2 注入体积/mL	CO_2 注入孔隙体积/PV	采收率/%	
				MRI 法	常规法
OA	16	3.2	1.29	6.2	—
AB	6.4	1.28	0.52	5.5	—
BC	38.4	7.68	3.11	51	47.9
CD	6.4	1.28	0.52	6.9	—

特征时段	CO$_2$ 注入时间/min	CO$_2$ 注入体积/mL	CO$_2$ 注入孔隙体积/PV	采收率/%	
				MRI 法	常规法
DE	16	3.2	1.29	7.2	—
EF	128	25.6	10.35	1	—
FG	601.6	120.32	48.66	8.6	—
GH	80	16	6.47	0.1	—
合计	892.8	178.56	72.21	86.5	—

通过对含油饱和度曲线的 BC 段分析可见，在保证注入 CO$_2$ 流量恒定的条件下，虽然一部分 CO$_2$ 会溶解于油中，孔隙分布不均匀导致驱替前缘分布不规律，但在驱替过程中，驱替前缘在整个填充模型内基本保持匀速推进，并且通过对 BC 段曲线进一步线性拟合分析可以求出驱替前缘移动速率，详细方法如下：

假设驱替过程中某段时间内，FOV 内含油量变化量为 ΔV_o，可表示为

$$\Delta V_o = A\varphi\Delta h \tag{7.5}$$

式中，A 为玻璃砂填充模型多孔介质的横截面积，cm^2；φ 为孔隙度，百分数；Δh 为驱替前缘的位移，cm。

另外，含油饱和度 S_o 定义为

$$S_o = \frac{V_o}{V_p} \tag{7.6}$$

式中，V_o 为 FOV 内玻璃砂填充模型多孔介质中的含油量，cm^3；V_p 为 FOV 内玻璃砂填充模型多孔介质的孔隙体积，cm^3，可以进一步表示为

$$V_p = AL\varphi \tag{7.7}$$

式中，L 为 FOV 高度，cm。

根据式(7.5)～式(7.7)，即可求出驱替前缘的平均推进速度 $\bar{v}$，表达式为

$$\bar{v} = \frac{\Delta h}{\Delta t} = \frac{\Delta S_o}{\Delta t}L \tag{7.8}$$

式中，ΔS_o 为驱替过程中 FOV 内含油饱和度的变化量，百分数；Δt 为驱替过程时间变化量，min。

式(7.8)中的 $\frac{\Delta S_o}{\Delta t}$ 项可以通过对饱和度曲线 BC 段的线性拟合得到，如图 7.27 所示，拟合的相关系数为 0.99978，可见实验结果线性化非常好，进而可以求得驱替前缘的平均运移速度为 0.0539cm/min。由于混相驱过程中，大量 CO$_2$ 与油溶解混相，该速度远小于

CO_2 的注入速度。另外，通过分析含油饱和度曲线 *BF* 段可见，驱替前缘从 FOV 下端运移到模型管出口所用时间为 188.8min，根据已知的运移速度，即可求出运移距离为 10.18cm，该距离与实际该填充模型段管长 10cm 基本接近，因而进一步证明了以上利用饱和度曲线分析求解驱替速度方法的可靠性。

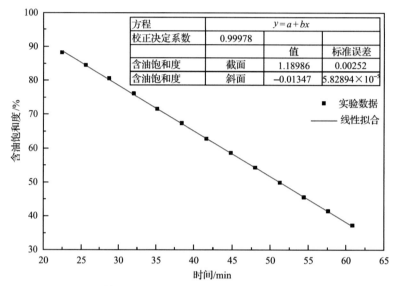

图 7.27　MRI 测 *BC* 段整体 FOV 含油饱和度及其线性拟合(8.5MPa，40℃，0.2mL/min)

图 7.28 为饱和度曲线 *BC* 段内，MRI 法和常规法测得的整体 FOV 含油饱和度变化对比。图中假设 *B* 点开始，两种方法测得的含油饱和度相等，均为 88.3%，利用常规方法测得的饱和度从 *B* 点的 88.3%呈线性趋势降至 *C* 点的 40.4%，MRI 方法测得的饱和度从 *B* 点的 88.3%呈线性趋势降至 *C* 点的 37.3%，可见利用 MRI 法较常规法的误差为 6.5%。

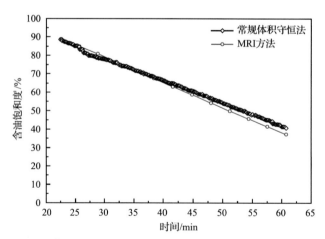

图 7.28　MRI 法测整体 FOV 含油饱和度变化与常规法(8.5MPa, 40℃, 0.2mL/min)对比

需要说明的是，高场核磁共振成像仪由于信噪比较高，成像效果要比低场仪器好，

低场仪器需要多次累加才能提高信噪比，成像时间较长，因而不利于本书中的动态成像观测。高场核磁共振成像仪用于孔隙介质成像研究，由于磁化率的不均匀性，会对成像效果有一定的不利影响，但自旋回波的 180°重聚脉冲可以很大程度上消除磁化率不均匀性的影响。另外，本次实验中所用玻璃细砂规则度较高，粒径分布较均匀，完全饱和油后填充模型试样的一维谱半高宽约为 341Hz，远远小于天然岩心通常几千赫兹的一维谱半高宽。在驱替过程中，随着多孔介质孔隙内含油量的减少，以及 CO_2 溶于油所引起的密度减小，最终会导致横向弛豫时间 T_2 减小，对图像的信号强度产生一定影响，因而采用上述方法来确定含油饱和度存在一定的误差。实验开始前，利用 CPMG 法测得完全饱和油后，即含油饱和度为 100%时，试样的整体横向弛豫时间 T_2 为 59.7ms，实验开始 444.8min 后，MRI 法测得含油饱和度为 22.9%时，T_2 值为 16.5ms，实验结束后，MRI 法测得含油饱和度为 13.5%时，T_2 值为 10.8ms，为实验所用回波时间 T_E 的 8 倍，且 T_2 谱分布范围较小，所以实验所得图像认为是自旋密度像，可以进行定量分析。

本节中利用 Goodfield 等[28]提出的一种特殊的岩心分析方法，对 MRI 法获得的数据进行分析，得到模拟岩心内各相流体的局部达西相速度，从驱替入口（ζ=0）到 z 点（ζ=z）的单位横截面积上流体体积可用式(7.9)表达：

$$V_g(z,t) = \int_0^z \varphi(\zeta) S_g(\zeta,t) \mathrm{d}\zeta \tag{7.9}$$

式中，$\varphi(\zeta)$ 为 z 点的孔隙度；$S_g(\zeta,t)$ 为 t 时刻 z 点的 CO_2 饱和度。根据体积平衡，CO_2 和油相的局部达西相速度可以表示为

$$U_g(z,t) = U(t) F_g^{\mathrm{inj}}(t) - \frac{\delta V_g(z,t)}{\delta t} \tag{7.10}$$

$$U_o(z,t) = -\frac{\delta V_o(z,t)}{\delta t} \tag{7.11}$$

式中，$U_g(z,t)$ 和 $U_o(z,t)$ 分别为 CO_2 和油相局部达西速度；$U(t)$ 为整体达西速度；$F_g^{\mathrm{inj}}(t)$ 为 t 时刻 CO_2 注入量。由于注入部分 CO_2 和油溶解混相，必须对 $F_g^{\mathrm{inj}}(t)$ 进行修正，根据式(7.10)和式(7.11)，可以得到注入速度为 0.2mL/min 时 CO_2 和油相局部达西速度，如图 7.29 所示。从图 7.29(a)可见，从模拟岩心入口到出口，沿流动方向，CO_2 相局部达西速度随 CO_2 的注入量的增大而减小，如图中 48min 曲线所示，可以分为三部分：①高速区，表示 CO_2 前缘已经通过区域；②过渡区，表示 CO_2 前缘所在区域；③低速区，表示 CO_2 前缘未经通过区域。当 CO_2 前缘完全通过 FOV 时，整个岩心内 CO_2 相局部达西速度都达到最大值。从图 7.29(b)可见，从模拟岩心入口到出口，沿流动方向，油相局部达西速度也随 CO_2 的注入量的增大而增大，如图中 48min 曲线所示，同样可以分为三部分：①低速区，表示 CO_2 前缘已经通过区域；②过渡区，表示 CO_2 前缘所在区域；③高速区，表示 CO_2 前缘未经通过区域。当 CO_2 前缘完全通过 FOV 时，整个岩心内油相局部达西速度都达到最小值，表明残余油被束缚在岩心多孔介质内，基本不流动。

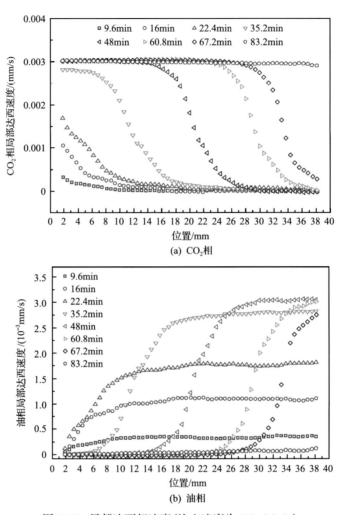

图 7.29　局部达西相速度(注入速度为 0.2mL/min)

在 Goodfield 方法[28]里，针对各相流体速度的达西定律可表示为

$$U_{\alpha} = -k\lambda_{\alpha}\left(\frac{\delta Pa}{\delta z} + \rho_{\alpha}g\right) \tag{7.12}$$

式中，α 代表 $CO_2(g)$ 相或油(o)相；U_{α} 为局部达西速度；$\lambda_{\alpha} = k_{r\alpha}/\mu_{\alpha\lambda}$ 为流度比，其中，$k_{r\alpha}$ 为相对渗透率；$\mu_{\alpha\lambda}$ 为黏度；k 为绝对渗透率；P 为压力；ρ_{α} 为密度；g 为重力加速度。毛细管力 $p_{co}(S_o)$ 用下式表达：

$$p_{co}(S_o) = p_g(S_o) - p_o(S_o) \tag{7.13}$$

从式(7.12)和式(7.13)可导出 CO_2 相局部达西速度：

$$U_g = U(t)\frac{\lambda_g}{\lambda_g + \lambda_o}\left[1 + \frac{kg(\rho_o - \rho_g)}{U(t)}\lambda_o\right] - k\frac{\lambda_g\lambda_o}{\lambda_g + \lambda_o}\frac{\mathrm{d}p_{co}}{\mathrm{d}S_o}\frac{\partial S_o}{\partial z} \tag{7.14}$$

式中，$U(t)$ 为流体总流速。可见 CO_2 相局部达西速度主要受黏滞力、重力和毛细管力影响，为了进一步分析，将式(7.14)中黏滞力函数、重力逆流函数、毛细管扩散率分别表达为

$$f_g(S_o) = \frac{\lambda_g}{\lambda_g + \lambda_o} \tag{7.15}$$

$$G_g(S_o) = g(\rho_o - \rho_g)\frac{\lambda_g \lambda_o}{\lambda_g + \lambda_o} \tag{7.16}$$

$$d_{cpo}(S_o) = -\frac{\lambda_g \lambda_o}{\lambda_g + \lambda_o}\frac{dp_{co}}{dS_o} \tag{7.17}$$

因而，式(7.14)可写成如下形式：

$$U_g = U(t)f_g(S_o) + kG_g(S_o) + kd_{cpo}(S_o)\frac{\partial S_o}{\partial z} \tag{7.18}$$

式(7.18)可进一步写成如下形式：

$$U_g = U(t)f_g^{(g)}(S_o, U) + kd_{cpo}(S_o)\frac{\partial S_o}{\partial z} \tag{7.19}$$

式中

$$f_g^{(g)}(S_o, U) = f_g(S_o) + \frac{k}{U(t)}G_g(S_o) \tag{7.20}$$

因为玻璃砂填充模型内，任一位置的含油饱和度 S_o^* 是随时间变化的，可以表示为时间的函数，即

$$S_o(z^*(t), t) = S_o^* \tag{7.21}$$

根据式(7.21)，式(7.19)可表示为

$$U_g(z^*, t) = U(t)f_g^{(g)}(S_o^*, U) + kd_{cpo}(S_o^*)\frac{\partial S_o}{\partial z}\bigg|_{z^*, t} \tag{7.22}$$

假设整体达西速度 $U(t)$ 不为零，则式(7.22)可表示为

$$\frac{U_g(z^*, t)}{U(t)} = f_g^{(g)}(S_o^*, U) + d_{cpo}(S_o^*)\frac{k}{U(t)}\frac{\partial S_o}{\partial z}\bigg|_{z^*, t} \tag{7.23}$$

式中，$\dfrac{U_g(z^*, t)}{U(t)}$ 和 $\dfrac{k}{U(t)}\dfrac{\partial S_o}{\partial z}\bigg|_{z^*, t}$ 可通过 MRI 获取的饱和度数据计算出来。若忽略重力，注入流体驱替速度恒定，则式(7.23)中 $\dfrac{U_g(z^*, t)}{U(t)}$ 与 $\dfrac{k}{U(t)}\dfrac{\partial S_o}{\partial z}\bigg|_{z^*, t}$ 呈线性关系，其中

$f_g^{(g)}(S_o^*, U)$ 为该线性方程的截距，$d_{cpo}(S_o^*)$ 为梯度。因而，根据 $\dfrac{U_g(z^*, t)}{U(t)}$ 和 $\dfrac{k}{U(t)}\dfrac{\partial S_o}{\partial z}\Big|_{z^*, t}$ 的线性关系，可以求解 $d_{cpo}(S_o^*)$。

考虑到 CO_2 注入速度的不同，式(7.20)可以进一步表示为

$$f_g^{(g)}(S_o, U_i) = f_g(S_o) + \frac{k}{U_i} G_g(S_o) \tag{7.24}$$

图 7.30 为 8.5MPa、40℃时毛细管扩散率随含油饱和度的变化。根据不同驱替速度下实验所获得的含油饱和度数据，计算得到两次实验中的毛细管扩散率。从图中可见，随着含油饱和度的增加，毛细管扩散率先增大后减小。当含油饱和度达到 70%～80%时，毛细管扩散率达到最大值。需要指出的是，毛细管扩散率与驱替速度无关，因而根据不同驱替速度实验所得饱和度数据计算得到的毛细管扩散率应该吻合，但由于实验中各种因素导致的误差，特别是本次实验中，超临界 CO_2 与油的溶解混相及超临界状态密度随温度、压力变化而波动的敏感性较大，在实验中很难对实际驱替速度进行精准控制，最终影响到两次实验所得毛细管扩散率的一致性。

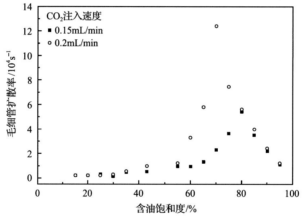

图 7.30　毛细管扩散率随含油饱和度的变化

图 7.31 为 8.5MPa、40℃时黏滞力函数随含油饱和度的变化。从含油饱和度为 20% 开始，黏滞力函数小于 1，并随含油饱和度的增大而减小。这表明当含油饱和度较低时，特别是接近于残余油饱和度情况下，CO_2 相运移受黏滞力影响较大。

图 7.32 为 8.5MPa、40℃时重力逆流函数随含油饱和度的变化。根据式(7.16)对重力逆流函数进行分析，由于浮力项 $g(\rho_o - \rho_g)$ 恒定，重力逆流函数主要由 $\lambda_g \lambda_o / (\lambda_g + \lambda_o)$ 项决定。对于油相流度比 λ_o，当 $S_o = 0$ 时，$\lambda_o = 0$，之后随含油饱和度的增加而增大。对于 CO_2 相流度比 λ_g，当 $S_o = 1$ 时，$\lambda_g = 0$，之后随含油饱和度的减小而增大。当含油饱和度为 65%时，重力逆流函数达到最大值。

通过以上分析可见，该岩心分析方法可成功应用于超临界 CO_2 混相驱实验中，能直接对黏滞力、浮力、毛细管力的影响进行有效评估。

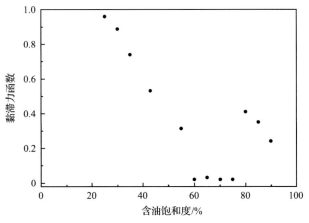

图 7.31　黏滞力函数随含油饱和度的变化

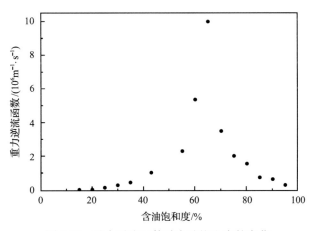

图 7.32　重力逆流函数随含油饱和度的变化

7.3　CO_2 驱油弥散特性

在油藏多孔介质内,当驱替液与被驱替液相互混溶时,将发生弥散现象。弥散现象是一种完全不同于宏观渗流的微观现象的宏观结果,是孔隙介质中与渗流过程不同质的另一种重要的物理化学传质过程。混相流体之间的弥散程度用弥散系数表征,CO_2 混相驱过程的弥散系数是混相的重要参数。传统的渗流实验无法获得不同时刻、不同位置上的流体浓度梯度,较难实现多孔介质内弥散过程的参数测量,MRI 可视化技术可以测量并计算驱替过程中多孔介质内的纵向弥散系数及佩克莱数,用于解析 CO_2 混相流体的弥散特征。

7.3.1　弥散系数分析方法

随着非菲克现象[29,30]的陆续发现,菲克定律的应用存在一定的局限性。为了验证混相驱替过程是否满足菲克定律,本节采用误差函数对低注入流量下 CO_2 驱油的 MRI 实验数据进行拟合,得到纵向弥散系数随驱替时间以及沿填砂模型长度上的动态变化特征。

常见的对流弥散误差函数公式为[31,32]

$$\frac{C_g}{C_{gi}} = \frac{1}{2}\mathrm{erfc}\left(\frac{x-vt}{2\sqrt{K_l t}}\right) + \frac{1}{2}\exp\left(\frac{xv}{K_l}\right)\mathrm{erfc}\left(\frac{x+vt}{2\sqrt{K_l t}}\right) \tag{7.25}$$

式中，C_g 为 CO_2 浓度，mol/m^3；C_{gi} 为原始 CO_2 浓度，mol/m^3；K_l 为纵向弥散系数，m^2/s；x 为以注入端为始端、采出端为末端的填砂模型轴向位置，m；v 为混相带的平均孔隙速度，m/s，本节采用混相带平均运移速度 $\bar{v}$ 来计算；t 为驱替时间，s。

在 CO_2-烷烃系统的混相驱替中，假设残余油滞留在填砂模型内未参与混相，即残余油饱和度 S_{or} 看成未参与混相的部分。因此，误差函数可转换成以下形式[33]：

$$\frac{C_g}{C_{gi}} = \frac{S_g}{1-S_{or}} = \frac{1}{2}\mathrm{erfc}\left(\frac{x-vt}{2\sqrt{K_l t}}\right) + \frac{1}{2}\exp\left(\frac{xv}{K_l}\right)\mathrm{erfc}\left(\frac{x+vt}{2\sqrt{K_l t}}\right) \tag{7.26}$$

式中，S_g 为 CO_2 饱和度，在本节中 $S_g=1-S_o$（S_o 是含油饱和度）；S_{or} 为残余油饱和度。

CO_2 饱和度可通过以下误差函数进行拟合：

$$S_g = \frac{1}{2}(1-S_{or})\mathrm{erfc}\left(\frac{x-vt}{2\sqrt{K_l t}}\right) + \frac{1}{2}(1-S_{or})\exp\left(\frac{xv}{K_l}\right)\mathrm{erfc}\left(\frac{x+vt}{2\sqrt{K_l t}}\right) \tag{7.27}$$

为了确定混相驱与菲克定律之间是否存在差异，基于 MRI 实验数据，拟合得到两种纵向弥散系数 K_{lx} 和 K_{lt}。K_{lx} 是通过拟合一系列驱替时间点上 CO_2 饱和度随位置 x 的变化曲线得到的，表征在时间(驱替时间)上的弥散系数演变过程。K_{lt} 是通过拟合在一系列位置上 CO_2 饱和度随驱替时间 t 的变化曲线得到的，表征在空间(填砂模型轴向)上的弥散系数演变过程。另外，需要注意，在误差函数拟合中，驱替时间是需要修正的。这是因为获取 MRI 信号的时间间隔为 192s(3.2min)，驱替可能发生在此时间间隔内的任意时间节点上。因此，需要利用误差函数拟合纵向弥散系数(K_{lx} 或 K_{lt})和校正驱替时间(t')两个参数。

图 7.33 为在注入流量 0.1mL/min 下，均质模型 BZ-02 内 CO_2 饱和度随位置变化的实验数据及拟合结果。在不同驱替时间下，CO_2 饱和度曲线拟合较好，其相关系数均达到 0.997 以上。在驱替时间为 32min、38.4min、44.8min 和 48min 时，纵向弥散系数 K_{lx} 分别为 $1.46\times10^{-9}m^2/s$、$1.12\times10^{-9}m^2/s$、$9.54\times10^{-10}m^2/s$ 和 $8.62\times10^{-10}m^2/s$。说明随着驱替时间的增加，K_{lx} 逐渐减小，弥散程度减弱。

图 7.34 为不同注入流量(0.1mL/min、0.15mL/min 和 0.2mL/min)下，沿驱替时间的纵向弥散系数 K_{lx} 变化曲线。在不同注入流量下，K_{lx} 随驱替时间逐渐减小并趋于稳定，这是由于驱替过程逐渐趋于稳定。在注入流量为 0.1mL/min 时，K_{lx} 的变化率接近于零。增加注入流量后，驱替初始时刻的 K_{lx} 值显著升高，随后大幅下降并趋于稳定。在注入流量为 0.2mL/min 时，K_{lx} 的变化率最大。说明 K_{lx} 的变化率随注入流量的增加而显著增大，此现象表明增大注入速度，K_{lx} 值增大，弥散程度增加。采用幂函数形式 $y=at^b$ 对 K_{lx} 曲线进行拟合，得到在注入流量 0.1mL/min、0.15mL/min 和 0.2mL/min 时的拟合曲线分别为

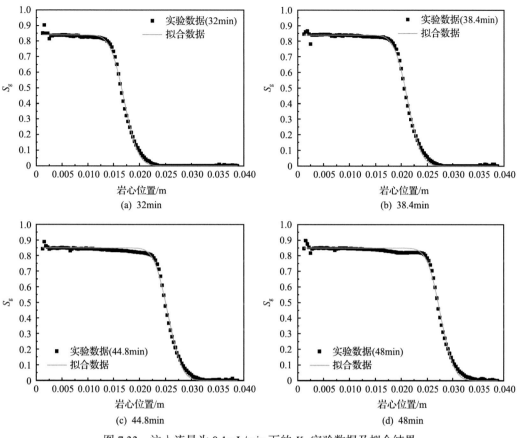

图 7.33　注入流量为 0.1mL/min 下的 K_{lx} 实验数据及拟合结果

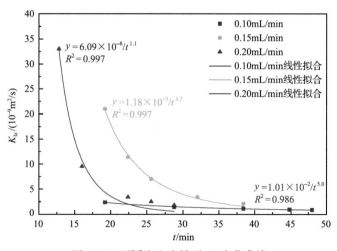

图 7.34　不同注入流量下 K_{lx} 变化曲线

$y=1.01×10^{-2}/t^{5.0}$、$y=1.18×10^{-3}/t^{3.7}$ 和 $y=6.09×10^{-8}/t^{1.1}$。研究发现，随着注入流量的增加，K_{lx} 拟合曲线的参数 a、b 值均显著增大，此现象说明注入流量对 K_{lx} 的影响较大。

图 7.35 为不同注入流量下 CO$_2$ 饱和度随校正驱替时间 t' 的 K_{lt} 的实验数据及拟合结

果。K_{lf} 的校正驱替时间需要通过 K_{lx} 拟合得到。在注入流量 0.1mL/min、0.15mL/min 和 0.2mL/min 下，校正驱替时间分别比驱替时间减少了 377s、493s 和 264s。这可以判断为在以上三个初始时间段内，含油饱和度几乎不变，即驱替尚未开始。不同注入流量下，CO_2 饱和度曲线拟合的相关系数均在 0.968 以上，说明通过误差函数得到的 K_{lf} 拟合结果较好。

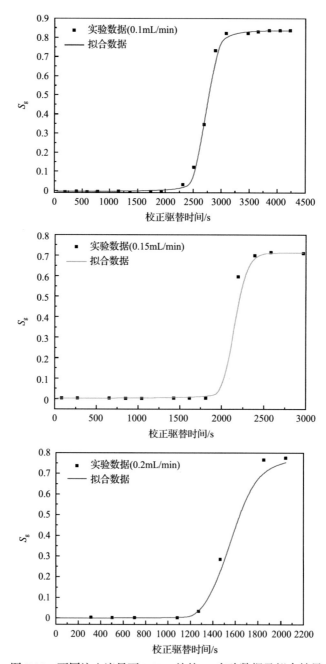

图 7.35　不同注入流量下 0.03m 处的 K_{lf} 实验数据及拟合结果

图 7.36 为不同注入流量下不同位置上纵向弥散系数 K_{lt} 变化。在注入流量为 0.1mL/min 时，K_{lt} 沿轴向位置略微降低，上下波动幅度较小。但增大注入流量到 0.15mL/min 和 0.2mL/min 时，K_{lt} 波动幅度增大。在注入流量为 0.15mL/min 时，K_{lt} 值出现了两次先升高后下降现象，K_{lt} 曲线呈 M 形变化。在注入流量为 0.2mL/min 时，K_{lt} 值先下降后升高，K_{lt} 曲线呈 V 形变化。在轴向位置上，纵向弥散系数的波动幅度较大，说明 K_{lt} 受多孔介质孔隙空间分布的非均质性影响较大。

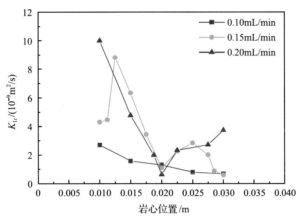

图 7.36 不同注入流量下 K_{lt} 变化曲线

将图 7.34 和图 7.36 进行对比，可以发现 K_{lx} 比 K_{lt} 更高一些，说明在低注入流量下，纵向弥散系数随驱替时间的变化较为显著。纵向弥散系数在时间上的变化具有一定的规律性，即随驱替时间呈递减性变化且最终趋于稳定(见图 7.34 中 K_{lx})，但是纵向弥散系数在空间上的变化却无规律性(见图 7.36 中 K_{lt})，这是多孔介质的孔隙结构在空间分布的非均质性造成的。说明在低注入流量下，通过 K_{lt} 拟合得到的纵向弥散系数(即纵向弥散系数在空间上的变化)受到填砂模型局部孔隙结构的影响，稳定性较差；而通过 K_{lx} 拟合得到的纵向弥散系数(即纵向弥散系数在时间上的变化)较为稳定。因此，在低注入流量下采用 K_{lx} 计算方法求解纵向弥散系数更稳定、可靠[34]。

以上研究基于低注入流量下的混相驱替 MRI 实验，通过误差函数拟合得到两种纵向弥散系数 K_{lx} 和 K_{lt}，其拟合曲线相关系数分别达到 0.997 和 0.968 以上，说明在低注入流量下，高温高压 CO₂-烷烃系统的混相驱替过程很好地满足了菲克定律，未出现非菲克现象[29]。因此，本节证实了菲克定律能够表征低注入流量下 CO₂-烷烃系统在多孔介质内的混相驱替问题，且其混相弥散特性应予以考虑，不可忽略。

7.3.2 弥散系数影响因素

在静止状态下，佩克莱数(Pe)表征流体粒子穿过特征长度 l 所用的扩散时间 t_{dif} 与穿过相同长度所用的对流时间 t_{adv} 的比值。Pe 用来反映扩散作用对混相流体流动的影响程度。Pe 值越小，扩散作用对流动的影响程度越大，反之则越小，其公式如下：

$$Pe = \frac{t_{dif}}{t_{adv}} = \left(\frac{l^2}{D'^2}\right) \bigg/ \left(\frac{l}{v}\right) = \frac{\overline{v}l}{D'} \tag{7.28}$$

式中，D' 为扩散系数，m^2/s。

在流动状态下，用弥散系数代替扩散系数，对 Pe 进行求解[35-37]。为了便于和其他学者的实验数据进行对比，本节分别计算流动状态下孔隙尺度和岩心尺度的佩克莱数 Pe_d 和 Pe_L。

孔隙尺度的佩克莱数 Pe_d 代表孔隙内流体通过孔隙直径 d 所用的对流时间与弥散时间的比值，其计算公式如下[35-37]：

$$Pe_d = \frac{\overline{v}d}{K_1} \tag{7.29}$$

式中，Pe_d 为基于填砂粒径 d 的佩克莱数；$\overline{v}$ 为混相带平均运移速度，m/s；d 为填砂颗粒直径，m；K_1 为纵向弥散系数，m^2/s，本节取 $K_1 = K_{1x}$。

岩心尺度的佩克莱数 Pe_L 代表多孔介质模型内流体通过填砂模型长度 L 所用的对流时间与弥散时间的比值。本节取模型长度 L 作为特征长度，其计算公式如下[35-37]：

$$Pe_L = \frac{\overline{v}L}{K_1} \tag{7.30}$$

式中，Pe_L 为基于模型长度 L 的佩克莱数；L 为填砂模型长度，m。

本节进行了不同注入流量、压力、渗透率、非均质性条件下混相驱过程的佩克莱数变化规律实验，实验选用日本 AS ONE 公司生产的四种型号石英玻璃砂，即 BZ-01、BZ-02、BZ-04 和 BZ-06。均质填砂模型 BZ-01、BZ-02 和 BZ-04 分别采用对应型号的玻璃砂进行装填，填砂质量均为 60g；非均质填砂模型 MZ-2、MZ-4 和 MZ-6 均采用混合砂进行装填，其中 MZ-2 岩心采用 30g BZ-01 和 30g BZ-02 进行混合填砂，MZ-4 岩心采用 30g BZ-01 和 30g BZ-04 进行混合填砂，MZ-6 岩心采用 15g BZ-01、15g BZ-02、15g BZ-04、15g BZ-06 进行混合填砂。利用 CT 扫描装置对不同多孔介质模型的局部孔隙度进行测量。非均质填砂模型的内部孔隙结构如图 7.37 所示。多孔介质孔隙结构的非均质程度由强到弱依次为 MZ-6＞MZ-4＞MZ-2[38]。将 CT 扫描获得的局部孔隙度进行平均，得到填砂多孔介质模型的平均孔隙度，见表 7.4。对于均质模型，粒径大小对孔隙空间的填充度相差不大，平均孔隙度均在 35% 左右；而对于非均质模型，非均质性越强，其孔隙度越小。采用渗透率试验装置测量填砂多孔介质模型的平均渗透率，每组渗透率实验重复进行三次，取其平均值作为最终测量结果，见表 7.4。

表 7.4 填砂多孔介质模型孔渗参数

名称	平均孔隙度/%	平均渗透率/μm^2
BZ-01	35.8	4.4
BZ-02	34.8	8.0
BZ-04	35.6	14.5
MZ-2	39.5	7.8
MZ-4	36.1	7.1
MZ-6	31.2	9.9

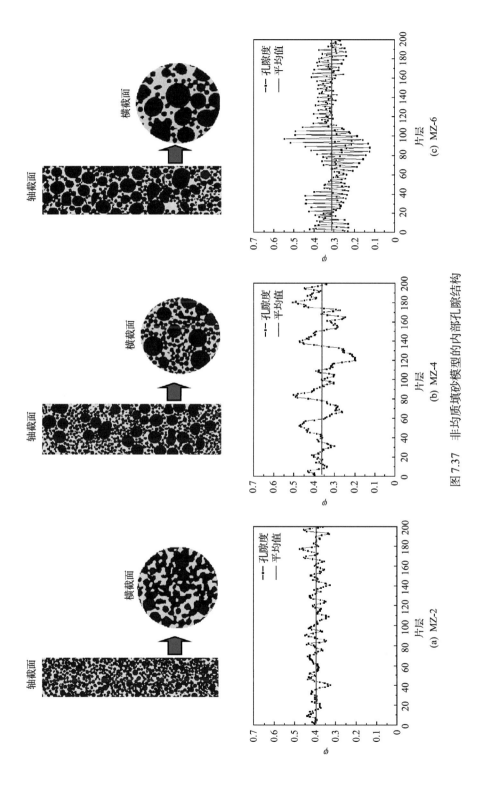

图 7.37 非均质填砂模型的内部孔隙结构

图7.38为不同注入流量、压力、渗透率、非均质性下混相驱过程的佩克莱数变化规律。在低注入流量下，注入流量和压力对Pe_L值的影响较小，而孔隙结构(渗透率和非均质性)对Pe_L值的影响较大，实验证明随着填砂多孔介质的渗透率降低或非均质性增强，混相驱替过程的Pe_L变小。这是因为本节实验的Pe_L值介于[101,5620]，属于机械弥散范畴[38]，对流作用占主导，由浓度差引起的分子扩散作用可以忽略不计。在此情况下的弥散现象可以看成仅由流体与多孔介质壁面的随机碰撞引起的，因此填砂多孔介质骨架的微观结构对混相驱弥散作用的影响较为明显[38]。在孔隙尺度下的Pe_d值介于[0.101, 5.620]，属于从分子扩散到机械弥散的过渡区间[38]。此时，对流虽然有助于弥散，但是分子扩散作用仍较为强烈。因此，在低注入流量条件下，岩心尺度的弥散系数仅考虑机械弥散作用，分子扩散作用可忽略不计，而孔隙尺度的弥散系数需要同时考虑机械弥散作用和分子扩散作用[33]。

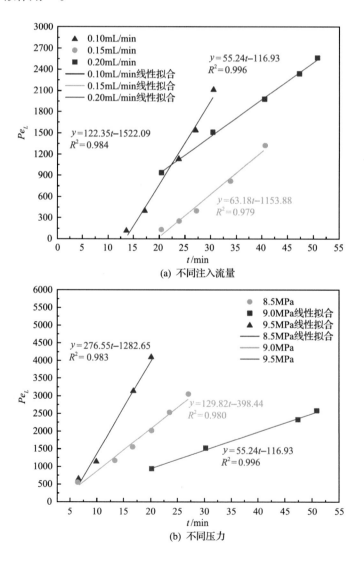

(a) 不同注入流量

(b) 不同压力

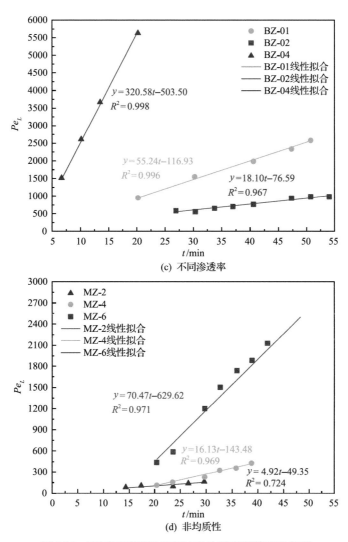

图 7.38 不同工况下混相驱过程的佩克莱数变化规律

参 考 文 献

[1] Holm L W. Miscibility and miscible displacement. Journal of Petroleum Technology, 1986, 38(8): 817-818.

[2] Holm L W, Josendal V A. Effect of oil composition on miscible-type displacement by carbon dioxide. Society of Petroleum Engineers Journal, 1982, 22(1): 87-98.

[3] Yellig W F, Metcalfe R S. Determination and prediction of CO$_2$ minimum miscibility pressures (includes associated paper 8876). Journal of Petroleum Technology, 1980, 32(1): 160-168.

[4] Srivastava R K, Huang S S. New interpretation technique for determining minimum miscibility pressure by rising//The SPE India Oil and Gas Conference and Exhibition, New Delhi, 1998.

[5] Dong M Z, Huang S, Dyer S B, et al. A comparison of CO$_2$ minimum miscibility pressure determinations for Weyburn crude oil. Journal of Petroleum Science and Engineering, 2001, 31(1): 13-22.

[6] Elsharkawy A M, Poettmann F H, Christiansen R L. Measuring CO_2 minimum miscibility pressures: Slim-tube or rising-bubble method. Energy & Fuels, 1996, 10(2): 443-449.

[7] Harmon R A, Grigg R B. Vapor-density measurement for estimating minimum miscibility pressure (includes associated papers 19118 and 19500). SPE Reservoir Engineering, 1988, 3(4): 1215-1220.

[8] Orr F M, Jessen K. An analysis of the vanishing interfacial tension technique for determination of minimum miscibility pressure. Fluid Phase Equilibria, 2007, 255(2): 99-109.

[9] Nobakht M, Moghadam S, Gu Y. Determination of CO_2 minimum miscibility pressure from measured and predicted equilibrium interfacial tensions. Industrial & Engineering Chemistry Research, 2008, 47(22): 8918-8925.

[10] Jessen K, Orr F M. On interfacial-tension measurements to estimate minimum miscibility pressures. SPE Reservoir Evaluation & Engineering, 2008, 11(5): 933-939.

[11] 许瀚元, 熊钰. 细管实验法确定最小混相压力的方法. 内江科技, 2012, (6): 92-93.

[12] 杨学锋, 郭平, 杜志敏, 等. 细管模拟确定混相压力影响因素评价. 西南石油学院学报, 2004, 26(3): 41-44.

[13] Christiansen R L, Haines H K. Rapid measurement of minimum miscibility pressure with the rising-bubble apparatus. SPE Reservoir Engineering, 1987, 2(4): 523-527.

[14] 毛振强, 陈凤莲. CO_2混相驱最小混相压力确定方法研究. 成都理工大学学报(自然科学版), 2005, 32(1): 61-64.

[15] Harmon R A, Grigg R B. Vapor-density measurement for estimating minimum miscibility pressure. SPE Reservoir Engineering, 1988, 3(4): 1215-1220.

[16] Rao D N. A new technique of vanishing interfacial tension for miscibility determination. Fluid Phase Equilibria, 1997, 139(1): 311-324.

[17] Song Y C, Zhu N J, Liu Y, et al. Magnetic resonance imaging study on the miscibility of a CO_2/n-decane system. Chinese Physics Letters, 2011, 28(9): 209-212.

[18] Liu Y, Jiang L L, Song Y C, et al. Estimation of minimum miscibility pressure (MMP) of CO_2 and liquid n-alkane systems using an improved MRI technique. Magnetic Resonance Imaging, 2016, 34(2): 97-104.

[19] Orr F M, Jessen K. An analysis of the vanishing interfacial tension technique for determination of minimum miscibility pressure. Fluid Phase Equilibria, 2007, 255(2): 99-109.

[20] Reamer H H, Sage B H. Phase equilibria in hydrocarbon systems.Volumetric and phase behavior of the n-decane-CO_2 system. Journal of Chemical and Engineering Data, 1963, 1(1): 508-513.

[21] Peng D Y, Robinson D B. A new two-constant equation of state. Industrial & Engineering Chemistry Fundamentals, 1976, 15: 59-64.

[22] Elsharkawy A M, Poettmann F H, Christiansen R L. Measuring CO_2 minimum miscibility pressures: Slim-tube or rising-bubble method. Energy & Fuels, 1996, 10(2): 443-449.

[23] Ayirala S C, Xu W, Rao D N. Interfacial behaviour of complex hydrocarbon fluids at elevated pressures and temperatures. Canadian Journal of Chemical Engineering, 2006, 84(1): 22-32.

[24] Span R, Wagner W. A new equation of state for carbon dioxide covering the fluid region from the triple-point temperature to 1100K at pressures up to 800MPa. Journal of Physical and Chemical Reference Data, 1996, 25(6): 1509-1596.

[25] Asghari K, Torabi F. Effect of miscible and immiscible CO_2 flooding on gravity drainage: Experimental and simulation results. The SPE Symposium on Improved Oil Recovery, 2008 4: 20-23.

[26] Nagarajan N, Gasem K A M, Robinson Jr R L. Equilibrium phase compositions, phase densities, and interfacial tensions for CO_2 + Hydrocarbon Systems; CO_2 + n-decan. Journal of Chemical and Engineering Data, 1986, 31(2): 168-171.

[27] Ayirala S C, Xu W, Rao D N. Interfacial behavior of complex hydrocarbon fluids at elevated pressures and temperatures// International Conference on MEMS, Nano and Smart Systems, Banff, Alberta, 2005, 7: 24-27.

[28] Goodfield G, Goodyear S G, Town P H. New coreflood interpretation method for relative permeabilities based on direct processing of in-situ saturation data.Society of Core Analysis Conference Paper SCA2000-28. 10.2118/71490-MS. 2001-09-01.

[29] Bijeljic B, Raeini A, Mostaghimi P, et al. Predictions of non-Fickian solute transport in different classes of porous media using direct simulation on pore-scale images. Physical Review E, 2013, 87: 013011.

[30] Bijeljic B, Mostaghimi P, Blunt M J. Signature of non-Fickian solute transport in complex heterogeneous porous media. Physical Review Letters, 2011, 107: 204502.

[31] Sahimi M. Flow and Transport in Porous Media and Fractured Rock: From Classical Methods to Modern Approaches. Los Angles: John Wiley & Sons, Inc., 2012.

[32] Seo J G. Experimental and simulation studies of sequestration of supercritical carbon dioxide in depleted gas reservoirs. Laredo: Texas A&M University, 2004.

[33] Yang W Z, Zhang L, Liu Y, et al. Dynamic stability characteristics of fluid flow in CO_2 miscible displacements in porous media. RSC Advances, 2015, 5: 34839-34853.

[34] Song Y C, Yang W Z, Wang D Y, et al. Magnetic resonance imaging analysis on the in-situ mixing zone of CO_2 miscible displacement flows in porous media. Journal of Applied Physics, 2014, 115(24): 401-410.

[35] Perkins T, Johnston O. A review of diffusion and dispersion in porous media. Society of Petroleum Engineers Journal, 1963, 3: 70-84.

[36] Carvalho J, Delgado J. Effect of fluid properties on dispersion in flow through packed beds. Aiche Journal, 2003, 49: 1980-1985.

[37] Catchpole O J, Bernig R, King M B. Measurement and correlation of packed-bed axial dispersion coefficients in supercritical carbon dioxide. Industrial & Engineering Chemistry Research, 1996, 35: 824-828.

[38] Yang W Z, Chang Y S, Song Y C, et al. Effects of pore structures on seepage and dispersion characteristics during CO_2 miscible displacements in unconsolidated cores. Energy & Fuels, 2021, 35 (21): 17791-17809.

第8章 | CO₂ 提高天然气采收率

CO₂ 提高天然气采收率(CO₂-EGR)技术因同时实现天然气增产与 CO₂ 地质封存的特点，近年来受到广泛关注。CO₂ 与 CH₄ 之间的弥散特性，描述了多孔介质内 CO₂ 驱替天然气混相程度的弥散特性，对 CO₂-EGR 具有重要作用，影响着驱替效果、天然气采收率与纯净度[1]。因此本章开展岩心中 CO₂-CH₄ 驱替过程的原位及表观弥散特性研究，模拟研究注入参数对天然气采收率及封存效果的影响，阐明 CO₂ 运移与天然气采收率变化规律，为 CO₂-EGR 实施提供数据及理论支持。

8.1 CO₂-CH₄ 原位驱替特性

CO₂-EGR 技术中，多孔介质内 CO₂ 驱替天然气的相行为特征及弥散特性对 CO₂ 驱替运移规律、天然气采收率及 CO₂ 封存效果等具有重要影响。基于超临界 CO₂ 与天然气的物性差异，发生大规模混合的可能性较小[2]，但两者之间形成明显相界面或混相过渡区域[3]，还存在一定争议。驱替弥散特性大多是利用动态柱突破法获得，缺乏多孔介质内混相过渡带的直接测量及弥散特性的原位获取。

本节基于微焦点 X 射线 CT，搭建多孔介质内 CO₂-天然气驱替可视化及弥散原位测量系统，开展岩心中 CO₂-CH₄ 驱替过程可视化研究及原位弥散特性研究[4, 5]。通过 CT 成像技术获取填砂岩心的三维孔隙及骨架结构，探究纵向孔隙度分布，可视化分析驱替过程 CO₂ 和 CH₄ 的分布及流动特征，直观描述混相过渡带及其驱替行为特征。基于 CT 获取多孔介质孔隙内流体密度分布特性，提出原位弥散系数测量方法，并验证其可靠性和准确性，对比分析原位弥散系数与动态柱突破方法获得的表观弥散系数，探究岩心进出口效应的影响效果，阐明 CO₂-EGR 中混相驱替相行为特征及弥散特性。

8.1.1 孔隙结构与孔隙度分布

基于 X 射线无损探测的特性，CT 技术可以在不破坏多孔介质结构的情况下，获得多孔介质内孔隙结构特性。为实现多孔介质内 CO₂ 驱替 CH₄ 过程可视化研究，并原位测量驱替过程中的弥散系数，基于微焦点 X 射线 CT，结合温度控制系统、流体注入系统、填砂岩心系统、背压调节控制系统、数据采集系统等，搭建了多孔介质内 CO₂-CH₄ 驱替可视化及弥散原位测量系统，系统示意图如图 8.1 所示。

应用 CT 对不同填砂粒径的填砂岩心进行扫描，三维重构填砂岩心并分析孔隙结构特征。分别应用 BZ-01、BZ-04、BZ-06、BZ-1 及 BZ-2 五种石英砂，在填砂岩心管内制作了对应的填砂岩心。

在选取 CT 填砂岩心管制作材料时，专门设计并制作了两种应用于 CT 中的填砂岩心管 CFC-1、CFC-2，另外加工了耐高压的不锈钢填砂岩心管 CFC-3、CFC-4，具体参数如表 8.1 所示。

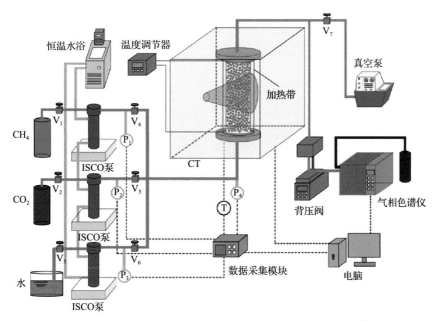

图 8.1　微焦点 X 射线 CT 驱替可视化及弥散原位测量系统

表 8.1　填砂岩心管参数

设备名称	材质	尺寸/(mm×mm)	温压范围
填砂岩心管 CFC-1	铝合金	$\Phi15\times150$	18MPa，80℃
填砂岩心管 CFC-2	聚醚醚酮(PEEK)	$\Phi15\times120$	12MPa，60℃
填砂岩心管 CFC-3	不锈钢	$\Phi32\times120$	20MPa，100℃
填砂岩心管 CFC-4	不锈钢	$\Phi32\times200$	20MPa，100℃

在进行 CO_2 驱替 CH_4 弥散实验时，为了避免进出口流动状态不稳定对 CT 扫描及弥散系数原位测量的影响，CT 扫描视野选取填砂岩心的中间位置。如图 8.2 所示，以填砂岩心底部为 0 点的纵向坐标中，后续所有填砂岩心内 CO_2 驱替 CH_4 弥散实验的 CT 扫描视野范围均为 40~78mm。CT 扫描成像体素大小为 84μm×84μm×84μm，即分辨率为 84μm。

通过 CT 扫描，获得了 BZ-04、BZ-06、BZ-1 及 BZ-2 填砂岩心的骨架及孔隙结构，四种填砂岩心轴向孔隙结构图及截面孔隙结构图如图 8.3 和图 8.4 所示。在 BZ-04 及 BZ-06 填砂岩心中，石英砂在轴向方向及径向方向分布均匀，孔隙大小近似；在 BZ-1 填砂岩心中，石英砂分布比较均匀，但是在局部区域存在明显大于平均值的孔隙，如图中黑色圆

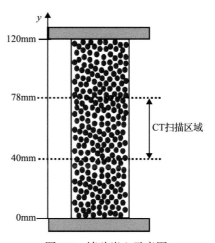

图 8.2　填砂岩心示意图

圈处；而在 BZ-2 填砂岩心中，大孔隙较多，如图中黑色圆圈所示，分布比较杂乱。因此，对于本章所用的填砂岩心管，填砂粒径越小，即填砂粒径与填砂岩心管之比越小，填砂岩心的孔隙分布越均匀。此外，四种填砂岩心对应的三维视图如图 8.5 所示，孔隙随着填砂粒径的增大而增大，与轴向孔隙结构图及截面孔隙结构图一致。

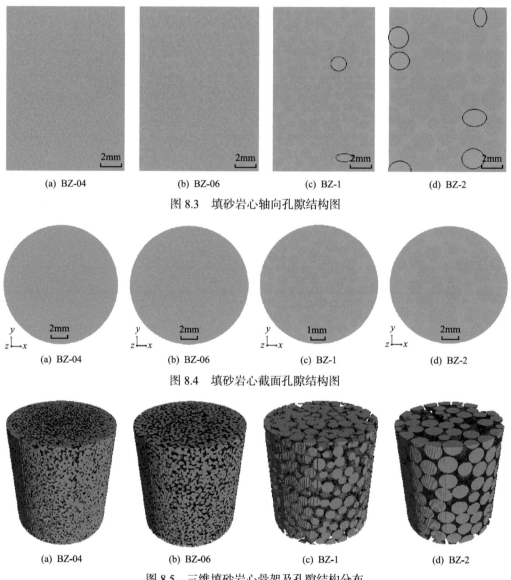

(a) BZ-04　　　　　(b) BZ-06　　　　　(c) BZ-1　　　　　(d) BZ-2

图 8.3　填砂岩心轴向孔隙结构图

(a) BZ-04　　　　　(b) BZ-06　　　　　(c) BZ-1　　　　　(d) BZ-2

图 8.4　填砂岩心截面孔隙结构图

(a) BZ-04　　　　　(b) BZ-06　　　　　(c) BZ-1　　　　　(d) BZ-2

图 8.5　三维填砂岩心骨架及孔隙结构分布

根据 X 射线穿透物质的衰减规律，CT 扫描能够获得物质内部结构信息及多孔介质中流体密度分布。CT 扫描得到的 CT 灰度值与物质密度成正比。CT 扫描多孔介质后可以得到其 CT 灰度图像，进而重构获得三维骨架结构图像及孔隙分布图像。多孔介质的孔隙度 φ 通过式 (8.1) 计算获得[6, 7]：

$$\varphi = \frac{CT_{water}^{sat} - CT_{dry}}{CT_{water} - CT_{air}} \tag{8.1}$$

式中，CT_{dry}、CT_{water}^{sat} 分别表示干燥多孔介质和饱和水多孔介质的 CT 灰度值；CT_{water}、CT_{air} 分别表示纯水和空气的 CT 灰度值。

在获得填砂岩心的 CT 灰度图像及其骨架、孔隙结构的基础上，进一步分析填砂岩心孔隙度分布。由于主要关注轴向的 CO₂-CH₄ 驱替弥散特性，且从填砂岩心孔隙结构图可知，除 BZ-2 型填砂岩心外，其他四种填砂岩心在截面和径向方向是基本均匀的。因此，在分析填砂岩心孔隙度分布时，忽略径向的差异，关注填砂岩心的轴向孔隙度分布。

根据式 (8.1) 计算填砂岩心孔隙度时，应用片层灰度值作为计算依据，获得片层平均孔隙度沿轴向变化曲线，如图 8.6 所示。BZ-2 填砂岩心的片层孔隙度在轴向存在较大波动，非均质性较为明显，其主要原因是填砂粒径与填砂岩心管内径比值较大。填砂岩心管内径为 15mm，而 BZ-2 玻璃珠的直径达到 2.0mm，填充后不同位置的石英砂分布不均，尤其是靠近填砂岩心管内壁的位置处，容易形成轴向上的分布差异，从而造成轴向孔隙度变化较大，轴向非均质性明显。相对而言，BZ-01、BZ-04、BZ-06 及 BZ-1 等小粒径石英砂制作的填砂岩心片层孔隙度在轴向上变化较小，且随着填砂粒径减小，片层孔隙度的轴向波动逐渐变小，BZ-01 型填砂岩心的片层孔隙度总体上沿轴向近似不变，只存在局部微小波动，因此，可以认为四种小粒径石英砂制作的填砂岩心在轴向上是均质的。进一步计算了 BZ-01、BZ-04、BZ-06、BZ-1 及 BZ-2 填砂岩心的总体孔隙度，分别为 32.4%、33.1%、35.8%、38.4% 及 41%。

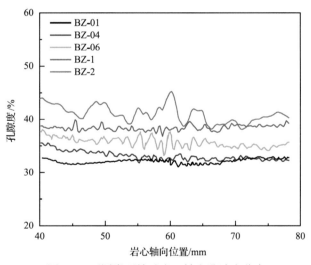

图 8.6 不同类型填砂岩心轴向孔隙度分布

8.1.2 CO₂-CH₄ 驱替可视化

在 BZ-01 填砂岩心内开展了液态 CO₂-CH₄ 驱替可视化实验研究，实验温度为 25℃，压力为 10MPa，注入流速为 58.2μm/s，此时 CO₂ 呈现液态，CH₄ 为气态。受限于 CT 扫描范围及所呈现 CT 图像的分辨率为 4μm/voxel（体素）的局限，未能直接获取 BZ-01 填砂岩心骨架及孔隙结构。因此，在对 BZ-01 填砂岩心内 CO_2-CH_4 驱替弥散过程进行可视化描述时，无法完全呈现骨架与孔隙的明显界线，但是 CT 灰度图仍能分辨填砂岩心孔隙内流体的密度变化，从而确定某一时刻填砂岩心内的流体类型。

图 8.7 为不同时刻 BZ-01 填砂岩心内液态 CO_2 纵向驱替 CH_4 弥散过程中纵向及截面 CT 灰度图，图中的红色斑点主要是由部分高密度石英砂造成的。首先，分别对填砂岩心内填充纯 CH_4 和纯 CO_2 时进行 CT 扫描，获得对应的基于 CT 灰度值着色的图像，蓝色代表填砂岩心内为 CH_4，黄绿色代表填砂岩心内为 CO_2。图 8.7 显示在 CO_2 纵向向上驱

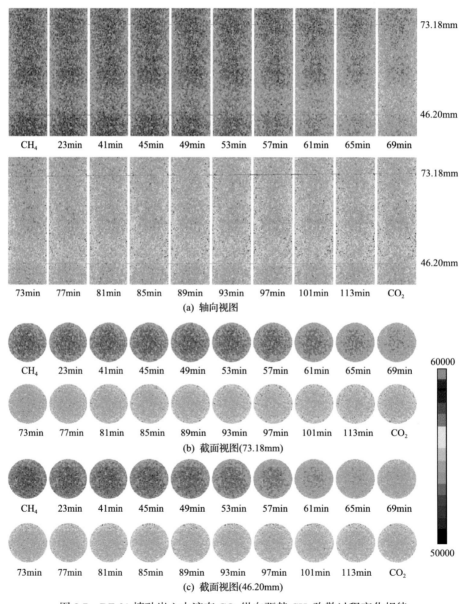

图 8.7　BZ-01 填砂岩心内液态 CO_2 纵向驱替 CH_4 弥散过程变化规律

替 CH₄ 过程中，图像颜色由实验开始时的蓝色变为实验结束时的黄绿色，即在 CT 扫描视野中，填砂岩心内 CO₂ 完全驱替 CH₄。整个驱替过程中，没有出现蓝色和黄绿色明显界面的现象，说明液态 CO₂ 与气态 CH₄ 之间不存在相界面；驱替过程是逐渐由蓝色转变为蓝色和黄绿色过渡再进一步转变为黄绿色，表明填砂岩心中液态 CO₂ 驱替 CH₄ 过程是以混相驱替的形式进行，驱替靠混相过渡带向前推进，而且混相过渡带的长度超过了 CT 扫描视野。在 49min 之前，纵向 CT 图像及两处位置截面 CT 图像均为蓝色且随时间无变化，此时填砂岩心中为纯 CH₄。在 53min 时，图 8.7(a) 中填砂岩心顶部颜色仍为蓝色且无变化，而底部颜色出现较轻微的黄绿色变化；此时，图 8.7(b) 中 73.18mm 位置处的截面图像没有明显的颜色变化；而图 8.7(c) 中 46.20mm 位置处的截面图像颜色也呈现轻微黄绿色变化，这说明 CO₂ 开始以混相的形态从底部进入 CT 扫描视野。在 61min 时，图 8.7(a) 中填砂岩心自下向上呈现明显的黄绿色向蓝色过渡；此时，图 8.7(b) 中 73.18mm 位置处的截面图像呈现轻微黄绿色变化；而图 8.7(c) 中 46.20mm 位置处的截面图像颜色进一步向黄绿色演变，即混相中 CO₂ 浓度进一步升高。综上所述，驱替混相过渡带前缘在 53min 时进入 CT 扫描视野底部，在 61min 时抵达 CT 扫描视野顶部。随着时间推移，驱替过程继续进行，图 8.7(a) 所示填砂岩心中自下向上蓝色逐渐被黄绿色取代，至 81min 后完全变为黄绿色，且后续 CT 图像的颜色未有明显变化；图 8.7(b) 和 (c) 所示的 46.20mm 与 73.18mm 位置处的截面图像颜色变化也不明显。此时，填砂岩心 CT 扫描视野内全部为纯 CO₂，CO₂-CH₄ 驱替过程结束。

图 8.8 为图 8.7 对应的 46.20mm 及 73.18mm 位置处片层平均 CT 灰度值随时间的变化曲线，以及实验系统出口处 CO₂ 浓度随时间的变化曲线。从图中可以发现，45min 之前两处的片层平均 CT 灰度值均维持在 53400 左右，没有明显变化，这说明两个位置填砂岩心内均为 CH₄，驱替过程还未开始。在 49min 时，46.20mm 位置处的片层平均 CT 灰度值开始增加，而 73.18mm 位置处的片层平均 CT 灰度值仍未发生变化，这说明驱替混相过渡带前缘进入扫描视野底部的 46.20mm 处，但仍未到达扫描视野顶部。在 53min 时，73.18mm 位置处的片层平均 CT 灰度值开始增加，与 46.20mm 位置处的片层平均 CT

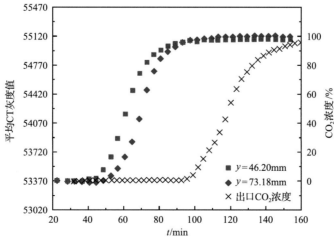

图 8.8 BZ-01 填砂岩心内两处位置的片层平均 CT 灰度值随时间的变化曲线

灰度值的差距进一步扩大，此时驱替混相过渡带前缘抵达扫描视野顶部的 73.18mm 处，而驱替混相过渡带的后缘还未抵达扫描视野底部，即此时 CT 扫描视野均处于驱替混相过渡带中。随后，两处的片层平均 CT 灰度值快速增加；在 89min 时，46.20mm 位置处的片层平均 CT 灰度值接近稳定状态，不再快速增加，这说明此时驱替混相过渡带后缘抵达 CT 扫描视野的底部；73.18mm 位置处的片层平均 CT 灰度值仍然继续增加，至 97min 时不再快速增大，达到稳定状态，此时驱替混相过渡带后缘抵达 CT 扫描视野的顶部，驱替混相过渡带完全掠过扫描区域，CT 扫描视野的填砂岩心内完成了驱替过程。而实验系统出口处 CO_2 浓度在 99min 时才逐渐升高，说明 CO_2 开始突破。

对比可以发现，图 8.7 显示驱替混相过渡带前缘的出现要滞后于图 8.8，而驱替过程的结束则要早于图 8.8，主要是由于颜色显示的分辨率没有 CT 灰度变化敏感造成的。相较于纯 CH_4 时 CT 灰度值为 53360 的蓝色及纯 CO_2 时 CT 灰度值为 55100 的黄绿色，大约在 CT 灰度值为 53650 时，颜色才会显现出不同于蓝色的蓝色偏黄绿色变化，这造成了在图 8.7 中的驱替混相过渡带前缘的出现滞后于图 8.8。同理，驱替结束的过早显示也是类似原因。

为了清晰展现填砂岩心骨架及孔隙结构，进一步对 BZ-04 填砂岩心内超临界 CO_2-CH_4 的驱替过程进行可视化研究，实验温度为 40℃，压力为 10MPa，注入流速为 57μm/s。图 8.9 为不同时刻 BZ-04 填砂岩心内超临界态 CO_2 纵向驱替 CH_4 弥散过程中的填砂岩心纵向及截面 CT 灰度图。此时，CO_2 呈现超临界状态，密度及黏度接近于液态，CH_4 为气态。图中填砂岩心的骨架呈现白色或者红色（高密度石英砂），孔隙中颜色由蓝色（CH_4）逐渐变为绿色（CO_2），这说明与 BZ-01 填砂岩心中的驱替弥散可视化图像相似，驱替过程中没有出现明显的相界面，说明填砂岩心中超临界 CO_2 纵向驱替 CH_4 是以混相驱替形式进行的，以混相过渡带向前推进。由于与 BZ-01 填砂岩心中的驱替弥散过程相似，片层平均 CT 灰度随时间的变化曲线不再详细描述。从图 8.9 所示的填砂岩心纵向视图中发现，在 40min 之前，CT 扫描视野中 BZ-04 填砂岩心所有孔隙结构中全部为蓝色，即填充流体为 CH_4；在 50min 时，填砂岩心底部孔隙中颜色从蓝色变为蓝绿色，即 CO_2-CH_4 混相过渡带的驱替前缘开始进入底部，并向上驱替孔隙中的 CH_4。在 60min 时，CO_2 继续向上驱替 CH_4，即蓝绿色区域向上推进至 CT 扫描视野中的填砂岩心顶部孔隙，混相

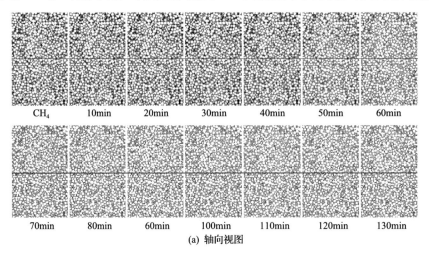

(a) 轴向视图

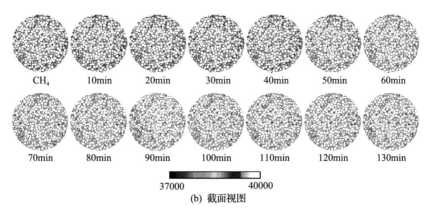

(b) 截面视图

图 8.9　BZ-04 填砂岩心内纵向 CO₂ 驱替 CH₄ 弥散过程可视化图像

过渡带前缘抵达扫描视野中填砂岩心顶部，且此时扫描视野底部蓝绿色变得更偏向于绿色，即混相过渡带中 CO₂ 浓度进一步增加。在 80min 时，整个 CT 扫描视野中的填砂岩心孔隙中全部填充为绿色，并且之后颜色基本不变，说明 80min 之后，CT 扫描视野内填砂岩心中超临界 CO₂ 驱替 CH₄ 过程基本完成。综上所述，通过 CT 图像探明填砂岩心内超临界 CO₂ 驱替 CH₄ 过程为混相驱替，主要以混相过渡带形式推进驱替的进行。

8.1.3　CO₂-CH₄ 原位弥散特性

在 BZ-01 和 BZ-04 填砂岩心分别为干燥状态及含残余水状态下，开展液态及超临界态 CO₂ 驱替 CH₄ 弥散实验，实验压力为 10MPa，温度为 25℃和 40℃，注入流速为 29.1～87.3μm/s，实验数据如表 8.2 所示。

表 8.2　CO₂ 纵向驱替 CH₄ 弥散系数

填砂管	石英砂	残余水	T/℃	P/MPa	v/(μm/s)	D_L/(10^{-7}m²/s)	$D_{L\text{-in-situ}}$/(10^{-7}m²/s)
CFC-2	BZ-01	否	25	10	87.3	2.55	2.14
					58.2	1.94	1.66
					43.7	1.74	1.45
					29.1	1.45	1.18
		否	40	10	58.2	2.81	2.23
					43.7	2.43	1.92
					43.7	2.47	1.94
					29.1	2.27	1.75
		是	25	10	87.3	1.02	0.86
					58.2	0.83	0.65
					29.1	0.72	0.55
					29.1	0.73	0.56
		是	40	10	87.3	2.35	1.73
					58.2	1.76	1.34
					29.1	1.44	1.03

填砂管	石英砂	残余水	$T/℃$	P/MPa	$v/(\mu m/s)$	$D_L/(10^{-7}m^2/s)$	$D_{L\text{-in-situ}}/(10^{-7}m^2/s)$
					85.7	2.30	2.03
CFC-2	BZ-04	是	40	10	57.2	1.50	1.24
					28.6	1.11	0.77
					14.3	0.65	0.45

注：D_L表示表观弥散系数，$D_{L\text{-in-situ}}$表示原位弥散系数。

干燥及含残余水条件下 BZ-01 填砂岩心内 CO_2-CH_4 原位与表观弥散系数随 CO_2 注入流速的变化规律如图 8.10 和图 8.11 所示。在干燥以及含残余水的条件下，BZ-01 填砂岩心内 CO_2-CH_4 原位弥散系数及表观弥散系数均随着注入流速的增大而增大，且 40℃ 条件下的弥散系数大于 25℃。此外，相同实验条件下，由于进出口效应，原位弥散系数始终小于表观弥散系数。

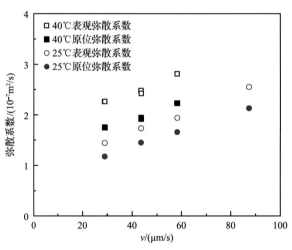

图 8.10　干燥条件下 BZ-01 填砂岩心内 CO_2-CH_4 原位与表观弥散系数随 CO_2 注入流速的变化规律

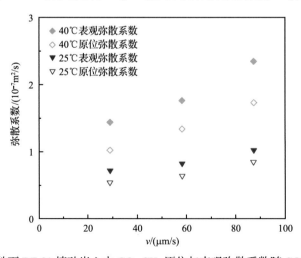

图 8.11　含残余水条件下 BZ-01 填砂岩心内 CO_2-CH_4 原位与表观弥散系数随 CO_2 注入流速的变化规律

1. 进出口效应

在多孔介质 CO$_2$ 驱替 CH$_4$ 实验中，填砂岩心管两端存在流动死角，该区域会滞留少量 CH$_4$ 无法被及时驱替，滞留的 CH$_4$ 会造成 CO$_2$ 突破后期 CO$_2$ 浓度低于理想值。因此，在动态柱突破曲线方法中，根据出口气体成分分析获得的 CO$_2$ 突破曲线会产生拖尾现象，增大对混相过渡区的评估，造成一定的偏差。

本节选择远离进出口不稳定流动区域的填砂岩心中间位置，作为 CT 扫描区域，应用原位弥散系数测量方法，能够直接测量不受进出口效应影响的原位弥散系数。

图 8.12 为干燥及含残余水条件下 BZ-01 填砂岩心内 CO$_2$-CH$_4$ 的表观弥散系数与原位弥散系数的偏差。可以发现，受进出口效应影响，干燥 BZ-01 填砂岩心中弥散系数增大了 14%～23%，含残余水 BZ-01 填砂岩心中弥散系数增大了 16%～29%。随着注入流速的增大，干燥及含残余水 BZ-01 填砂岩心内的弥散系数偏差总体呈下降趋势。Honari 等[8]应用 MRI 技术在填砂岩心中测量 CO$_2$-CH$_4$ 弥散系数时，发现 MRI 测量方法与动态柱突破曲线方法的偏差为 8%～32%，也存在与本节相似的现象，即弥散系数偏差随注入流速增加而减小的变化趋势。Hughes 等[9]应用动态柱突破曲线方法通过长短不同的两个岩心评估了进出口效应，弥散系数偏差达到 14%～62%。综上所述，本节评估了进出口效应对弥散系数的影响，其造成干燥 BZ-01 填砂岩心中 CO$_2$-CH$_4$ 弥散系数增大了 14%～23%，含残余水 BZ-01 填砂岩心中 CO$_2$-CH$_4$ 弥散系数增大了 16%～29%。

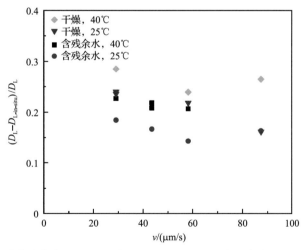

图 8.12　干燥及含残余水条件下 BZ-01 填砂岩心内 CO$_2$-CH$_4$ 表观弥散系数与原位弥散系数偏差

2. 残余水作用

本节分别在干燥及含残余水的 BZ-01 填砂岩心中开展弥散系数原位测量实验研究，对原位弥散系数及表观弥散系数进行对比分析，探究残余水对 CO$_2$ 驱替 CH$_4$ 弥散过程的影响机理。

图 8.13 为干燥及含残余水的 BZ-01 填砂岩心内 CO$_2$-CH$_4$ 原位与表观弥散系数。含残

余水的 BZ-01 填砂岩心内原位弥散系数与表观弥散系数均小于对应条件下干燥的填砂岩心。在含残余水的填砂岩心内 CO_2 驱替 CH_4 过程中，驱替混相过渡带前缘中的 CO_2 会溶解于附着在石英砂表面的残余水中，造成驱替混相过渡带前缘中 CO_2 浓度降低，低于相同实验条件下干燥填砂岩心内 CO_2 浓度。随着 CO_2 逐渐溶解到残留水中直至饱和，相同位置的 CO_2 溶解量随时间减少，在驱替混相过渡带中 CO_2 摩尔分数曲线的梯度也将逐渐增加。因此，含残余水条件下，CO_2 浓度随时间增加得比干燥填砂岩心条件下更快，CO_2 浓度变化曲线梯度增加。由于溶解作用，CO_2 的突破也发生了延迟，Al-Hasami 等[10]和 Hussen 等[11]的模拟结果也证实了这一点。残余水的存在进一步稳定了混相过渡带的驱替前缘，并且某种程度上缩短了混相过渡带在驱替方向上的长度。因此，弥散作用减弱，弥散系数明显小于同等实验条件下干燥填砂岩心内的弥散系数。

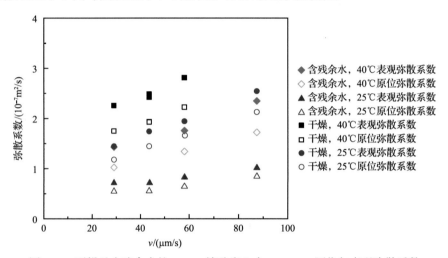

图 8.13 干燥及含残余水的 BZ-01 填砂岩心内 CO_2-CH_4 原位与表观弥散系数

填砂岩心水饱和后用 CH_4 驱替形成残余水环境时，进出口流动死角处的残余水可能会滞留，造成该处残余水含量要高于轴向主要流动区域。因此，在 CO_2 驱替 CH_4 过程中，CO_2 会长时间缓慢溶解到填砂岩心进出口流动死角处的残余水中，导致出口中 CO_2 突破曲线变得更为平缓，从而造成基于出口 CO_2 突破曲线计算得到的表观弥散系数相对增大，使得含残余水情况下表观弥散系数与原位弥散系数的偏差大于干燥填砂岩心内的偏差。

8.2 CO_2-CH_4 表观弥散特性

本节基于动态柱突破方法，开展填砂岩心内 CO_2 横向及纵向驱替 CH_4 表观弥散特性实验研究，通过横向和纵向对比实验，探究重力效应对弥散特性的影响，分析注入参数、多孔介质孔渗特性、天然气中 CO_2 杂质和不同地层深度温压等因素的影响，探明驱替过程中 CO_2 突破曲线及 CO_2-CH_4 弥散系数的变化规律，并进一步评估填砂岩心的横向和纵向弥散度[12-15]。

8.2.1 重力效应的影响

气藏地质条件下 CO$_2$ 为超临界态，密度及黏度较大，远大于天然气，两者物理性质具有显著的差别。受重力效应的影响，超临界 CO$_2$ 会倾向于向气藏储层下部沉降，即沉积在较轻的天然气下方形成"垫气"[16]，因此在 CO$_2$-EGR 过程中，重力效应发挥着重要作用。本节将通过横向、纵向方向 CO$_2$ 驱替 CH$_4$ 和 CH$_4$ 驱替 CO$_2$ 实验，探究重力效应对弥散特性的影响。

1. 横向 CO$_2$ 驱替 CH$_4$ 与 CH$_4$ 驱替 CO$_2$ 的弥散特性对比

应用 BZ-01 石英砂在 CFC-3 填砂岩心管中制作填砂岩心，在横向方向上，分别开展 CO$_2$ 驱替 CH$_4$ 与 CH$_4$ 驱替 CO$_2$ 的实验研究，分析重力效应对横向混相驱替弥散特性的影响。实验温度为 40℃，压力为 10MPa。

图 8.14 为 BZ-01 填砂岩心内横向 CO$_2$ 驱替 CH$_4$ 与 CH$_4$ 驱替 CO$_2$ 的突破曲线对比，注入流速分别为 32μm/s、6.4μm/s 及 3.2μm/s。对于 CO$_2$ 驱替 CH$_4$ 实验，图中纵坐标 x 代表 CO$_2$ 浓度；对于 CH$_4$ 驱替 CO$_2$ 实验，图中纵坐标 x 代表 CH$_4$ 浓度。从图中发现，相同类型的驱替实验中，如 CO$_2$ 驱替 CH$_4$，随注入流速的降低突破延迟，突破曲线增长变得缓和，这主要是对流作用减弱的结果。对于不同类型的驱替实验，相同注入流速下，CO$_2$-CH$_4$ 驱替实验比 CH$_4$-CO$_2$ 驱替实验的突破起始时刻略晚，且前者的突破曲线明显比后者陡峭，斜率较大。这说明 CO$_2$-CH$_4$ 驱替实验中，CO$_2$ 能够更快地将填砂岩心中的 CH$_4$ 驱替完，而 CH$_4$-CO$_2$ 驱替实验则需要更长的时间。造成这种现象的主要原因是 CO$_2$ 与 CH$_4$ 之间密度差异与黏度差异引起的重力效应。

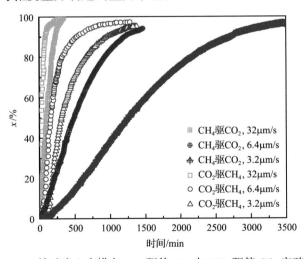

图 8.14　BZ-01 填砂岩心内横向 CO$_2$ 驱替 CH$_4$ 与 CH$_4$ 驱替 CO$_2$ 突破曲线对比

在温度为 40℃、压力为 10MPa 的实验条件下，CO$_2$ 处于超临界状态，密度为 628.61kg/m^3，黏度为 47.83μPa·s，此时 CH$_4$ 的密度和黏度分别为 69.97kg/m^3 和 14.06μPa·s。CO$_2$ 密度显著大于相同温压条件下的 CH$_4$，使得 CO$_2$ 倾向于沉降至填砂岩心底部。通常认为多孔介质内驱替过程中流动形态为活塞流，即驱替前缘垂直于驱替流动方向，流速、浓度均匀。而在 CO_2-CH_4 的横向驱替弥散实验过程中，受重力效应影响，CO_2 向下沉降导致纵向的运移分量不可忽略，驱替前缘的形态与活塞流有一定差异。横向 CO_2 驱替 CH_4 实验中，CO_2 向下沉降，更倾向于从填砂岩心底部沿对流弥散方向运移，所以混相过渡带底部驱替前缘要早于顶部驱替前缘，形成如图 8.15(a) 所示的混相驱替过程。而横向 CH_4 驱替 CO_2 实验中，由于 CO_2 密度大，密度较小的 CH_4 倾向于从填砂岩心顶部沿对流弥散方向运移，所以混相过渡带顶部驱替前缘要早于底部驱替前缘，形成如图 8.15(b) 所示的混相驱替过程。

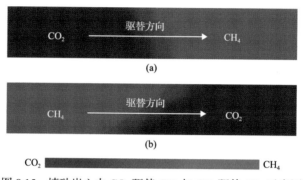

图 8.15 填砂岩心内 CO_2 驱替 CH_4 与 CH_4 驱替 CO_2 示意图

CO_2 驱替 CH_4 与 CH_4 驱替 CO_2 实验中的突破曲线不重合，说明两者的驱替前缘倾角存在差异，主要原因是 CO_2 与 CH_4 的密度、黏度的差异。超临界态 CO_2 黏度显著大于相同条件下的 CH_4，CO_2 显得更黏稠，流动性更差。因此，横向 CO_2 驱替 CH_4 实验中，由于 CO_2 黏度大，CO_2 从填砂岩心底部沿对流弥散方向运移的速度比整体流动稍快，形成的倾斜驱替前缘的倾角较大，如图 8.15(a) 所示。而在 CH_4 驱替 CO_2 实验中，CH_4 相对 CO_2 而言黏度更小、流动性好，更容易从填砂岩心顶部沿对流弥散方向运移，重力效应使得底部黏度较大的 CO_2 更不易被驱替，滞留时间增加。因此，形成了如图 8.15(b) 所示的具有较小倾角的驱替前缘，进一步造成 CH_4 驱替 CO_2 的突破早于 CO_2 驱替 CH_4，且前者突破曲线的斜率明显比后者平缓，即相较于 CO_2 驱替 CH_4 实验，CH_4 驱替 CO_2 实验会形成更长的 CO_2-CH_4 混相过渡带。

在突破曲线的基础上，通过对流弥散方程计算横向 CO_2 驱替 CH_4 与 CH_4 驱替 CO_2 过程中的表观弥散系数，如图 8.16 所示。CH_4 驱替 CO_2 的表观弥散系数是 CO_2 驱替 CH_4 的 2.5~5 倍。因此，CO_2 与 CH_4 之间的密度及黏度差异引起的重力效应对横向驱替弥散过程具有重要影响，相对于横向 CH_4 驱替 CO_2 过程，CO_2 的高密度、高黏度会使其在多孔介质内驱替 CH_4 时更加稳定，形成的 CO_2-CH_4 混相过渡带更短，对流弥散作用相对较弱，从而在一定程度上对产气的污染也更小。

2. 不同长度填砂岩心内横向驱替弥散特性对比

将 BZ-01 石英砂分别填装至内径相同(32mm)的 CFC-3(长 120mm) 及 CFC-4(长 200mm)填砂岩心管中，制作长度不同的两种填砂岩心，开展横向 CO_2 驱替 CH_4 的弥散实验研究，进一步分析重力效应对不同长度填砂岩心内横向驱替弥散的影响。

图 8.17 为 40℃、10MPa 及注入流速为 3.2μm/s 和 6.4μm/s 条件下，CFC-3 及 CFC-4 两种填砂岩心内 CO_2 横向驱替 CH_4 实验的 CO_2 突破曲线。两种注入流速下，长度较长的 CFC-4 填砂岩心内的 CO_2 突破时刻均晚于对应流速下长度较短的 CFC-3 填砂岩心，这主要是由于长度差异造成了流体通过填砂岩心的时间不同，岩心长度越长，则流体从一端流动至另一端的时间越长。此外，CFC-4 内驱替实验的突破曲线斜率要明显比 CFC-3 内驱替实验平缓，其原因是长度增加后，驱替时间变长，突破曲线变平缓，以及重力效应的作用。

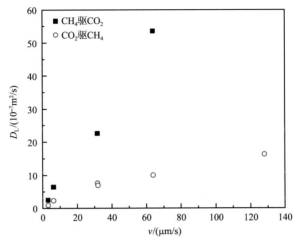

图 8.16 CO_2 驱替 CH_4 与 CH_4 驱替 CO_2 表观弥散系数对比

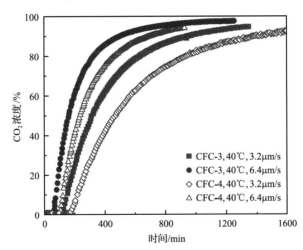

图 8.17 长短填砂岩心内 CO_2-CH_4 横向驱替实验的 CO_2 突破曲线

由于横向驱替过程驱替前缘为存在倾角的混相过渡带，在长度不同的 CFC-3、CFC-4 填砂岩心横向 CO_2-CH_4 驱替实验中，随着驱替距离的增加，受重力效应影响，填砂岩心底部的 CO_2 沿对流弥散方向的运移会比上部的流动更快，因此 CFC-4 填砂岩心的横向驱替前缘混相过渡带比 CFC-3 填砂岩心更平缓，驱替前缘的倾角更小。这进一步使得混相过渡带变得更长，造成弥散系数增大，如图 8.18 所示，40℃、10MPa 和 55℃、14MPa 两种实验条件下，CFC-4 填砂岩心横向驱替实验的表观弥散系数均大于 CFC-3 填砂岩心横向驱替实验。

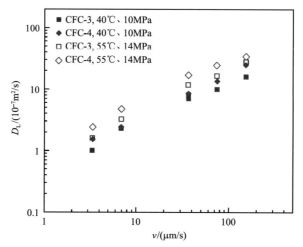

图 8.18　长短填砂岩心内 CO_2-CH_4 横向驱替的表观弥散系数

综上所述，CO_2-CH_4 横向驱替弥散实验过程中，受重力效应影响，密度、黏度较大的 CO_2 趋于沉降，间接促进了底部 CO_2 的运移，造成了横向驱替前缘混相过渡带的倾角减小，而沿横向方向的混相程度则增大，从而促进了横向弥散。

3. 横向驱替和纵向驱替的弥散特性对比

通过对比横向驱替和纵向 CO_2 驱替 CH_4 实验的弥散变化规律，进一步分析由于 CO_2 与 CH_4 密度、黏度差异引起的重力效应对混相驱替及弥散的作用机理。在 CFC-3 填砂岩心内，开展了 40℃、10MPa 条件下横向及纵向的 CO_2-CH_4 驱替实验，其中纵向实验为从填砂岩心底部向上注入 CO_2 驱替 CH_4。

图 8.19 为注入流速为 3.2μm/s 和 6.4μm/s 条件下，横向及纵向方向 CO_2-CH_4 驱替实验的 CO_2 突破曲线。横向驱替实验的 CO_2 突破时间略早于纵向驱替实验，其主要原因是

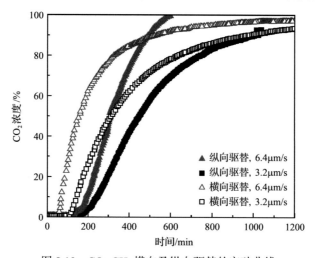

图 8.19　CO_2-CH_4 横向及纵向驱替的突破曲线

横向驱替实验系统管路比纵向驱替实验系统管路要略短。突破曲线的倾斜及平缓程度反映了驱替混相过渡带的长短，纵向驱替实验的突破曲线斜率均明显大于对应流速条件下的横向驱替实验，这说明纵向驱替过程中的驱替混相带要显著小于横向驱替过程。在 CO$_2$ 自下向上纵向驱替 CH$_4$ 过程中，超临界 CO$_2$ 由于密度及黏度均显著大于 CH$_4$，受重力效应影响，CO$_2$ 趋向于向下沉降，抑制了其向上扩散运移的趋势，因此混相过渡带相比于横向驱替实验呈现被压缩状态，长度更短。而横向驱替实验则由于形成了带有倾角驱替前缘，混相过渡带变长。

根据对流弥散方程，计算得到 CO$_2$ 纵向驱替 CH$_4$ 的表观弥散系数，并与相同条件下 CO$_2$ 横向驱替 CH$_4$ 表观弥散系数进行对比，如图 8.20 所示。相同注入流速条件下，CO$_2$-CH$_4$ 纵向驱替的表观弥散系数远小于横向驱替的表观弥散系数，这主要是重力效应造成的驱替混相过渡带"被压缩"，抑制了 CO$_2$ 向上扩散运移，同时也进一步验证了重力效应间接促进横向驱替过程中 CO$_2$-CH$_4$ 弥散的作用。

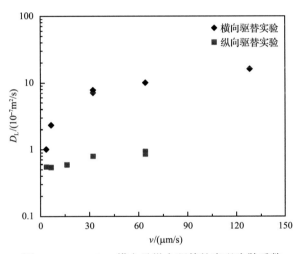

图 8.20　CO$_2$-CH$_4$ 横向及纵向驱替的表观弥散系数

综上所述，超临界条件下 CO$_2$、CH$_4$ 之间的密度及黏度差异所引起的重力效应在横向、纵向驱替过程中都发挥着重要作用。由于重力方向与横向驱替方向垂直，重力效应会间接促进横向弥散，使得混相驱替过渡带呈现带有倾角的非活塞流驱替，混相过渡带由于重力效应而增大，且在横向方向的 CO$_2$ 驱替 CH$_4$ 和 CH$_4$ 驱替 CO$_2$ 过程中会呈现不同的倾角。而 CO$_2$ 纵向向上驱替 CH$_4$ 过程中，重力效应会抑制 CO$_2$ 向上弥散运移，压缩呈活塞流状的驱替混相过渡带，降低了混相过渡带长度，说明纵向向上驱替有利于减弱混合程度。因此 CO$_2$-EGR 工程应用应优先采用纵向底部驱替，能够获得更多纯净天然气。

8.2.2　温度、压力的影响

气藏温压条件对 CO$_2$-CH$_4$ 弥散特性具有重要影响，本节分析温度、压力对弥散系数的影响。

1. 温度影响分析

在 BZ-04 填砂岩心内开展 10MPa、114μm/s 条件下 29～60℃的 CO$_2$ 纵向向上驱替

CH₄ 实验，获得表观弥散系数随温度的变化规律，如图 8.21 所示。由图可见，表观弥散系数随温度的增加而增加，且呈现指数增长趋势。

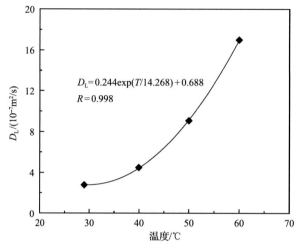

$$D_L = 0.244\exp(T/14.268) + 0.688$$
$$R = 0.998$$

图 8.21　表观弥散系数随温度的变化规律

弥散系数是表征两相混合程度的重要参数，实验结果表明，CO_2-CH_4 驱替过程中，弥散混相过渡带的长度随着温度的增加而增长。弥散是对流项与扩散项共同作用的结果[17, 18]，温度升高引起的自由扩散加剧，弥散程度变大，因此弥散系数随温度的增加而增大。实际 CO_2-EGR 实施过程中，在其他条件相同的情况下，温度较高的天然气藏在注入 CO_2 之后，CO_2 与天然气之间的弥散作用会更大，会造成 CO_2 对天然气的污染更大，不利于 CO_2-EGR 的实施。

2. 压力影响分析

在 BZ-04 填砂岩心内开展 40℃、114μm/s 条件下 4～14MPa 的 CO_2 纵向向上驱替 CH_4 实验，获得表观弥散系数随压力的变化规律，如图 8.22 所示。由图可见，在 4～14MPa 范围内，表观弥散系数随压力先增加，在临界区达到最大值，然后逐渐减小并趋于稳定。

图 8.23 为不同温度下 CO_2 与 CH_4 的密度随压力的变化规律。CH_4 处于气态，密度始终小于 150kg/m³，随压力变化不大；而 CO_2 存在气态、液态和超临界态三种状态。在实验温度范围内，4MPa 和 6MPa 条件下，CO_2 密度均不超过 200kg/m³，此时 CO_2 和 CH_4 均为气态，自由扩散作用较强，因而弥散作用较强，表观弥散系数较大。在 40℃、较高压力（10～14MPa）条件下，CO_2 为超临界态，密度大于 600kg/m³，接近液态，此时 CO_2 与 CH_4 的差异接近气液两相，自由扩散作用较弱，因而弥散作用较弱，表观弥散系数较小，略小于 4MPa 和 6MPa。从图 8.22 可以发现，8MPa 时表观弥散系数达到最大，在前人研究中也出现过类似现象[9]，其原因主要是临界区内存在涨落现象。40℃、7.5～9.5MPa 条件下，CO_2 密度变化剧烈，因此在实验压力为 8MPa 时，由于涨落现象的存在，微小的温度和压力波动都会造成 CO_2 密度剧烈波动，这种涨落现象会增大 CO_2 与 CH_4 之间的

扩散作用，进而引起弥散作用增强，表观弥散系数增大。对于具体的 CO$_2$-EGR 项目，在向气藏注入 CO$_2$ 时应该规避出现涨落现象的温度和压力范围，减小由此产生的弥散加剧以及 CO$_2$ 与天然气的过早混合。此外，在高压条件下，CO$_2$ 与天然气的弥散作用更小，有利于控制 CO$_2$ 对天然气的污染影响。

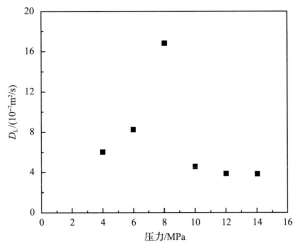

图 8.22　表观弥散系数随压力的变化规律

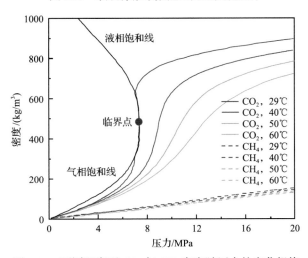

图 8.23　不同温度下 CO$_2$ 与 CH$_4$ 密度随压力的变化规律

8.2.3　多孔介质粒径的影响

本节分别用 BZ-04、BZ-06、BZ-1 和 BZ-2 四种类型的石英砂(粒径分别为 0.43mm、0.60mm、1.19mm 和 2.10mm)，在 CFC-1 填砂岩心管中制作相应的填砂岩心，开展一系列 CO$_2$ 纵向驱替 CH$_4$ 实验，分析多孔介质粒径对弥散特性的影响。

在 BZ-04、BZ-06、BZ-1 和 BZ-2 四种类型填砂岩心中，开展 40℃、10MPa、114μm/s 条件下的 CO$_2$ 纵向驱替 CH$_4$ 实验，得到表观弥散系数随填砂粒径的变化规律，如图 8.24

所示。BZ-2 填砂岩心内的表观弥散系数显著大于其他三种填砂岩心内的表观弥散系数；BZ-04、BZ-06 及 BZ-1 三种填砂岩心的孔隙度、渗透率依次增大，由此造成表观弥散系数也随之增大，但是增大幅度有限；而 BZ-2 填砂岩心内表观弥散系数增长幅度较大。采用 CT 测量了填砂岩心内轴向的孔隙度分布，BZ-04、BZ-06 及 BZ-1 三种粒径较小的石英砂制作的填砂岩心内孔隙度轴向分布整体波动较小，为轴向均质；而 BZ-2 大粒径石英砂制作的填砂岩心的孔隙度轴向分布上存在较大波动，说明其非均质性较强。因此，BZ-2 填砂岩心较强非均质性造成了局部对流增大，增大了对流弥散作用，因而表观弥散系数较大。因此，在实际 CO_2-EGR 应用中，非均质气藏地质条件下的弥散系数会明显大于均质气藏地质条件，不利于 EGR 的实施。

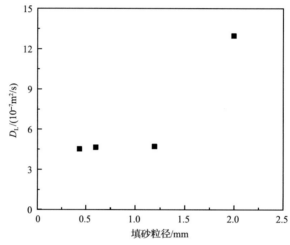

图 8.24　表观弥散系数随填砂粒径的变化规律

8.2.4　杂质气体的影响

根据荷兰北海 K12-B[19, 20]示范性项目，富含 CO_2 的天然气田中 CO_2 浓度一般为 1%～13%，CO_2-EGR 技术应用于含 CO_2 天然气藏开采时具有明显的优势，可以将 CO_2 重新注入气藏以提高天然气采收率。中国也发现了许多含 CO_2 天然气藏，如南海的莺歌海盆地气藏[21]和华南地区的 XC 气藏[22]，深度分别为 1300～1450m 和 1000m，此外华东地区的部分含 CO_2 气藏也处于 1000～1400m。因此，本节将含 CO_2 天然气作为被驱替气，研究天然气中含有杂质 CO_2 时弥散特性的变化规律。

使用 90%CH_4+10%CO_2 组分的混合气作为含 CO_2 的模拟天然气 SNG，采用 BZ-01 石英砂填充在 CFC-4 岩心管中制作填砂岩心，选取深度为 1000m 和 1400m 的气藏，根据地层温度、压力梯度，对应温度、压力分别选为 40℃、10MPa 和 55℃、14MPa。在注入流速 3.2～127.9μm/s 条件下，开展一系列 CO_2 横向驱替 SNG 实验，实验条件如表 8.3 所示，分析天然气中杂质 CO_2 对驱替过程弥散特性的影响。图 8.25 为注入流速 3.2μm/s 和 6.4μm/s 条件下 CO_2-SNG 与 CO_2-CH_4 横向驱替的突破曲线，与 CO_2-CH_4 横向驱替实验相比，CO_2-SNG 横向驱替实验中，出口 CO_2 浓度随时间增长略慢，即突破曲线斜率相对较小。在其他注入流速条件下，也存在类似现象。

根据突破曲线，计算得到 CO$_2$ 横向驱替 SNG 与 CO$_2$ 横向驱替 CH$_4$ 的表观弥散系数，如图 8.26 所示。相同条件下，CO$_2$ 横向驱替 SNG 的表观弥散系数大于 CO$_2$ 横向驱替 CH$_4$，SNG 中含有 CO$_2$ 组分而造成的物性差异是引起较大弥散的主要原因。含有 CO$_2$ 组分的 SNG 的密度、黏度与纯 CH$_4$ 存在一定的差异。以 40℃、10MPa 实验条件为例，CO$_2$、CH$_4$ 和 SNG 三种气体的密度分别为 628.61kg/m^3、69.97kg/m^3 和 83.85kg/m^3，黏度分别为 47.83μPa·s、14.06μPa·s 和 14.58μPa·s。由于 CO$_2$ 杂质的存在，SNG 具有比 CH$_4$ 更大的密度和黏度，相较于 CH$_4$，SNG 更容易扩散到 CO$_2$ 中，从而对流弥散程度更大。CO$_2$ 驱替 SNG 时，由于天然气内含有的 CO$_2$ 杂质引起物理性质的改变，尤其是密度和黏度会比纯 CH$_4$ 更接近 CO$_2$，减小了含 CO$_2$ 天然气与 CO$_2$ 之间的物性差异，更容易发生扩散。在驱替过程中，弥散程度更强，更易产生混相。

表 8.3　CO$_2$ 横向驱替 SNG 的表观弥散系数

T/℃	P/MPa	v/(μm/s)	D_L/(10^{-7}m^2/s)	T/℃	P/MPa	v/(μm/s)	D_L/(10^{-7}m^2/s)
40	10	127.9	28.28	55	14	127.9	39.12
		64.0	18.16			64.0	26.39
		51.2	16.97			51.2	20.9
		32.0	11.62			32.0	16.93
		12.8	6.59			32.0	17.37
		6.4	3.2			12.8	8.9
		5.1	3.05			6.4	4.67
		3.2	2.06			6.4	4.44
						5.1	4.21
						3.2	2.78

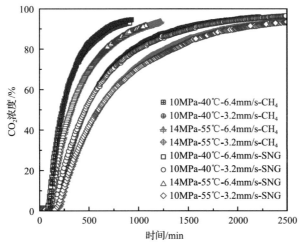

图 8.25　CO$_2$ 横向驱替 SNG 与 CH$_4$ 的 CO$_2$ 突破曲线对比

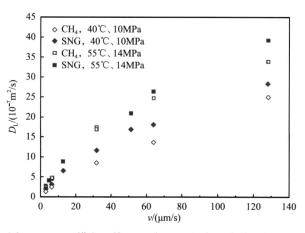

图 8.26　CO_2 横向驱替 SNG 与 CH_4 的表观弥散系数对比

8.3　CO_2 驱替 CH_4 模拟

在气藏实施 CO_2-EGR 前，需要对 CO_2 注入气藏之后的运移规律及天然气采收效果进行气藏尺度的研究。天然气藏尺度一般都在数百米至数十千米，通过模拟方法可以对气藏地质构造内的 CO_2-EGR 过程进行大规模、长期的模拟研究，预先评估 CO_2 注入气藏之后 CO_2-CH_4 混相驱替运移规律及天然气采收率，为 CO_2-EGR 的实施提供参考。本节通过改进 TOUGH2 中热物性计算模块，开展均质与纵向非均质两种气藏模型中 CO_2-CH_4 驱替模拟研究[23]。通过是否考虑重力的对比模拟，剖析重力效应对混相驱替及 CO_2 运移的作用。开展不同气藏压力条件下 CO_2-CH_4 混相驱替模拟，分析 CO_2 注入时机对气藏内 CO_2 运移规律及 CH_4 采收率的影响，探究最佳注入时机及压力。

8.3.1　气藏储层模型

1. 气藏模型

选择 Class 等[24]的气藏地质模型作为模拟对象，模拟区域为方形的"五点井网"布置（201m×201m×46m）的四分之一部分。将 CO_2 注入井布置于"五点井网"气藏模型区域的中心，天然气（假定全部为 CH_4）生产井位于四角，模型的边界均为绝热，且垂直边界方向无流动，沿边界方向为对称流动，如图 8.27 所示。根据研究经验[25, 26]，CO_2 注入气藏底部有利于 CO_2-EGR，因此选择将 CO_2 注入井布置于模型底层，CH_4 生产井位于模型顶层。模拟中，注入井以恒定的质量流量将 CO_2 注入气藏，CH_4 生产井维持压力不变进行开采。

气藏储层设置为两种不同的模型，一种为均质储层模型，另一种为 10 个水平层渗透率各不相同的纵向非均质储层模型。对于均质储层模型，储层渗透率数据取自美国得克萨斯州北部的碳酸盐岩储层[27]，横向渗透率是纵向渗透率的 10 倍，详细的气藏储层参数如表 8.4 所示。在分析 CO_2 驱替天然气过程中对流、扩散与弥散规律，获得弥散系数的基础上，选择便于模拟计算的定值弥散参数，如表 8.4 所示。非均质储层模型自下向上分为具有相同厚度(4.572m)的 1～10 水平层，各层的渗透率值如表 8.5 所示，其他储层参数与均质储层模型相同。

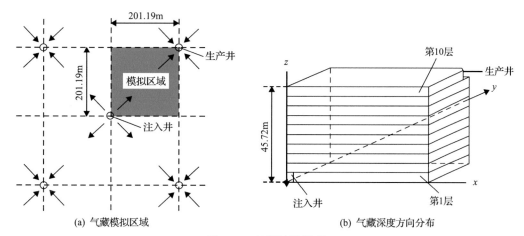

(a) 气藏模拟区域   (b) 气藏深度方向分布

图 8.27 气藏地质模型

表 8.4 气藏储层详细参数[27]

气藏储层参数	具体数值
模拟区域尺寸/(m×m×m)	201.19×201.19×45.72
孔隙度/%	23
水饱和度/%	0
温度/℃	66.7
弥散系数/(m²/s)	$6×10^{-7}$
横向渗透率/m²	$5×10^{-14}$
纵向渗透率/m²	$5×10^{-15}$
压力	根据情况而定

表 8.5 非均质储层渗透率分布

渗透率	各层所在位置									
	1	2	3	4	5	6	7	8	9	10
横向渗透率/10^{-15}m²	60	60	100	5	20	90	40	5	20	100
纵向渗透率/10^{-15}m²	6	6	10	0.5	2	9	4	0.5	2	10

在模拟研究中，生产井的产气中含有质量分数为 20% 的 CO_2 时，认为天然气被 CO_2 污染，不再具有经济开采价值，模拟结束，此刻为生产井关井时间。为探究气藏注入 CO_2 对 CH_4 采收率的影响，计算关井时刻的采收率(recovery efficiency，RE)与产出率(production efficiency，PE)。

$$RE = \frac{CH_4 产出量}{注入CO_2前气藏内CH_4量} \qquad (8.2)$$

$$PE = \frac{CH_4 产出量}{CO_2 注入量} \qquad (8.3)$$

2. 模拟软件与改进

TOUGH2 软件中，可以针对不同的 CO_2 地质封存过程使用不同的流体属性模块进行模拟，广泛应用于 CO_2 地质封存数值模拟研究。对于 CO_2 提高天然气采收率，对应的模块为 EOS7C[28]，可以计算 CH_4-CO_2 流体的热力学性质。本节结合 CO_2-CH_4 二元体系密度特性研究，对 EOS7C 模块中的热力学性质部分进行改进。应用改进的 Peng-Robinson（PR）方程，对 CO_2-EGR 模拟过程中混相体系热物性进行计算，如图 8.28 所示。

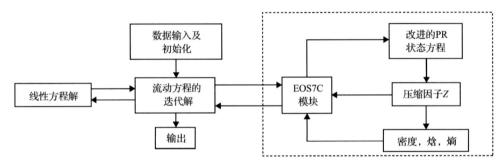

图 8.28　TOUGH2 软件运行流程及 EOS7C 模块改进

3. 模拟可靠性验证

应用改进热力学性质的 EOS7C 模块，针对气藏基准模型中 CO_2-EGR 过程进行模拟，对比文献模拟结果，验证其可靠性。将 Class 等[24]气藏储层模型作为基准模型，用于 CO_2-EGR 过程的模拟研究。Class 等[24]、Luo 等[29]和 Patel 等[30]开展了 CO_2-EGR 数值模拟研究，本节通过与他们的研究结果对比来验证模拟的可靠性。

图 8.29 为 Class 等[24]、Luo 等[29]、Patel 等[30]和本节均质气藏储层模型产气中 CO_2 与 CH_4 质量流量变化。其中，Class 等与本节研究均应用 TOUGH2 软件开展模拟；Luo 等[29]应用 FLUENT 开展模拟，研究重点为注入井及开采井的穿孔放置对 CO_2-EGR 的影响；Patel 等[30]采用 COMSOL 开展模拟研究，并采用了实验测量得到的岩石特性数据。结果比较表明，均质气藏储层模拟中 Luo 等[29]的 CO_2 突破最早，而 Patel 等[30]的 CO_2 突破最晚。本节模拟结果与 Class 等基本相似，产气中 CH_4 的质量流量在初期略有不同，其可能原因是均质气藏模型中储层的迂曲度并未明确规定，导致结果稍有差异。从图 8.29 可以发现，本节模拟结果与参考文献研究结果类似，证明了模拟的可靠性。

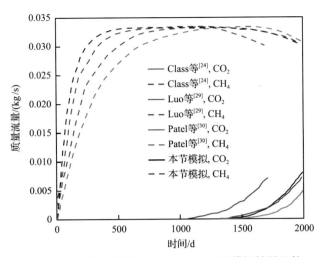

图 8.29 气藏基准模型中 CO$_2$-EGR 过程模拟结果比较

8.3.2 均质气藏驱替

理论上，受重力影响，超临界 CO$_2$ 会倾向于向气藏储层下部沉降，即沉积在较轻的天然气下方形成"垫气"[2]，因此在 CO$_2$-EGR 过程中，重力效应直接影响混相驱替效果及 CO$_2$ 运移规律，对提高天然气采收率有着重要作用。本节通过是否考虑重力的对比模拟，探究重力效应对 CO$_2$-CH$_4$ 混相驱替的作用，为 CO$_2$-EGR 实施提供指导。表 8.6 为不同均质气藏模型模拟参数，其中，根据 Biagi 等[31]模拟结果，3.55MPa 枯竭状态下均质气藏模型的最优注入速率为 0.294kg/s，对应的体积注入速率 $4.67 \times 10^{-3} m^3/s$，本节除基准模拟及其对应的不考虑重力模拟案例，其他模拟均采用此体积注入速率。

表 8.6 不同条件下均质气藏模型模拟参数

工况编号	是否考虑重力	气藏压力/MPa	注入速率/($10^{-3}m^3/s$)	关井时间/d	采收率/%	产出率/%
1	是	3.55	1.59	1972	59.6	31.1
2	是	3.55	4.67	778	62.9	28.3
3	是	6	4.67	730	62.1	27.1
4	是	9	4.67	667	59.0	23.9
5	是	15	4.67	522	55.3	19.6
6	是	18	4.67	524	55.2	19.7
7	否	3.55	1.59	2080	63.3	31.3
8	否	3.55	4.67	757	61.3	28.3
9	否	9	4.67	713	63.6	24.1

对于 CO$_2$-EGR，注入速率是影响 CH$_4$ 采收率的重要参数，从某种意义上说，增加注入速率相当于减弱了 CH$_4$ 向上流动的浮力驱动力[31]，产生浮力驱动的主要因素是 CO$_2$ 与 CH$_4$ 之间的密度、黏度差异引起的重力效应。为探究重力效应的影响，分别开展三组

不同模拟条件下是否考虑重力的对比模拟：①3.55MPa、1.59×10⁻³m³/s；②3.55MPa、4.67×10⁻³m³/s；③9.0MPa、4.67×10⁻³m³/s；各模拟的详细参数如表 8.6 所示。

图 8.30～图 8.32 为均质气藏模型是否考虑重力模拟的产气中 CO_2 与 CH_4 质量流量对比。在 3.55MPa、1.59×10⁻³m³/s 条件下，不考虑重力模拟工况 7 产气中较晚出现 CO_2，CH_4 质量流量在产气后期下降幅度也较小，CH_4 采收率达 63.3%，明显高于模拟工况 1 的 59.6%；在 3.55MPa、4.67×10⁻³m³/s 条件下，不考虑重力模拟工况 8 产气中 CO_2 的出现早于模拟工况 2，且上升幅度更大，同时，CH_4 质量流量在产气后期下降较早，CH_4 采收率(61.3%)比工况 2(62.9%)更低；在 9.0MPa、4.67×10⁻³m³/s 条件下，CO_2 为超临界态，模拟工况 4 的 CO_2 质量流量比不考虑重力模拟的工况 9 提前上升，并且 CH_4 质量流量产气后期也出现了较早下降的现象，造成模拟工况 4 的 CH_4 采收率(59%)低于不考虑重力模拟工况 9(63.6%)。

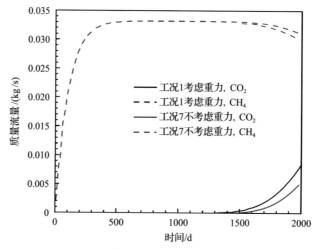

图 8.30　3.55MPa、1.59×10⁻³m³/s 条件下均质气藏模型是否考虑重力模拟的产气中 CO_2 与 CH_4 质量流量对比

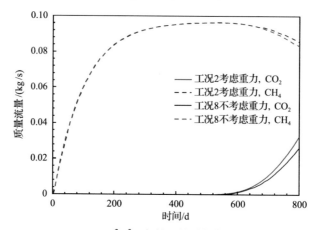

图 8.31　3.55MPa、4.67×10⁻³m³/s 条件下均质气藏模型是否考虑重力模拟的产气中 CO_2 与 CH_4 质量流量对比

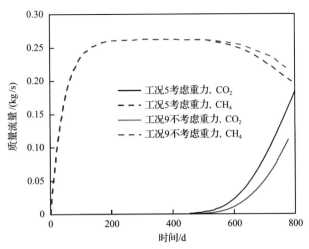

图 8.32　9.0MPa、4.67×10^{-3}m^3/s 条件下均质气藏模型是否考虑重力模拟的产气中 CO$_2$ 与 CH$_4$ 质量流量对比

对比图 8.30 和图 8.31 模拟结果发现，在相同气藏压力条件下，CO$_2$ 注入流速增大后，CH$_4$ 质量流量在产气前期增长速度变慢，注入流速的增加减弱了 CH$_4$ 向上流动的浮力驱动力。对比图 8.31 和图 8.32 模拟结果可以发现，在相同的体积注入流速条件下，高压(CO$_2$ 超临界)时，CH$_4$ 质量流量在产气前期增长速度加快，主要原因是超临界 CO$_2$ 与 CH$_4$ 之间的密度、黏度差异远大于气态 CO$_2$ 与 CH$_4$ 差异，CO$_2$ 沉降明显形成"垫气"，CH$_4$ 在浮力驱动下向上流动加快，因而产气前期 CH$_4$ 质量流量增长速度加快。三组模拟结果对比表明，产气中的 CO$_2$ 和 CH$_4$ 质量流量受注入速率及气藏压力的综合影响，而 CH$_4$ 采收率变化与产气中 CO$_2$ 和 CH$_4$ 质量流量的变化规律密切相关。为探究重力效应对气藏内 CO$_2$-CH$_4$ 混相驱替及 CO$_2$ 运移规律的影响，进一步分析气藏内 CO$_2$ 与 CH$_4$ 的分布规律。

图 8.33 为 3.55MPa 条件下均质气藏模型是否考虑重力模拟的 CO$_2$ 和 CH$_4$ 分布。由图 8.33 (a) 发现，在 1.59×10^{-3}m^3/s 条件下，相较于考虑重力的模拟工况 1，不考虑重力的模拟工况 7 中 CO$_2$ 在垂直方向上的扩散速度更快，500d 时 CO$_2$ 从注入井顶部区域突破，而考虑重力的模拟工况 1 的注入井顶部区域仍为纯 CH$_4$。不考虑重力的模拟工况 7 中 CO$_2$ 横向方向的运移明显落后于考虑重力的模拟工况 1，且随着时间的推移，这种现象越来越明显。考虑重力的模拟工况 1 和不考虑重力的模拟工况 7 的 CO$_2$ 在 2000d 时以不同方式突破到生产井：不考虑重力的模拟工况 7 的 CO$_2$ 从顶层驱替 CH$_4$ 至生产井并突破，但生产井底部仍然存在 CH$_4$ 未产出，且底层 CO$_2$ 驱替过渡带前缘还未到达模拟区域的侧边界；考虑重力的模拟工况 1 的 CO$_2$ 从生产井底部向上驱替 CH$_4$ 而实现突破，整个模拟区域底部的 CH$_4$ 都被驱替至生产井产出，顶层大量 CH$_4$ 未被驱替产出。因此，对于均质气藏模型，顶层构造及生产井底部构造内未被 CO$_2$ 波及的 CH$_4$ 体积影响了最终采收率。在 1.59×10^{-3}m^3/s 的条件下，模拟工况 1 的 CH$_4$ 采收率(59.6%)小于不考虑重力模拟工况 7 (63.3%)。由图 8.33 (b) 发现，在 4.67×10^{-3}m^3/s 条件下，模拟结果与图 8.33 (a) 相似，主要区别在于考虑重力的模拟工况 2 顶层中更多的 CH$_4$ 被 CO$_2$ 驱替至生产井产出。因此，

考虑重力的模拟工况 2 的 CH_4 采收率(62.9%)大于考虑重力的模拟工况 1,并且也大于不考虑重力模拟工况 8(61.3%)。

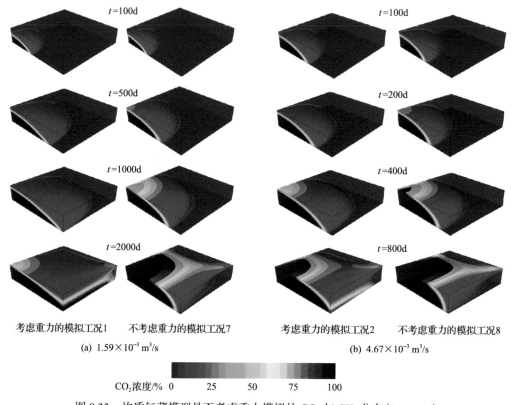

考虑重力的模拟工况1　　不考虑重力的模拟工况7　　考虑重力的模拟工况2　　不考虑重力的模拟工况8

(a)　$1.59×10^{-3}$ m³/s　　　　　　　　(b)　$4.67×10^{-3}$ m³/s

CO_2浓度/%　0　　25　　50　　75　　100

图 8.33　均质气藏模型是否考虑重力模拟的 CO_2 与 CH_4 分布(3.55MPa)

进一步对比分析超临界条件下($9.0MPa$、$4.67×10^{-3}$m³/s)是否考虑重力的模拟结果。可以发现,图 8.34(a)与图 8.33(b)的模拟结果相似,不同的是考虑重力的模拟工况 4 中底层的 CH_4 被超临界 CO_2 更加完全地驱替产出,这主要是由于超临界 CO_2 的密度、黏度

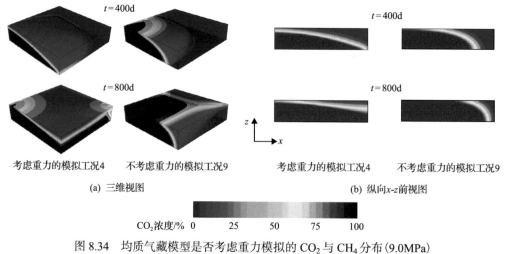

考虑重力的模拟工况4　　不考虑重力的模拟工况9　　　考虑重力的模拟工况4　　不考虑重力的模拟工况9

(a)　三维视图　　　　　　　　　　　　(b)　纵向x-z前视图

CO_2浓度/%　0　　25　　50　　75　　100

图 8.34　均质气藏模型是否考虑重力模拟的 CO_2 与 CH_4 分布(9.0MPa)

与 CH_4 的差异增大，重力效应作用显著，使得 CO_2 趋于沉降至气藏底部，抑制 CO_2 垂直向上运移，从而促进了 CO_2 优先驱替气藏底部 CH_4。不考虑重力的模拟工况 9 与图 8.33(b) 中不考虑重力的模拟工况 8 的表现类似，即在不考虑重力效应时，不同压力条件下的模拟中 CO_2 运移规律相似。图 8.34(b) 为二维 x-z 前视图中 CO_2 分布，重力分异的影响表现得更为明显，发现在 800d 时，不考虑重力的模拟工况 9 横向方向上底层的 CH_4 仍未被 CO_2 完成驱替，驱替混相过渡带呈近似球形弧面，与底层水平面呈近似直角，弥散运移纵向分量与横向分量相近；而在考虑重力作用的模拟中，由于存在重力效应，纵向方向的运移受到抑制而远小于横向运移，400d 时横向方向上底层的 CH_4 就被 CO_2 完全驱替，驱替混相过渡带与底层水平面呈小于 30° 的倾角。此外，400d 时，不考虑重力模拟的混相过渡带厚度均匀一致，且较厚；而考虑重力模拟的混相过渡带在左上顶部位置较薄，而在右下位置较厚，且要薄于不考虑重力的模拟情况。

8.3.3 非均质气藏驱替

非均质气藏模型构造为自下而上分为 10 层，各层渗透率不同，用来分析纵向非均质性的影响。本节首先开展基准条件下的模拟，并与均质气藏基准模拟进行对比。然后，进一步探究纵向非均质气藏模拟中 CO_2 注入时机的影响。表 8.7 不同条件下为非均质气藏模型模拟参数。

表 8.7 不同条件下非均质气藏模型模拟参数

工况编号	是否考虑重力	气藏压力/MPa	注入流速/(10^{-3}m³/s)	关井时间/d	采收率/%	产出率/%
10	是	3.55	1.59	2111	64.9	31.6
11	是	3.55	4.67	747	62.0	29.1
12	是	6	4.67	736	64.4	27.9
13	是	9	4.67	705	64.5	24.7
14	是	15	4.67	572	62.0	20.0
15	是	18	4.67	589	62.5	19.8
16	否	3.55	1.59	1979	60.8	31.6
17	否	3.55	4.67	711	58.9	29.0
18	否	9	4.67	661	60.7	24.8

CO_2 注入气藏的时机会影响天然气采收率，针对纵向非均质气藏，探讨不同开采时期注入 CO_2 对天然气采收率的影响，与均质气藏类似，选择开采阶段(压力为 18MPa、15MPa、9MPa 和 6MPa)和枯竭阶段(3.55MPa)作为注入压力，开展 CO_2-CH_4 混相驱替模拟研究。图 8.35 为非均质气藏模拟的关井时间、采收率与产出率随注入压力的变化。非均质气藏模拟的关井时间及 CH_4 产出率结果与均质气藏模拟类似，CO_2 在开采阶段的前期注入气藏(储层压力较大)时，生产时间较短，关井较早；产出率曲线随压力的增大而降低，与关井时间变化规律保持一致。但是 CH_4 采收率则随注入压力的增大先增大后降低，6MPa 和 15MPa 之间存在一个最优压力可以使采收率达到最优。

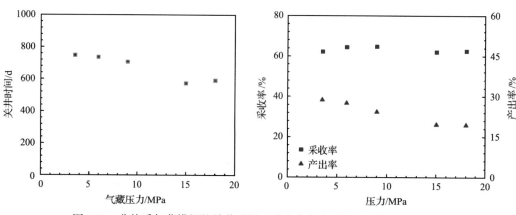

图 8.35　非均质气藏模拟的关井时间、采收率与产出率随注入压力的变化

图 8.36 为不同注入压力条件下非均质气藏内 CO_2 与 CH_4 三维分布。与均质气藏相似，对于 15MPa、18MPa 条件的模拟，分析 600d 时气藏内的 CO_2 分布，对其他条件模拟的 800d 时气藏内的 CO_2 浓度也进行了分析。可以看出，与均质气藏模拟结果相似，在更高气藏压力下，CO_2 驱替 CH_4 到达开采井的速度更快；但与均质气藏模拟中 CO_2 从生产井底部自下而上突破不同，非均质气藏模拟中 CO_2 普遍从高渗透率的顶层横向突破。在气藏压力为 9MPa 条件下，800d 时底层所有的 CH_4 几乎全部被驱替产出，在 15MPa 和 18MPa 条件下，这种现象更为明显，气藏底部的所有天然气在 600d 内均被驱替产出；而在气藏压力为 3.5MPa 和 6MPa 条件下，生产井下方区域仍然存在一些 CH_4 未被驱替产出。模拟结果表明，在较高的气藏压力条件下注入 CO_2，底层中的 CH_4 能够更好地被驱替产出，这说明超临界 CO_2（9MPa、15MPa 和 18MPa）由于较大的密度及黏度，重力效应明显，抑制了纵向混相驱替过程，并间接增强了横向混相驱替，从而优先在底层横向方向上驱替 CH_4；对比均质气藏模拟 CO_2 从生产井自上而下突破，非均质气藏选择渗透率高的顶层构造作为突破通道，优先运移突破。

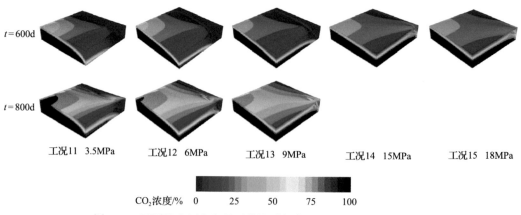

CO_2 浓度/%　0　25　50　75　100

图 8.36　不同注入压力条件下非均质气藏内 CO_2 与 CH_4 三维分布

图 8.37 为不同注入压力条件下非均质气藏内注入井所在的纵向 x-z 前视图的 CO_2 与 CH_4 分布。可以发现，与均质气藏模拟相似，CO_2 在横向 x 方向上的运移距离明显大于

纵向 z 方向，气藏压力越高，该现象越明显。在气藏压力较低（3.55MPa 和 6MPa）条件下，尤其 200d 时，CO_2 浓度在第三层会优先增大，这与 Oldenburg 和 Benson[25]的结果相似，CO_2 在渗透率较大的地质结构中优先运移突破。在超临界 CO_2 注入情况下，上述现象消失。造成这种现象的主要原因是超临界条件下 CO_2 更加接近于液态，重力效应明显，抑制了 CO_2 从大渗透率层的优先突破。此外，生产井关闭之前，低压条件下 CO_2 与 CH_4 之间的驱替过渡带是一个倾斜面，而在高压条件下近似为水平面。进一步分析发现，由于重力效应，超临界 CO_2 抑制了纵向运移，间接增加了横向驱替运移。在非均质气藏中，生产井关井时间随气藏压力的增加而减小，CH_4 产出率与关井时间变化规律一致，CH_4 采收率在 6～15MPa 存在一个最优压力可以使采收率达到最大。因此，对于非均质气藏，需要通过模拟研究确定最佳的气藏压力、CO_2 注入时机，以保证 CO_2-EGR 获得最大的天然气采收率。

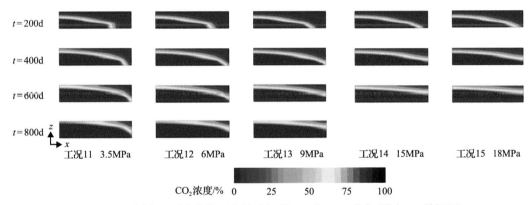

图 8.37　不同注入压力条件下非均质气藏 CO_2 与 CH_4 分布（纵向 x-z 前视图）

参 考 文 献

[1] Liu S Z, Yuan L, Zhao C Z, et al. A review of research on the dispersion process and CO_2 enhanced natural gas recovery in depleted gas reservoir. Journal of Petroleum Science and Engineering, 2022, 208: 109682.

[2] Oldenburg C, Pruess K, Benson S M, et al. Process modeling of CO_2 injection into natural gas reservoirs for carbon sequestration and enhanced gas recovery. Energy & Fuels, 2001, 15(2): 293-298.

[3] 孙扬. 天然气藏超临界 CO_2 埋存及提高天然气采收率机理. 成都：西南石油大学，2012.

[4] Zhang Y, Liu S Y, Wang L L, et al. In situ measurement of the dispersion coefficient of liquid/supercritical CO_2-CH_4 in a sandpack using CT. RSC Advances, 2016, 6(48): 42367-42376.

[5] Liu S Y, Zhang Y, Xing W L, et al. Laboratory experiment of CO_2-CH_4 displacement and dispersion in sandpacks in enhanced gas recovery. Journal of Natural Gas Science and Engineering, 2015, 26: 1585-1594.

[6] Uemura S, Kataoka R, Fukabori D, et al. Experiment on liquid and supercritical CO_2 distribution using micro-focus X-ray CT for estimation of geological storage. Energy Procedia, 2011, 4: 5102-5107.

[7] Uehara S, Takahashi M. Evolution of permeability and microstructure of experimentally-created shear zones in Neogene siliceous mudstones from Horonobe, Japan. Journal of Structural Geology, 2014, 60: 46-54.

[8] Honari A, Vogt S J, May E F, et al. Gas-gas dispersion coefficient measurements using low-field MRI. Transport in Porous Media, 2015, 106(1): 21-32.

[9] Hughes T J, Honari A, Graham, B F, et al. CO_2 sequestration for enhanced gas recovery: New measurements of supercritical CO_2-CH_4 dispersion in porous media and a review of recent research. International Journal of Greenhouse Gas Control, 2012, 9: 457-468.

[10] Al-Hasami A, Ren S, Tohidi B. CO_2 injection for enhanced gas recovery and geo-storage: Reservoir simulation and economics// SPE Europec/EAGE Annual Conference, Madrid, 2005.

[11] Hussen C, Amin R, Madden G. Reservoir simulation for enhanced gas recovery:an economic evaluation. Journal of Natural Gas Science and Engineering, 2012, 5: 42-50.

[12] Liu S Z, Zhang Y, Zhao J F. Dispersion characteristics of CO_2 enhanced gas recovery over a wide range of temperature and pressure. Journal of Natural Gas Science and Engineering, 2020, 73: 103056.

[13] Liu S Y, Song Y C, Zhao C Z. The horizontal dispersion properties of CO_2-CH_4 in sand packs with CO_2 displacing the simulated natural gas. Journal of Natural Gas Science and Engineering, 2018, 50: 293-300.

[14] Zhang Y, Liu S Z, Chen M K, et al. Experimental study on dispersion characteristics and CH_4 recovery efficiency of CO_2, N_2 and their mixtures for enhancing gas recovery. Journal of Petroleum Science and Engineering, 2022, 216: 110756.

[15] Liu S Z, Yuan L, Liu W T, et al. Study on the influence of various factors on dispersion during enhance natural gas recovery with CO_2 sequestration in depleted gas reservoir. Journal of Natural Gas Science and Engineering, 2022, 103: 104644.

[16] Oldenburg C M, Benson S M. Carbon sequestration with enhanced gas recovery: Identifying candidate sites for pilot study. Berkeley: Lawrence Berkeley National Laboratory, 2001.

[17] Coats K H, Whitson C H, Thomas K. Modeling conformance as dispersion. SPE Reservoir Evaluation & Engineering, 2009, 12(1): 33-47.

[18] Yu D, Jackson K, Harmon T C. Dispersion and diffusion in porous media under supercritical conditions. Chemical Engineering Science, 1999, 54(3): 357-367.

[19] van der Meer, Kreft E, Geel C, et al. K12-B a test site for CO_2 storage and enhanced gas recovery//SPE Europec/EAGE Annual Conference, Madrid, 2005.

[20] Kreft E, Geel K. CO_2 storage and testing enhanced gas recovery in the K12-B reservoir//23rd World Gas Conference, Amsterdam, 2006.

[21] 黄志龙, 黄保家, 高岗, 等. 莺歌海盆地浅层气藏二氧化碳分布特征及其原因分析. 现代地质, 2010, 24(6): 1140-1147.

[22] 孙扬, 崔飞飞, 孙雷, 等. 重力分异和非均质性对天然气藏 CO_2 埋存的影响——以中国南方 XC 气藏为例.天然气工业, 2014, 34(8): 82-86.

[23] 刘树阳. 多孔介质内超临界 CO_2-CH_4 混相驱替弥散特性研究. 大连: 大连理工大学, 2018.

[24] Class H, Ebigbo A, Helmig R, et al. A benchmark study on problems related to CO_2 storage in geologic formations. Computational Geosciences, 2009, 13(4): 409-434.

[25] Oldenburg C M, Benson S M. CO_2 injection for enhanced gas production and carbon sequestration//Proceedings of the SPE International Petroleum Conference and Exhibition. Mexico: Society of Petroleum Engineers, 2002.

[26] Oldenburg C M. Carbon sequestration in natural gas reservoirs:enhanced gas recovery and natural gas storage. Berkeley: Lawrence Berkeley National Laboratory, 2003.

[27] Seo J G, Mamora D D. Experimental and simulation studies of sequestration of supercritical carbon dioxide in depleted gas reservoirs. Journal of Energy Resources Technology, 2005, 127: 1-6.

[28] Oldenburg C M, Moridis G J, Spycher N, et al. Eos7c version 1.0: tough-2 module for carbon dioxide or nitrogen in natural gas (methane) reservoirs. Berkeley: Lawrence Berkeley National Laboratory, 2004.

[29] Luo F, Xu R N, Jiang P X. Numerical investigation of the influence of vertical permeability heterogeneity in stratified formation and of injection/production well perforation placement on CO_2 geological storage with enhanced CH_4 recovery. Applied Energy, 2013, 102: 1314-1323.

[30] Patel M J, May E F, Johns M L. High-fidelity reservoir simulations of enhanced gas recovery with supercritical CO_2. Energy, 2016, 111: 548-559.

[31] Biagi J, Agarwal R, Zhang Z. Simulation and optimization of enhanced gas recovery utilizing CO_2. Energy, 2016, 94: 78-86.

第9章 | CO₂提高页岩气采收率

近年来，CO₂ 提高页岩气采收率技术引起了人们的广泛关注。这项技术具有双重优点，不仅提高了页岩气的采收率，同时也实现了 CO₂ 的安全封存。CH₄ 和 CO₂ 的吸附特性决定页岩中 CH₄ 可采量以及 CO₂ 封存能力，对 CO₂ 提高页岩气采收率技术的发展具有至关重要的作用。页岩由有机质和无机质组成[1]，有机质部分主要成分为干酪根，它是有机化合物的混合物[2]，无机质部分主要成分为黏土矿物[3]，如蒙脱石（MMT）[4]、伊利石、高岭石等。与常规储层相比，页岩不但组成成分复杂，而且其孔隙尺寸较小，因此页岩孔内吸附特性的研究存在诸多挑战，也制约了 CO₂ 提高页岩气采收率技术的发展。本章利用分子模拟方法研究页岩多孔介质内纯气体以及混合气体的吸附特性，探明 CH₄ 和 CO₂ 吸附的微观特征，建立气体在页岩内的吸附模型，为 CO₂ 提高页岩气采收率技术发展提供支持[5]。

9.1 气体吸附特性模拟方法

本节介绍气体吸附特性的分子模拟方法，包括模型构建、力场选择及模拟细节、气体吸附的表征参数。气体吸附量包括总吸附量、绝对吸附量和过余吸附量，对于混合气体吸附，还引入了吸附选择性定量描述混合气体吸附特性的差异。

9.1.1 吸附特性模型

气体吸附的 MD 模型如图 9.1 所示。其中，上层壁面为石墨烯壁面，下层壁面为蒙脱石壁面，两壁面之间的空间为气体分子进行吸附行为的区域。石墨烯壁面采用 Billemont 等[6-9]的模型，由间隔为 3.35Å 的三层平行独立的石墨烯片组成，对应于石墨中的层间距离。Billemont 等[7]研究发现，第三层石墨烯与气体分子之间存在微弱的相互作用力，超过第三层时，石墨烯壁面与气体分子之间的相互作用力可忽略。石墨烯片为由 C 原子组成的正六边形结构，单层石墨烯尺寸为 154.949Å×161.880Å。MMT 壁面由间隔 5Å 的两层蒙脱石组成。蒙脱石是典型的 2∶1 无机黏土矿物，单位晶胞由 Al-O 八面体

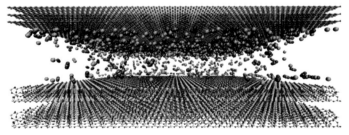

图 9.1　CO₂/CH₄ 混合物在石墨烯–蒙脱石孔隙内吸附模型图

片和两个 Si-O 四面体片组成[3, 10]。Al-O 板夹在 Si-O 板之间，并且每层不紧密地结合在一起，形成三明治(TOT)结构[11, 12]，晶胞分子式为 $Si_8Al_4O_{20}(OH)_4$。蒙脱石晶胞参数为 $a=$ 5.24Å，$b=$9.14Å，$c=$6.56Å。单层蒙脱石模型中有 540(30×18×1)个晶胞单元，尺寸为 154.61Å×160.89Å，厚度为 6.56Å。孔径 H 定义为石墨烯层最内侧平面上的 C 原子与 MMT 层最内侧 O 原子之间的距离。

单组分气体吸附模拟过程中，孔径为 4～7nm，温度为 323K，压力为 1.7～21MPa。混合气体竞争吸附模拟时，孔隙中插入不同摩尔比的 CO_2 和 CH_4 混合物。摩尔比(Ratio)定义为孔隙中 CO_2 分子与 CH_4 分子的摩尔数的比值，即 $Ratio = n_{CO_2}/n_{CH_4}$。混合气体竞争吸附模拟过程中，孔径范围为 3～14nm，温度为 323K，压力为 0.7～23MPa，摩尔比为 0.2～1.667。

使用 NAMD 软件[13]进行模拟。对于蒙脱石和石墨烯，采用 Heinz 等[14]提出的力场，可以准确预测蒙脱石和石墨烯的表面能。由于蒙脱石片是刚性的，没有考虑键相互作用。CH_4 采用具有单个位点 L-J 粒子的联合原子模型，其潜在参数取自 TraPPE 模型[15]。CO_2 采用刚性三点模型[16]。CH_4 和 CO_2 模型的合理性与准确性已得到证明[17]，所有相互作用参数符合 Lorentz-Berthelot 规则。

所有模拟均采用 NVT 系综，在模拟过程中，蒙脱石和石墨烯壁面原子保持固定，三个方向均采用周期性边界条件，气体的初始速度满足 Maxwell-Boltzmann 分布，截断半径设定为 12Å。采用 PME 方法计算长程静电力[18]。温度控制采用 Langevin 方法，阻尼系数为 $5/10^{-12}s$[19]。时间步长为 $1.0×10^{-15}s$，运行总时长 $3×10^{-9}s$，前 $2×10^{-9}s$ 使 NVT 系综达到平衡，后 $1×10^{-9}s$ 用于分析气体密度分布及吸附等温线。VMD 软件用于实现可视化和分析模拟结果。

孔隙内气体压力由吸附稳定状态下游离气的压力确定。首先在孔空间内随机插入一定数量的气体分子，进行弛豫、吸附过程。系综达到平衡后，取自由气体区的气体平均密度，依据 NIST 数据获得该模拟条件下对应的压力。对于混合气体吸附过程，得到自由气体区 CH_4 和 CO_2 各自的平均密度之后，计算出自由气体区内 CH_4 和 CO_2 的摩尔分数，依据 NIST 数据，得到混合物压力及 CH_4 和 CO_2 的分压力。

9.1.2 吸附特性关键参数

孔隙内气体存在两种特征，一种吸附于固体表面，另一种存在于孔隙中心附近，其特征参数与自由气体类似[20-22]。当孔隙尺寸极小时，孔隙两侧壁面吸附气体相互重叠，所有气体将处于吸附状态。对于狭缝孔，利用分子模拟获得气体沿垂直于页岩壁面方向的密度分布，即可计算页岩孔隙内气体的吸附量，包括总吸附量、绝对吸附量和过余吸附量。

总吸附量表示孔隙内所有气体量，通过式(9.1)计算：

$$n_{tot} = \int_{z_1}^{z_2} \rho A dz \qquad (9.1)$$

式中，ρ 为气体数密度；z 为垂直于页岩壁面方向；A 为平行于壁面方向的两侧固体表面积；z_1 和 z_2 分别为两侧壁面 z 方向坐标。

绝对吸附量表示孔隙内处于吸附状态的气体总量，通过式 (9.2) 计算：

$$n_{ab} = \int_{z_1}^{z_2} \rho A dz + \int_{z_3}^{z_4} \rho A dz \tag{9.2}$$

式中，z_1 和 z_2 分别为一侧壁面吸附气体区域边界 z 方向坐标；z_3 和 z_4 分别为另一侧壁面吸附气体区域边界 z 方向坐标。

过余吸附量 n_{ex} 表示绝对吸附量与相同空间内自由气体量的差值，由式 (9.3) 计算：

$$n_{ex} = n_{ab} - \rho_{free} A (z_2 - z_1 + z_4 - z_3) \tag{9.3}$$

式中，ρ_{free} 为相同条件下自有气体的数密度。

对于混合气体吸附，用选择性参数来表征孔隙内 CO_2 对 CH_4 的吸附选择性，通过式 (9.4) 计算：

$$S_{CO_2/CH_4} = \frac{x_{CO_2}/x_{CH_4}}{y_{CO_2}/y_{CH_4}} \tag{9.4}$$

式中，x_{CO_2} 和 x_{CH_4} 表示 CO_2 和 CH_4 的吸附相摩尔分数；y_{CO_2} 和 y_{CH_4} 表示 CO_2 和 CH_4 的自由气体相摩尔分数。$S_{CO_2/CH_4} > 1$ 表示 CO_2 的吸附行为优先于 CH_4，反之亦然。

9.2 页岩孔内气体吸附特性

本节首先介绍页岩孔内纯气体吸附特性，分别获得 CH_4 和 CO_2 单组分气体在页岩孔隙内的数密度分布，并计算总吸附量、绝对吸附量及过余吸附量。对于绝对吸附量和过余吸附量，还分析了石墨烯和蒙脱石表面吸附量的差异。其次，介绍页岩孔内 CO_2 和 CH_4 混合气体的吸附特性，分析 CH_4 和 CO_2 各自在孔隙内的密度分布特征，并阐明混合气体、单一组分总吸附量、绝对吸附量的变化规律。最后，分析 CO_2 相对于 CH_4 气体的吸附选择性，讨论气体吸附选择性对强化采气技术的影响。

9.2.1 纯气体吸附特性

单一组分气体在页岩孔内的吸附特性决定着混合气体在孔隙内的竞争吸附规律，因此本节介绍 CH_4 和 CO_2 单组分气体在不同孔径、压力条件下的吸附行为，首先分析气体在页岩孔内的密度分布特征，在此基础上针对气体吸附特征，对页岩孔内空间进行划分，最后分析气体总吸附量、绝对吸附量和过余吸附量的变化规律。

1. 密度分布

图 9.2 和图 9.3 为温度为 323K 时 CH_4 和 CO_2 单组分气体在 4～7nm 石墨烯-蒙脱石孔隙中的沿垂直于壁面方向上的密度分布。其中，横轴表示垂直于固体壁面的方向，即 z 方向，密度曲线的左侧为石墨烯壁面所在的区域，右侧为蒙脱石壁面所在的区域。

从图 9.2 可以发现，CH_4 的密度并不沿着孔中心呈对称分布。CH_4 在石墨烯壁面附近密度远高于蒙脱石壁面附近的密度。这一现象说明有机物-CH_4 之间的相互作用力与无机物-CH_4 之间的相互作用力存在显著差异，石墨烯壁面对 CH_4 分子的吸附作用比蒙脱石更强。当纳米孔隙的两侧壁面材料相同时[23-26]，气体在孔隙内的密度分布沿孔隙中心呈对

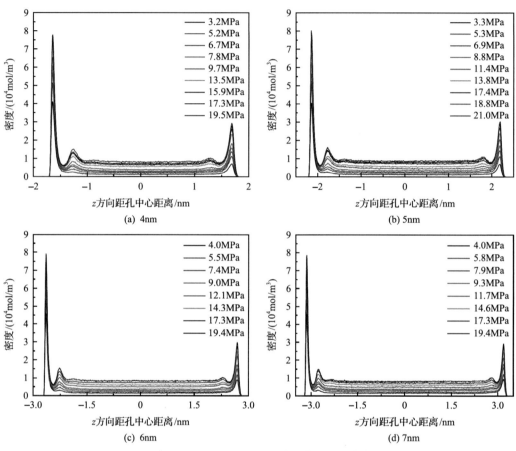

图 9.2　323K 温度下 CH_4 在 4～7nm 石墨烯-蒙脱石孔隙中的密度分布图

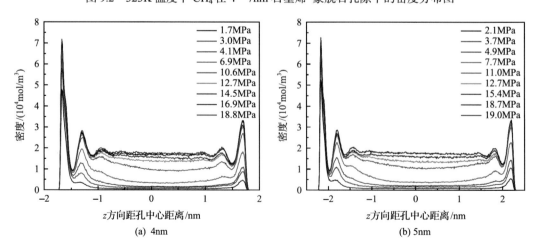

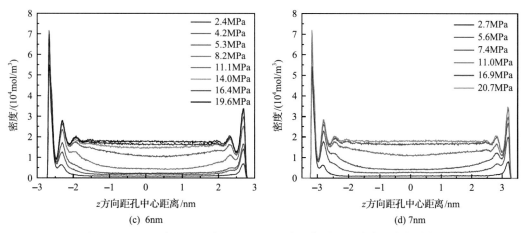

图 9.3　323K 温度下 CO₂ 在 4～7nm 石墨烯-蒙脱石孔隙中的密度分布图

称分布。尽管石墨烯和蒙脱石壁面附近的气体密度有明显差别，但是由于孔壁对 CH₄ 分子的引力和第一层屏蔽效应的存在[27]，气体在两壁面附近形成的吸附结构是类似的。随着压力增大，在第一吸附层附近逐渐出现较弱的分子堆积，形成第二吸附层。

相较于第一吸附层总是清晰可见的波峰，第二吸附层的波峰在低压下并不明显，尤其是在蒙脱石壁面附近。随着压力增大，第二吸附层的波峰逐渐清晰。从图 9.2 可以发现，对于某一固定孔径，石墨烯壁面附近第二吸附层峰值清晰时，所对应的临界系综压力小于蒙脱石壁面。以 4nm 石墨烯-蒙脱石狭缝孔为例，CH₄ 在石墨烯壁面附近形成清晰第二吸附层对应的压力为 3.2MPa，而在 9.7MPa 时蒙脱石壁面才出现较弱的第二吸附层。另外，在孔的中心区域，CH₄ 的密度分布较稳定，且随着压力的增大而增大。Mosher 等[6]研究 CH₄ 在 2nm 的光滑石墨烯狭缝孔中的吸附行为时，也得到了相似的结论。

从图 9.3 可以发现，CO₂ 的密度分布与 CH₄ 的密度分布有相似之处：①CO₂ 的密度沿孔中心呈非对称分布；②CO₂ 在靠近壁面处有明显的分子堆积；③相比于蒙脱石，CO₂ 更倾向于吸附在石墨烯壁面附近。另一方面，CO₂ 与 CH₄ 的吸附结构也存在较大差异，尤其是在石墨烯壁面附近，CO₂ 能够形成三个吸附层，并且第二吸附层的密度峰值与蒙脱石壁面的第一吸附层的密度峰值几乎相等，表明石墨烯-CO₂ 相互作用明显强于蒙脱石-CO₂ 相互作用[28, 29]。

根据密度分布图的特征，将 CH₄ 和 CO₂ 的密度分布曲线分为五个区域,称为区域 A～E，如图 9.4 所示。区域 A 和 E 表示壁面附近的无气体区域，由于壁面分子与气体分子之间相互作用的影响，此区域内没有气体分子存在。区域 B 和 D 为壁面吸附区。在靠近孔中心的区域内，气体的密度曲线波动很小，为自由气体区 C。

在较高压力下，固体壁面附近形成稳定的吸附层，密度曲线波峰清晰，此时吸附区与自由区的边界容易确定。但在较低压力下，气体与固体壁面之间的相互作用不足以形成清晰的第二、第三吸附层，气体密度朝着孔中心的方向逐渐变化[6]，此时自由气体区的边界定义变得困难。另外，在较高压力下，CH₄ 在固体壁面附近形成稳定的吸附层，且吸附层的波峰、波谷对应的位置不随压力变化而改变。CO₂ 在壁面附近形成的第二、第三吸附层的波峰、波谷位置也与压力无关。部分学者[3, 30]选择第一吸附层作为吸附区，将第二吸附层甚至第三吸附层以及孔中心密度稳定部分作为自由气体区，这种方法所测得的气体吸附量显然比实际吸附量偏少。在本书中，对于 CH_4、CO_2，分别选择第二和第三吸附层的波谷位置作为自由气体区与吸附区的边界。

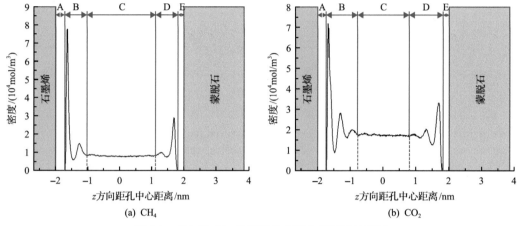

图 9.4　CH_4 和 CO_2 的密度分布图中各区域的定义

2. 总吸附量

本节研究 323K、0.1～21MPa 条件下不同孔径中 CH_4 和 CO_2 的吸附等温线，图 9.5 为 4～7nm 石墨烯-蒙脱石孔隙中单组分气体的总吸附量变化曲线。可以发现，CH_4 和 CO_2 单组分气体的总吸附量随压力和孔径的增大而增大。这是因为压力增大增强了气体分子与壁面之间的相互作用力，导致更多的气体分子吸附在固体壁面上；而孔径的增大使得孔体积增大，进而导致总吸附量增加。虽然单组分气体的总吸附量都随压力的增大而增大，但增大趋势却不同。以 10～12MPa 为界，随着压力的增大，CO_2 的总吸附量迅速增大，之后增大速度变慢，而 CH_4 的总吸附量与压力大致呈线性关系。该现象与两种气体密度随压力的变化趋势一致。

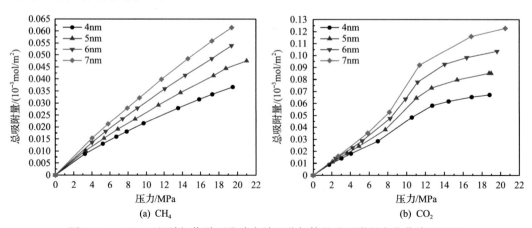

图 9.5　4～7nm 石墨烯-蒙脱石孔隙中单组分气体的总吸附量变化曲线(323K)

图 9.6 为从 NIST 获得的 CH$_4$ 和 CO$_2$ 的密度变化率随压力的变化曲线。可以发现，随着压力的增大，CH$_4$ 的密度变化率几乎没有变化，而 CO$_2$ 的密度变化率在 10～12MPa 范围内存在最大值。

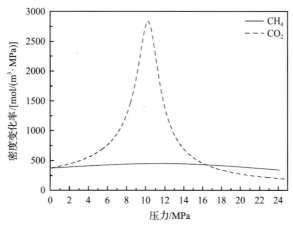

图 9.6　CH$_4$ 和 CO$_2$ 的密度变化率随压力的变化曲线

此外，在相同的压力和孔径条件下，CH$_4$ 的总吸附能力远低于 CO$_2$。这一差异主要是气体分子与孔表面之间的相互作用强度不同引起的。与四极距为零的 CH$_4$ 分子相比，CO$_2$ 分子虽具有零偶极矩，但具有强四极距[31]，增强了与固体壁面原子的吸附耦合。

3. 绝对吸附量

4～7nm 石墨烯-蒙脱石孔隙中单组分气体的绝对吸附量变化曲线如图 9.7 所示。可以发现，随压力的增大，CH$_4$ 的绝对吸附量稳定增加，而 CO$_2$ 的绝对吸附量增大速率有较明显的变化。当压力低于 12MPa 时，CO$_2$ 的绝对吸附量的增大速率较大；当压力高于 12MPa 时，CO$_2$ 的绝对吸附量增大速率减小。这是由于随着压力增大，CH$_4$ 的密度峰值平稳增长，而 CO$_2$ 的密度峰值到 12MPa 后增长趋于饱和，因此变化缓慢。CH$_4$ 的绝对吸附量与孔径无关。CO$_2$ 的绝对吸附量在 6～11MPa 时随孔径的增大而小幅度增大，压力大于 11MPa 时则无明显关系。这是因为对于 CH$_4$ 来说，绝对吸附能力主要由气体与壁面之间的相互作用力决定。相比于 CH$_4$，CO$_2$ 与孔壁的相互作用力更强，同时与两侧壁面存在相互作用，因此孔径增大对 CO$_2$ 与孔壁的相互作用有很大影响。而压力低于 6MPa 时，CO$_2$ 与孔壁的相互作用力较弱，压力高于 11MPa 时 CO$_2$ 在孔壁附近的吸附作用逐渐趋于饱和状态，因而不受孔径变化的影响。

为了更清晰地观察两侧壁面对气体吸附能力的差别，对比了 CH$_4$ 和 CO$_2$ 在石墨烯壁面和蒙脱石壁面的绝对吸附量，结果如图 9.8 所示。单侧壁面的绝对吸附量随压力和孔径的变化趋势与图 9.7 所示的总绝对吸附量的变化趋势相同。与 CH$_4$ 相比，石墨烯-蒙脱石壁面附近的 CO$_2$ 绝对吸附量对孔径的依赖性更大，特别是对于蒙脱石壁面。

图 9.9 为 CH$_4$、CO$_2$ 在石墨烯壁面与蒙脱石壁面的绝对吸附量比值变化曲线。CH$_4$ 在两壁面的绝对吸附量比值与孔径无明显关系。当压力小于 12MPa 时，CO$_2$ 在两壁面的

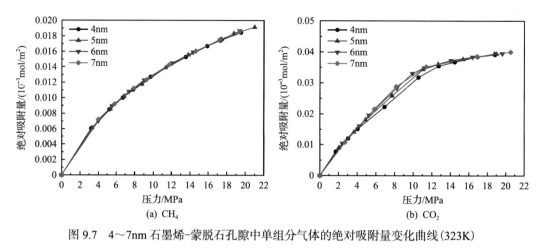

(a) CH₄ (b) CO₂

图 9.7　4～7nm 石墨烯-蒙脱石孔隙中单组分气体的绝对吸附量变化曲线(323K)

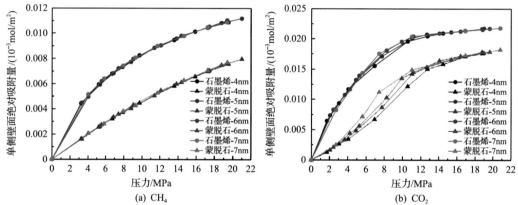

(a) CH₄ (b) CO₂

图 9.8　4～7nm 孔隙中单组分气体在石墨烯壁面与蒙脱石壁面附近的绝对吸附量变化曲线(323K)

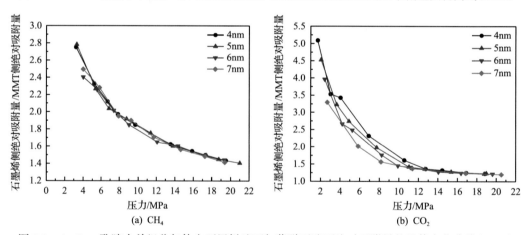

(a) CH₄ (b) CO₂

图 9.9　4～7nm 孔隙中单组分气体在石墨烯壁面与蒙脱石壁面绝对吸附量的比值变化曲线(323K)

绝对吸附量比值随孔径的增大而减小。这说明在较小孔径的孔中石墨烯壁面对 CO_2 的吸附优势更明显。此外，随压力增大，绝对吸附量之比呈下降趋势且总大于 1。CO_2 的绝对吸附量比值在压力低于 12MPa 时随压力增大快速下降，在压力达 12MPa 之后趋于定值，约为 1.27。这个现象表明石墨烯壁面的吸附优势随压力升高逐渐减弱。这是因为壁面对气体的吸附能力是有限的，随着压力增大，石墨烯壁面附近更早达到吸附饱和，从而逐渐缩小了与蒙脱石壁面之间吸附能力的差距。

4. 过余吸附量

CH$_4$、CO$_2$ 在 4～7nm 石墨烯-蒙脱石孔隙中的过余吸附量变化曲线如图 9.10 所示。随着压力的增大，CH$_4$ 的过余吸附量逐渐增加，在压力约为 14MPa 时达到最大值，之后随压力增大呈下降趋势，但在本书研究范围内下降幅度较小。另外，孔径的变化不影响 CH$_4$ 的过余吸附量。与 CH$_4$ 相比，CO$_2$ 的过余吸附量随压力的变化更剧烈。CO$_2$ 的过余吸附峰值出现在 6～9MPa，且此峰值随孔径的增大而增大。当压力低于 6MPa 时，CO$_2$ 的过余吸附量随着压力增大的快速增加，当压力超过 9MPa 时，CO$_2$ 的过余吸附量急剧减小，当压力大于 16MPa 时缓慢降低。CO$_2$ 在压力为 16MPa 时与压力为 2MPa 时具有相等的过余吸附量，这与总吸附量以及自由气体区密度随压力的变化情况密切相关。随着压力增大至 6～9MPa，CO$_2$ 的总吸附量明显增大，而自由气体区的密度增加量却很少，导致过余吸附量增大；随着压力继续增大至 21MPa，自由气体区密度明显增加，从而导致过余吸附量减小。

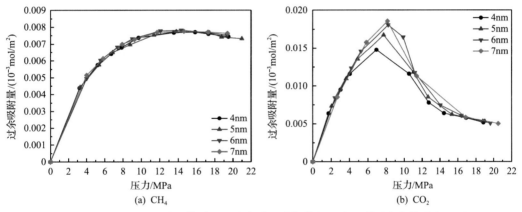

图 9.10　4～7nm 石墨烯-蒙脱石孔隙内单组分气体的过余吸附量变化情况(323K)

9.2.2　混合气体吸附特性

在纯气体吸附特性的基础上，本节围绕密度分布、总吸附量、绝对吸附量和吸附选择性等方面，介绍 CO$_2$-CH$_4$ 混合气体在页岩孔隙内的吸附特性。

1. 密度分布

由于竞争吸附行为的存在，CO$_2$-CH$_4$ 混合气体在孔隙内并不是均匀分布的，在壁面附近形成明显的吸附层，且随压力的增大，吸附层密度增加。将垂直于壁面方向上混合气体中 CH$_4$ 和 CO$_2$ 的密度进行处理，得到典型的混合气体的密度分布，如图 9.11 所示。CH$_4$ 和 CO$_2$ 在两壁面附近都形成明显的一个(低压下)或两个(高压下)吸附层，在本书研究压力范围内，未形成明显的第三吸附层。统计发现，在同一壁面附近，CH_4 和 CO_2 的密度曲线起始位置及吸附层的波谷位置是重合的。另外，孔中间区域气体的密度曲线较为平缓，没有形成明显的波动。

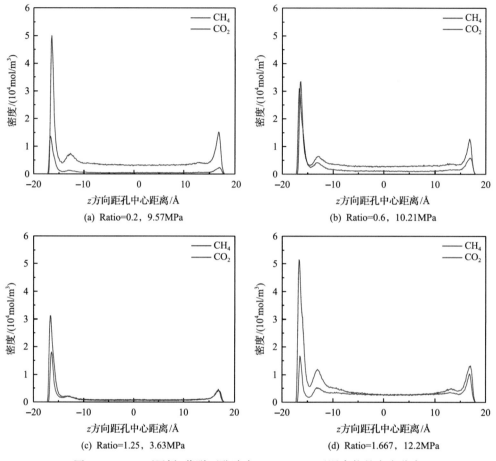

图 9.11　4nm 石墨烯-蒙脱石孔隙中 CO_2-CH_4 二元混合物的密度分布

根据混合物密度分布图的特点，选取密度分布曲线中石墨烯壁面与蒙脱石壁面附近的第二吸附层的波谷位置作为自由气体区的边界，即图 9.4 中的区域 C。而将固体壁面附近的两个吸附层所在的区域作为吸附区，即区域 B 和 D。区域 A 和 E 即石墨烯侧无气体区和蒙脱石侧无气体区，对于 CH_4 和 CO_2，其宽度相同。

2. 总吸附量

3nm 和 10nm 石墨烯-蒙脱石孔隙内 CO_2-CH_4 混合物的总吸附量变化曲线如图 9.12 所示。由于不同孔径的总吸附量随压力和摩尔比的变化趋势相同，仅展示 3nm 和 10nm 孔径的数据。随着混合物压力的增大，CH_4 和 CO_2 的总吸附量均增大。随着摩尔比的增加，CH_4 吸附能力降低而 CO_2 吸附能力增强。显然，压力增大使得 CO_2 和 CH_4 与固体壁面之间的相互作用力增强；摩尔比增大意味着混合物中 CO_2 的比例增大，因此 CO_2 吸附量增加，而 CH$_4$ 吸附量降低。

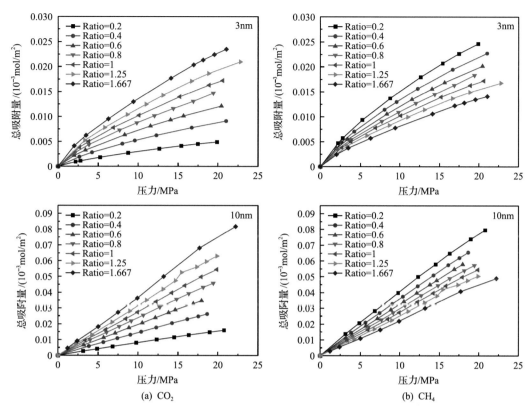

(a) CO$_2$

(b) CH$_4$

图 9.12　3nm 和 10nm 石墨烯-蒙脱石孔隙中 CO$_2$-CH$_4$ 混合物的总吸附量变化曲线

　　为了进一步分析混合物中 CH$_4$ 和 CO$_2$ 的吸附行为，将 CO$_2$ 的总吸附量和 CH$_4$ 的总吸附量随各自分压的变化规律进行分析，结果如图 9.13 所示。可以发现，从分压的角度来看，与纯气体一样，CO$_2$ 的总吸附量和 CH$_4$ 的总吸附量随各自分压的增大而增大。在 CO$_2$ 临界压力附近，纯 CO$_2$ 对压力变化很敏感，而混合物中 CO$_2$ 的吸附行为没有表现出明显的压力敏感特征。另外，随着摩尔比的增大，CO$_2$ 的总吸附量增大，纯 CO$_2$ 的吸附量最大，而 CH$_4$ 的总吸附量不受摩尔比的影响。值得注意的是，CH$_4$ 的总吸附量随 CH$_4$ 分压的变化曲线近似呈线性，通过拟合，可以将其表达为

$$n_{\text{tot-CH}_4} = k_1 P_{\text{CH}_4} \qquad (9.5)$$

式中，$n_{\text{tot-CH}_4}$ 为 CH$_4$ 总吸附量，10^{-3} mol/m^2；k_1 为系数，10^{-6} mol/(m$^2\cdot$MPa)；P_{CH_4} 为混合物中 CH$_4$ 的分压，MPa。

3. 绝对吸附量

1）孔内气体绝对吸附量

　　3nm 和 10nm 石墨稀-蒙脱石孔隙中 CO$_2$ 绝对吸附量和 CH$_4$ 绝对吸附量变化曲线如图 9.14 所示。可以发现，CO$_2$ 绝对吸附量和 CH$_4$ 绝对吸附量随压力和摩尔比的变化趋势

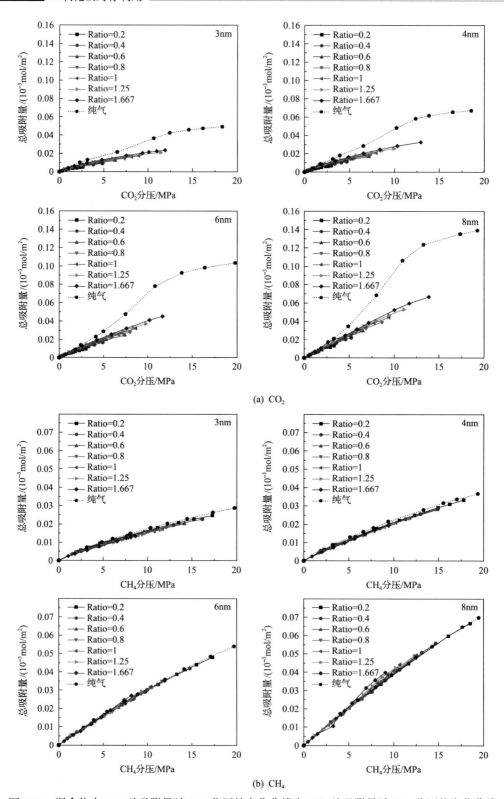

(a) CO₂

(b) CH₄

图 9.13　混合物中 CO_2 总吸附量随 CO_2 分压的变化曲线和 CH_4 总吸附量随 CH_4 分压的变化曲线

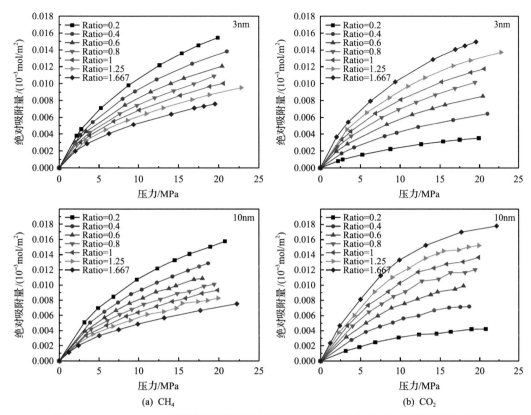

图 9.14　3nm 和 10nm 石墨烯-蒙脱石孔隙中 CO_2-CH_4 混合物的绝对吸附量变化曲线

与总吸附量相似。气体的吸附能力随压力增大而增强，随摩尔比增大，CO_2 吸附能力增强，而 CH_4 吸附能力降低。此外，随着摩尔比的增大，CO_2 绝对吸附量的变化幅度大于 CH_4 绝对吸附量。这表明摩尔比对 CO_2 的吸附行为影响较大。小的摩尔比抑制了 CO_2 的吸附能力，一旦 CO_2 含量增加，CO_2 的吸附量便显著增大。另外，源于 CO_2 的强吸附能力，当混合物中 CO_2 与 CH_4 处于相同的地位时，CO_2 的吸附行为占明显优势，这一特点体现在：当 Ratio = 1 时，CO_2 绝对吸附量大于 CH_4 绝对吸附量，Ratio = 0.8 时的 CH_4 绝对吸附量小于 Ratio = 1.25 时的 CO_2 绝对吸附量。

　　为了分析混合物中某一气体自身的吸附行为，以气体的分压为标准进行分析，结果如图 9.15 和图 9.16 所示。纯 CO_2 的绝对吸附量远高于混合物中 CO_2 的绝对吸附量。在 4nm 石墨烯-蒙脱石孔隙中，即使是 Ratio = 1.667 时，10MPa 时纯 CO_2 的绝对吸附量为混合物中 CO_2 绝对吸附量的 1.97 倍；Ratio = 0.6 时，10MPa 时纯 CH_4 绝对吸附量是混合物中 CH_4 绝对吸附量的 1.29 倍。混合物中单组分气体的绝对吸附量随压力的变化趋势与纯气体相似，由此可以推测，当达到极限摩尔比（即 CO_2 极少或 CH_4 极少）时，混合物中单组分的绝对吸附量曲线可无限接近纯气体的绝对吸附量曲线。

　　2）孔内 CO_2 和 CH_4 绝对吸附量之比

　　为了说明混合物中 CO_2 的吸附能力强于 CH_4 的程度，以 3nm 和 10nm 孔为例，研究 CO_2 和 CH_4 绝对吸附量比值随压力的变化情况，如图 9.17 所示。可以看出，随着摩尔比的

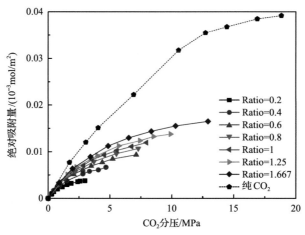

图 9.15   4nm 石墨烯-蒙脱石孔隙中 CO_2 绝对吸附量随 CO_2 分压的变化曲线

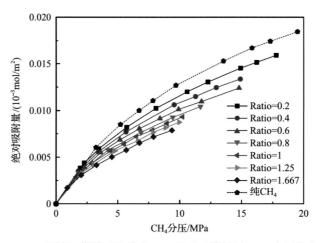

图 9.16   4nm 石墨烯-蒙脱石孔隙中 CH_4 绝对吸附量随 CH_4 分压的变化曲线

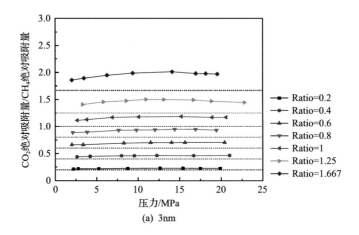

(a) 3nm

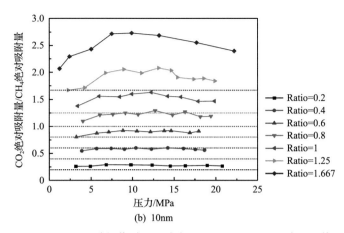

(b) 10nm

图 9.17 3nm 和 10nm 石墨烯-蒙脱石孔隙中 CO₂ 和 CH₄ 绝对吸附量比值的变化曲线

图中与曲线同颜色的虚直线表示曲线相对应的摩尔比的数值

增大 CO_2 和 CH_4 绝对吸附量比值不断增大，且总大于相应的摩尔比，说明 CO_2 总是优先吸附的。随压力的增大，CO_2 和 CH_4 绝对吸附量比值有先上升后下降的趋势，这一特点在孔径 ≥6nm 且 Ratio > 0.8 的工况下尤其明显，在某一压力下，CO_2 和 CH_4 绝对吸附量比值存在一个最大值，此压力下 CO_2 具有最强的优先吸附特性。

3) 单侧壁面绝对吸附量

3nm 石墨烯-蒙脱石孔单侧壁面的气体绝对吸附量变化曲线如图 9.18 所示。气体的单侧壁面绝对吸附量都随压力的增大而增大；随摩尔比增大，CH_4 的单侧壁面绝对吸附量减小，而 CO_2 的单侧壁面绝对吸附量增大。在石墨烯壁面附近，随着混合物压力不断增大，CO_2-CH_4 混合物的绝对吸附量曲线斜率逐渐减小，而蒙脱石壁面附近 CO_2-CH_4 的绝对吸附量曲线斜率变化不大。表明在石墨烯壁面附近，吸附行为更加活跃，随着压力增大，石墨烯壁面附近吸附区有达到吸附饱和状态的趋势。由于蒙脱石壁面对气体的吸附能力弱于石墨烯壁面，混合物在蒙脱石壁面附近的吸附行为总是滞后于石墨烯壁面。这一滞后现象明显体现在当 Ratio = 1 时，石墨烯壁面附近明显有 CO_2 绝对吸附量大于 CH_4 绝对吸附量，而蒙脱石壁面附近 CO_2 绝对吸附量小于 CH_4 绝对吸附量。

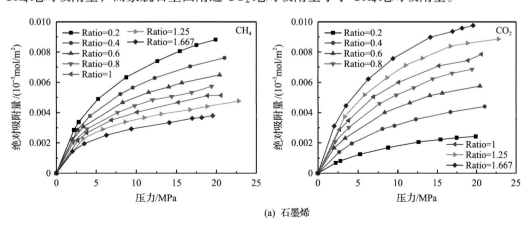

(a) 石墨烯

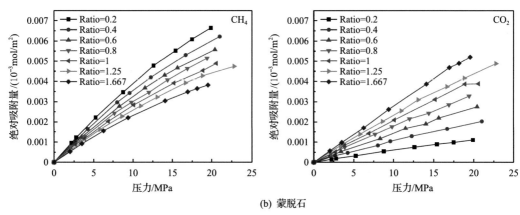

图 9.18　3nm 石墨烯-蒙脱石孔中 CO_2 和 CH_4 在单侧壁面的绝对吸附量

图 9.19 中用气体分压来表示单侧壁面 CO_2-CH_4 混合物的吸附行为。这里以 4nm 石墨烯-蒙脱石孔为例进行说明。两侧壁面附近混合物中 CO_2 绝对吸附量都远小于纯 CO_2 的绝对吸附量，且蒙脱石附近 CO_2 绝对吸附量随压力的变化趋势平滑，即使在临界压力附近，其对压力变化也并不敏感。另外，相比于蒙脱石壁面，石墨烯壁面附近 CO_2 绝对吸附量对摩尔比的变化更加敏感。当 CO_2 分压为 6MPa 时，摩尔比从 1 增大到 1.25 时，

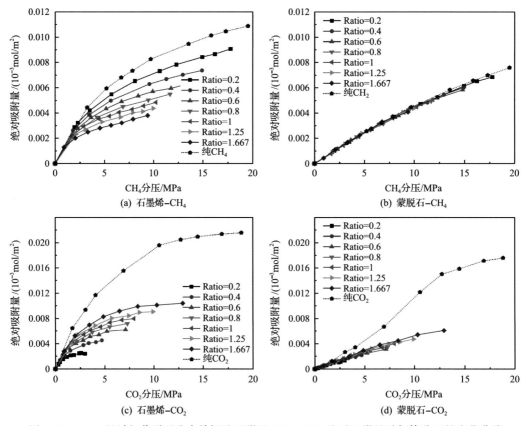

图 9.19　4nm 石墨烯-蒙脱石孔中单侧壁面附近 CO_2、CH_4 绝对吸附量随气体分压的变化曲线

石墨烯壁面附近 CO$_2$ 绝对吸附量增加了 8.98%，蒙脱石壁面附近 CO$_2$ 绝对吸附量增加了 3.69%；摩尔比从 1.25 增大到 1.667 时，石墨烯壁面附近 CO$_2$ 绝对吸附量增加了 7.79%，蒙脱石壁面附近 CO$_2$ 绝对吸附量增加了 2.27%。由此也可以看出，CO$_2$ 在石墨烯壁面附近的吸附行为更加活跃。CH$_4$ 绝对吸附量随 CH$_4$ 分压的变化曲线在两壁面呈现出不同的结果。在石墨烯壁面附近，CH$_4$ 绝对吸附量随摩尔比的增大而减小，纯 CH$_4$ 吸附量最大，可以预见，当摩尔比非常小(即孔内 CO$_2$ 非常少)时，混合物中 CH$_4$ 绝对吸附量曲线会无限接近纯 CH$_4$ 的绝对吸附量曲线。蒙脱石壁面附近的 CH$_4$ 绝对吸附量曲线不受摩尔比的影响，混合物中的 CH$_4$ 绝对吸附量曲线与纯 CH$_4$ 绝对吸附量曲线重合。

蒙脱石附近的 CH$_4$ 绝对吸附量随 CH$_4$ 分压的变化曲线近似呈线性，通过拟合，可以将其表达为

$$n_{ab\text{-}CH_4\text{-}MMT} = k_2 P_{CH_4} \tag{9.6}$$

式中，$n_{ab\text{-}CH_4\text{-}MMT}$ 为蒙脱石壁面附近 CH$_4$ 的绝对吸附量，10^{-3}mol/m^2；k_2 为系数，10^{-7}mol/(m^2·MPa)；P_{CH_4} 为混合物中 CH$_4$ 的分压，MPa。

4) 单侧壁面绝对吸附量之比

通过单侧壁面附近 CO$_2$ 与 CH$_4$ 的绝对吸附量比值随混合物压力的变化情况，可以更清晰地体现 CO$_2$ 和 CH$_4$ 的竞争吸附行为，并且通过比较两侧壁面附近 CO$_2$ 与 CH$_4$ 绝对吸附量比值，可以进一步分析异质壁面对混合物吸附行为的影响。由图 9.20 可以发现，石墨烯侧和蒙脱石侧的 CO$_2$ 和 CH$_4$ 绝对吸附量比值有较大差别。在石墨烯壁面附近，CO$_2$ 和 CH$_4$ 绝对吸附量比值随摩尔比的增大而增大，且都明显大于相应的摩尔比。此外，在 Ratio > 0.6 时，随压力变化呈现出明显的先增大后减小的趋势。在蒙脱石壁面附近，孔径小于 8nm 的孔中 CO$_2$ 和 CH$_4$ 绝对吸附量比值都小于相应的摩尔比,8nm 孔中某些摩尔比下 CO$_2$ 和 CH$_4$ 绝对吸附量比值大于相应摩尔比，孔径大于 8nm 的孔中 CO$_2$ 和 CH$_4$ 绝对吸附量比值都略大于相应摩尔比。在石墨烯壁面附近，CO$_2$ 表现出明显的优先吸附特性。当 Ratio > 0.6 时，CO$_2$ 有相对充足的气源可进行充分的吸附。随着压力的增大，CO$_2$ 快速占据壁面附近的吸附位点，低压下相同压力梯度 CO$_2$ 比 CH$_4$ 有更多的吸附增量，此过程 CO$_2$ 和 CH$_4$ 绝对吸附量比值逐渐增大。随着压力继续增大，壁面对 CO$_2$ 的容纳量达到一定程度时，相同压力梯度下 CO$_2$ 的吸附增量小于 CH$_4$，导致 CO$_2$ 和 CH$_4$ 绝对吸附量比值降低。存在某一最优压力为 10~15MPa，CO$_2$ 在石墨烯壁面附近具有最强的优先吸附能力。蒙脱石壁面附近的竞争吸附行为受孔径影响较大。孔径大于 8nm 的孔中 CO$_2$ 表现出弱的优先吸附特性，而孔径小于 8nm 的孔中则难以判断。这可能是由于大孔径气源充足，即使石墨烯壁面抢夺了孔内大量气源，但蒙脱石壁面仍可进行充分的吸附行为，使得 CO$_2$ 的优先吸附特性得以表现出来；而小孔径受到孔体积的限制，孔内气源有限，石墨烯壁面抢夺了过多的气体导致蒙脱石壁面附近气体量严重不足，因此无法进行充分的吸附行为。

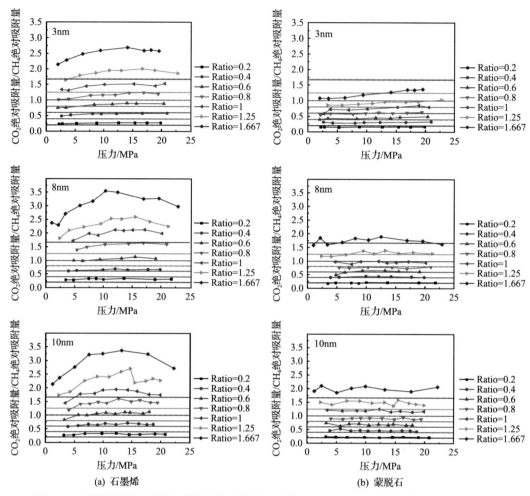

图 9.20 不同孔径的石墨烯-蒙脱石孔中单侧壁面附近 CO_2 和 CH_4 绝对吸附量比值变化曲线

与曲线同颜色的虚直线表示曲线对应的摩尔比的值

9.2.3 吸附选择性

由于石墨烯壁面与蒙脱石壁面的吸附能力存在较大差异，对石墨烯壁面和蒙脱石壁面的吸附选择性进行单独分析，进而详细比较两壁面的吸附性差别，如图 9.21 所示。

两壁面附近都有 $S_{CO_2/CH_4}>1$，且石墨烯壁面附近的 S_{CO_2/CH_4} 比蒙脱石壁面高很多，证明石墨烯壁面附近 CO_2 的优先吸附特性比蒙脱石壁面附近要活跃得多。3nm 孔中，蒙脱石壁面附近的 S_{CO_2/CH_4} 为 1~1.3，而石墨烯壁面附近的 S_{CO_2/CH_4} 为 1.8~2.9。随着压力的增大，蒙脱石壁面附近的 S_{CO_2/CH_4} 有微弱减小的趋势，而石墨烯壁面的 S_{CO_2/CH_4} 有先增大后减小的趋势，此趋势随孔径的增大更加明显。这在一定程度上说明随孔径增大，石墨烯壁面附近 CO_2 的优先吸附优势表现的更加明显。在石墨烯壁面附近还表现出较明显的 S_{CO_2/CH_4} 随摩尔比增大而增大的趋势，这说明孔内 CO_2 越多，其优先吸附表现越强。另外，石墨烯壁面附近 S_{CO_2/CH_4} 的最大值随着孔径增大有向压力增大的方向移动的趋势。

3nm、6nm、10nm、14nm 孔中石墨烯壁面附近的 S_{CO_2/CH_4} 最大值分别出现在压力 5MPa、7MPa、8~12MPa、10~14MPa 处，体现出石墨烯壁面附近 CO$_2$ 优先吸附特性最强时所对应的压力随孔径的变化趋势，即孔径越大，石墨烯壁面附近 CO$_2$ 在更强的压力下才可表现出最强的优先吸附特性。在石墨烯-蒙脱石孔隙中，石墨烯壁面附近 CO$_2$ 对页岩气的最佳驱替压力随着孔径的增大而增大。

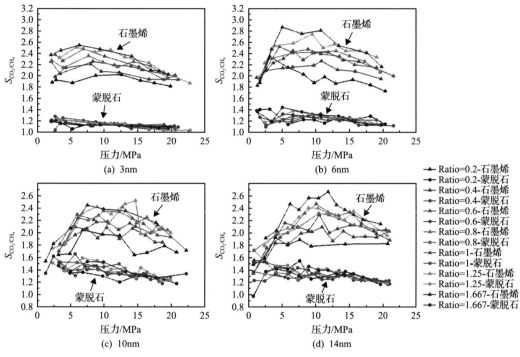

图 9.21　两侧壁面 CO$_2$ 对 CH$_4$ 的吸附选择性

9.3　气体吸附模型

纳米孔在页岩孔隙中占据很高的比例，分子模拟方法能够获得纳米孔内气体吸附特性，但是实验方法获取纳米孔内气体吸附特性仍然存在诸多困难。页岩孔内气体吸附特性的分子模拟结果如何与更大尺度上的实验结果结合，是当前存在的重要挑战。本节通过分析页岩孔隙内气体吸附特征，根据气体吸附特性随孔隙的变化规律，建立多孔介质内气体吸附模型。利用该模型预测典型储层条件下的气体吸附特性，包括吸附相密度、吸附等温线、吸附相气体百分比等 CO$_2$ 强化页岩开采吸附特性的关键参数。

9.3.1　微观特征参数

首先根据页岩孔内气体吸附的典型密度分布，对孔内空间进行区域划分，并根据各区域的特征参数给出吸附量的计算方法，进一步分析孔内各区域特征参数随压力、孔径等的变化规律。

1. 模型建立

使用蒙脱石狭缝孔作为页岩纳米孔的模型，对 CH_4 的吸附行为进行预测。此部分使用巨正则系综蒙特卡罗模拟(GCMC)和分子动力学模拟(MD)方法进行模拟，模拟孔径为 $1\sim6nm$，温度为 323K，压力达 20MPa，在此模拟条件下得到的沿垂直于壁面方向的典型气体密度分布图如图 9.22 所示。根据密度分布特点，页岩孔隙空间可分为三个区域，即无吸附区、吸附区和自由区。需要说明的是，气体密度的分布和特征是由压力、温度、孔径、固体类型等因素决定的[32]。当页岩孔隙尺寸过小时，所有气体分子都被页岩固体吸附，因此自由气体区长度 L_{free} 为 0[32]。通常，在低压下，吸附区存在一个吸附层，而在高压下形成两个吸附层[6,33]。此外，由于有或没有阳离子交换(带电或不带电)的蒙脱石孔($>1nm$)中 CH_4 的密度分布基本一致，后续提出的吸附预测模型也可以应用于带电荷的蒙脱石孔隙模型。

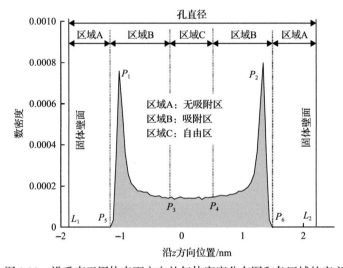

图 9.22　沿垂直于固体表面方向的气体密度分布图和各区域的定义

无吸附区长度的一半：$L_{inaccess}=|P_1P_5|=|L_2P_6|$；吸附区长度的一半：$L_{ad}=|P_3P_5|=|P_4P_6|$；自由区长度：$L_{free}=|P_3P_4|$；页岩孔直径：$D=|L_1L_2|=L_{free}+2L_{inaccess}+2L_{ad}$；$L_1$ 和 L_2 是固体表面的边界；P_5 和 P_6 是最靠近固体表面的吸附气体的边界；P_1 和 P_2 是最靠近固体表面的第一个吸附峰的位置；P_3 和 P_4 是自由区的边界

对于狭缝孔，平行于壁面方向的两侧固体表面积 A 相同，孔体积 V 可表示为

$$V = AD = \left(L_{free} + 2L_{inaccess} + 2L_{ad}\right) \tag{9.7}$$

总吸附量表示为

$$n_{tot} = \int_{P_5}^{P_6} \rho A dz = A\left(2L_{ad}\rho_{ad} + L_{free}\rho_{free}\right) \tag{9.8}$$

式中，ρ_{ad}、ρ_{free} 分别为吸附区、自由区气体平均数密度。

绝对吸附量表示为

$$n_{ab} = \int_{P_5}^{P_3} \rho A \mathrm{d}z + \int_{P_4}^{P_6} \rho A \mathrm{d}z = 2AL_{ad}\rho_{ad} \tag{9.9}$$

过余吸附量可表示为

$$n_{ex} = n_{ab} - 2AL_{ad}\rho_{free} = 2AL_{ad}(\rho_{ad} - \rho_{free}) \tag{9.10}$$

2. 密度分布

图 9.23 为 323K 条件下沿垂直于固体表面方向的 CH$_4$ 密度分布。可以看出，CH$_4$ 的密度沿孔隙中心对称分布。对于 1nm 的孔隙，由于气体和蒙脱石之间的强相互作用，在蒙脱石表面附近有一个吸附层，峰值随着压力的增加而增加。当孔径为 2nm 时，孔中心密度显著降低，并且在很宽的孔宽范围内保持不变。随着压力的增加，吸附区的密度显著增加，因为随着压力的增加，气固相互作用增强。此外，在低压下，密度分布曲线在固体表面附近仅形成一个密度峰。随着压力的增加，在第一个密度峰附近逐渐形成第二个峰，并且该峰在更高的压力下更加明显。这一特征与 Sharma 等[34]和 Tian 等[3]关于蒙脱石纳米孔中 CH$_4$ 吸附行为的结论一致。由于孔隙太小，1nm 孔隙内没有游离气体区，使孔隙中的气体分子受到强烈的相互作用力，全部吸附在孔隙壁上。

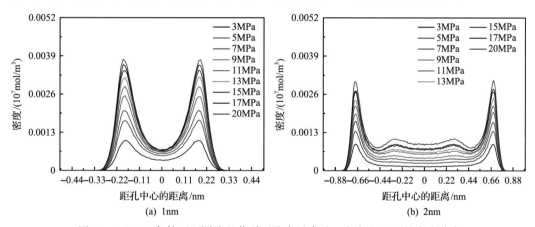

(a) 1nm

(b) 2nm

图 9.23 323K 条件下不同孔径蒙脱石孔中垂直壁面方向上 CH$_4$ 的密度分布

3. 吸附特性

进一步详细研究 CH$_4$ 在页岩纳米孔中的吸附特性，分析无吸附区、吸附区、自由区长度的变化。$L_{inaccess}$ 在不同压力和孔径下保持恒定，值为 (1.9±0.05)Å。孔隙尺寸为 1nm 时，L_{ad} 为 (7.7±0.03)Å，而孔隙尺寸不小于 2nm 时，L_{ad} 稳定在 (3.1±0.05)Å。孔径越大，L_{free} 越大，对于一定的孔径，L_{free} 随压力变化不大。因此，L_{free} 可以认为是孔径的函数。这与 $L_{inaccess}$ 和 L_{ad} 的压力无关性是一致的。

323K 条件下不同页岩孔径的吸附区平均密度如图 9.24 所示。可以看出，吸附区平均密度随着压力的增加单调增加，这种压力依赖性与 Tian 等[3]的结论相同。在相同的 *P-T* 条件下，1nm 孔径的吸附区平均密度大于 2nm 孔径。对于大于 2nm 的孔，吸附区平均密度几乎不受孔径的影响，只是压力的函数。

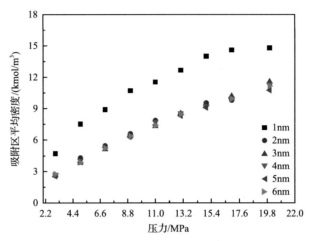

图 9.24　323K 条件下不同页岩孔径的吸附区平均密度

9.3.2　吸附预测模型

页岩孔隙通常细分为微孔、中孔和大孔，孔径分别为小于 2nm、2～50nm 和大于 50nm[35]。页岩基质主要由微孔和中孔组成，它们对页岩气的储存很重要，因为它们对页岩的孔隙度和总表面积有显著贡献[36, 37]。研究表明，微孔对总表面积的贡献大于中孔，而大孔对总表面积的贡献最小[38, 39]。孔径的分布对吸附量有很大影响，研究不同孔的吸附特性非常重要。

根据以上模拟结果，得到三个关键特征：①在小于 2nm 的孔隙中，所有 CH_4 分子都处于吸附状态；②在大小为 2nm 的孔隙中，CH_4 分子处于吸附相或游离相。在恒温条件下，气体吸附密度仅取决于压力，吸附长度与孔径和压力无关；③所有孔隙中，在恒温条件下，无吸附区长度不随孔隙大小和压力而变化。

微孔和中孔的不同吸附特性与其他研究相似[6, 40-42]。在微孔中，孔壁之间相互作用的势能相互重叠，因此吸附容量大于较宽的孔或外表面，气体分子以填孔的形式被吸附[40]，并且所有分子都处于吸附相。在介孔中，气体分子以单层或多层形式吸附在固体表面，气体分子处于吸附相或游离相[6,41]。

许多方法[37, 43-46]已经用于储层的孔径分析，可以通过 N_2、CO_2 或 He 吸附测量孔隙参数，如体积、表面积和平均尺寸，X 射线衍射和扫描电子显微镜可用于呈现多孔介质的更详细结构。根据临界孔径 2nm 分两部分预测页岩基质中 CH_4 吸附，提出了新的吸附模型，如图 9.25 所示。

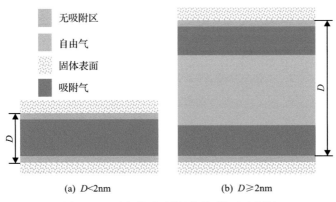

无吸附区

自由气

固体表面

吸附气

(a) $D<2\mathrm{nm}$ (b) $D\geqslant 2\mathrm{nm}$

图 9.25 页岩基质吸附预测新模型示意图

对于含有不同直径和表面积的狭缝孔的多孔介质，基于新模型，根据以下方程计算总吸附量、绝对吸附量和过余吸附量：

$$n_{\mathrm{ab}}^{i} = 2A_i L_{\mathrm{ad}}^{i} \rho_{\mathrm{ad}}^{i} \tag{9.11}$$

$$n_{\mathrm{free}}^{i} = A_i \left(D_i - 2L_{\mathrm{ad}}^{i} \right) \rho_{\mathrm{free}} \tag{9.12}$$

$$n_{\mathrm{tot}}' = \sum_{i=1}^{N} n_{\mathrm{tot}}^{i} = \sum_{i=1}^{N} \left(n_{\mathrm{ab}}^{i} + n_{\mathrm{free}}^{i} \right) = \sum_{i=1}^{N} \left[2A_i L_{\mathrm{ad}}^{i} \rho_{\mathrm{ad}}^{i} + A_i \left(D_i - 2L_{\mathrm{ad}}^{i} \right) \rho_{\mathrm{free}} \right] \tag{9.13}$$

$$n_{\mathrm{ab}}' = \sum_{i=1}^{N} n_{\mathrm{ab}}^{i} = \sum_{i=1}^{N} 2A_i L_{\mathrm{ad}}^{i} \rho_{\mathrm{ad}}^{i} \tag{9.14}$$

$$n_{\mathrm{ex}}' = \sum_{i=1}^{N} \left(n_{\mathrm{ab}}^{i} - 2A_i L_{\mathrm{ad}}^{i} \rho_{\mathrm{free}} \right) = \sum_{i=1}^{N} 2A_i L_{\mathrm{ad}}^{i} \left(\rho_{\mathrm{ad}}^{i} - \rho_{\mathrm{free}} \right) \tag{9.15}$$

式中，n_{free}^{i} 为处于自由区的气体分子数目；n_{tot}'、n_{ab}' 和 n_{ex}' 为气体在孔介质中的总吸附量、绝对吸附量和过余吸附量；n_{tot}^{i}、n_{ab}^{i} 为孔 i 的总吸附量和绝对吸附量，$i=1,2,\cdots,N$ 代表不同的孔；A_i 为孔 i 沿平行于固体壁面方向的表面积；D_i 为孔 i 的可达直径。应该注意的是，由于孔隙参数是在不同气体的帮助下通过实验测量的，在这些方程中使用了可达直径。如果提供真实孔径，也可以应用这些方程，从真实孔径减去无吸附区长度即可获得可达直径。

基于新模型，当孔径大于 2nm 时，吸附长度和吸附密度均保持恒定。因此，可以根据总体积和表面积计算气体总吸附量、绝对吸附量和过余吸附量。绝对吸附量可变化为

$$n_{\mathrm{ab}}' = \sum_{i=1}^{N} 2A_i L_{\mathrm{ad}}^{i} \rho_{\mathrm{ad}}^{i} = 2A_1 L_{\mathrm{ad}}^{1} \rho_{\mathrm{ad}}^{1} + \left(A_{\mathrm{total}} - 2A_1 \right) L_{\mathrm{ad}}^{2} \rho_{\mathrm{ad}}^{2} \tag{9.16}$$

$$n_{\mathrm{ab}}' = A_{\mathrm{total}} \left[\phi_A L_{\mathrm{ab}}^{1} \rho_{\mathrm{ad}}^{1} + \left(1 - \phi_A \right) L_{\mathrm{ad}}^{2} \rho_{\mathrm{ad}}^{2} \right] \tag{9.17}$$

$$n'_{ab}/A_{total} = \phi_A L^1_{ad}\rho^1_{ad} + (1-\phi_A) L^2_{ad}\rho^2_{ad} \tag{9.18}$$

式中，A_1 为直径小于 2nm 的孔沿孔壁面方向的表面积；A_{total} 为总表面积（两平行表面面积之和）；ϕ_A 为孔径小于 2nm 的孔的表面积占比；L^1_{ad}、ρ^1_{ad} 为孔径小于 2nm 的孔的吸附区长度和吸附区密度；L^2_{ad}、ρ^2_{ad} 为孔径大于或等于 2nm 的孔的吸附区长度和吸附区密度。

过余吸附量可变化为

$$n'_{ex} = 2A_1 L^1_{ad}\left(\rho^1_{ad} - \rho_{free}\right) + \left(A_{total} - 2A_1\right) L^2_{ad}\left(\rho^2_{ad} - \rho_{free}\right) \tag{9.19}$$

$$n'_{ex} = A_{total}\left[\phi_A L^1_{ad}\left(\rho^1_{ad} - \rho_{free}\right) + (1-\phi_A) L^2_{ad}\left(\rho^2_{ad} - \rho_{free}\right)\right] \tag{9.20}$$

$$n'_{ex}/A_{total} = \phi_A L^1_{ad}\left(\rho^1_{ad} - \rho_{free}\right) + (1-\phi_A) L^2_{ad}\left(\rho^2_{ad} - \rho_{free}\right) \tag{9.21}$$

总吸附量可变化为

$$n'_{tot} = n'_{ab} + \sum_{i=1}^{N}\left[A_i\left(D_i - 2L^i_{ad}\right)\rho_{free}\right] \tag{9.22}$$

$$n'_{tot} = A_{total}\left[\phi_A L^1_{ad}\left(\rho^1_{ad} - \rho_{free}\right) + (1-\phi_A) L^2_{ad}\left(\rho^2_{ad} - \rho_{free}\right) + \rho_{free}\left(V_{total}/A_{total}\right)\right] \tag{9.23}$$

$$n'_{tot}/A_{total} = \phi_A L^1_{ad}\left(\rho^1_{ad} - \rho_{free}\right) + (1-\phi_A) L^2_{ad}\left(\rho^2_{ad} - \rho_{free}\right) + \rho_{free}\left(V_{total}/A_{total}\right) \tag{9.24}$$

式中，V_{total} 为总可达孔体积。

基于式（9.18）和式（9.24），吸附相和自由相气体占比可预测为

$$x_{ad} = \frac{n'_{ab}}{n'_{tot}} = \frac{\phi_A L^1_{ad}\rho^1_{ad} + (1-\phi_A) L^2_{ad}\rho^2_{ad}}{\phi_A L^1_{ad}\left(\rho^1_{ad} - \rho_{free}\right) + (1-\phi_A) L^2_{ad}\left(\rho^2_{ad} - \rho_{free}\right) + \rho_{free}\left(V_{total}/A_{total}\right)} \tag{9.25}$$

$$x_{free} = 1 - x_{ad} \tag{9.26}$$

式中，x_{ad} 和 x_{free} 分别为吸附相和自由相气体占比。

基于此新模型，L^1_{ad}、L^2_{ad}、ρ^1_{ad}、ρ^2_{ad}、ρ_{free} 为已知量，只要提供 ϕ_A、V_{total}、A_{total} 数据，便可应用公式计算。然而，在实验过程中，可以测量真实页岩样品的孔径分布，并且可以预测孔隙度作为孔隙直径的函数。孔隙度可以表示为

$$\varphi = \phi_{V1}\varphi + \phi_{V2}\varphi \tag{9.27}$$

$$\phi_{V2} = \sum_{j=1}^{P}\phi^j_{V2} \tag{9.28}$$

式中，φ 为孔隙度；ϕ_{V1}、ϕ_{V2} 为孔径小于 2nm 及 $\geqslant$2nm 的孔占比；ϕ^j_{V2} 为孔径 $\geqslant$2nm 的 j 孔占比。

式(9.25)可变化为

$$x_{ad} = \frac{\phi_{V1}\rho_{ad}^1 + 2L_{ad}^2\rho_{ad}^2\sum_{j=1}^{P}\frac{\phi_{V2}^j}{D_j}}{\phi_{V1}\left(\rho_{ad}^1 - \rho_{free}\right) + 2L_{ad}^2\left(\rho_{ad}^2 - \rho_{free}\right)\sum_{j=1}^{P}\frac{\phi_{V2}^j}{D_j} + \rho_{free}} \tag{9.29}$$

9.3.3 典型孔隙内吸附特性

根据新建立的多孔介质内气体吸附模型确定吸附相密度，分析吸附等温线、吸附相气体百分比的变化规律。

1. 吸附相密度

在实验中，只能直接观察到过余吸附量，而绝对吸附量是储层中的实际吸附量，可根据过余吸附量得到，游离气密度和吸附气密度是已知的[3]。因此，确定吸附相密度是准确计算绝对吸附量的关键。在一些研究中，吸附相密度直接选择为一个固定值，如正常沸点液态甲烷的密度 26.25kmol/m^3 或临界点的甲烷密度 23.31kmol/m^3。但实际上，甲烷的密度随温度和压力变化[3]，将甲烷密度设置为固定值是不合理的。通过模拟，可以得到相对合理的吸附相甲烷密度值。323K 下微孔和中孔中的吸附气体密度如表 9.1 所示。模拟过程中吸附相的最大密度为 14.8kmol/m^3，在 1nm 孔隙中 20MPa 条件下，低于正常沸点液态甲烷的密度。

表 9.1　323K 下微孔和中孔中的吸附气体密度(误差≤3%)

P/MPa	ρ_{ad}/(kmol/m^3)	
	微孔(1nm)	中孔(≥2nm)
3	4.718	2.633
5	7.525	3.986
7	8.911	5.276
9	10.70	6.402
11	11.60	7.542
13	12.70	8.461
15	14.00	9.307
17	14.60	9.976
20	14.80	11.26

2. 吸附等温线

由于吸附行为主要是由页岩表面的相互作用引起的，比表面积是决定黏土吸附能力的重要参数。研究表明，当吸附量以吸附剂的单位表面积表示而不是以吸附剂的单位质量表示时，模拟结果和实验结果可以更好地进行比较[47]。因此，本节吸附量以吸附剂的单位表面积表示。在实验[40, 48, 49]中，可以使用低压下的 N_2 和 CO_2 吸附来研究比表面积，因为 CO_2 可以进入尺寸小于 1.5nm 的孔隙，而 N_2 可以进入尺寸为 1.5～30nm 的孔隙[50]。选用 Ji 等[51]使用液氮测量的比表面积(76.4m^2/g)作为参考，使用新提出的模型预测蒙脱石中的甲烷过余吸附[51]，模拟结果与实验结果对比如图 9.26 所示。可见，模拟结果与实验结果对比非常吻合[51]。

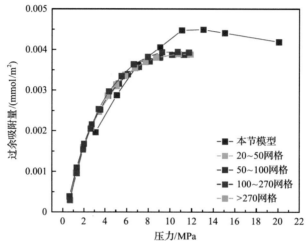

图 9.26 过余吸附量模拟结果与 Ji 等[51]的实验结果对比

为了研究孔结构对吸附量的影响，使用新提出的模型，在 323K 时预测绝对吸附量和过余吸附量(每个表面积)随压力的变化，考虑了 ϕ_A (孔径小于 2nm 的孔的表面积占比)的影响，结果分别如图 9.27 和图 9.28 所示。如图所示，ϕ_A 对绝对吸附量有显著影响。随着压力的增加，ϕ_A 的作用变得越来越重要。在相同压力下，随着 ϕ_A 的增加，即使吸附

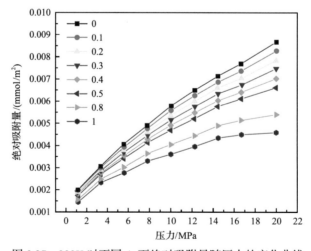

图 9.27 323K 时不同 ϕ_A 下绝对吸附量随压力的变化曲线

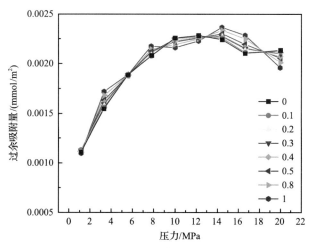

图 9.28　323K 时不同 ϕ_A 下过余吸附量随压力的变化曲线

气体密度较高，由于吸附长度变小，气体绝对吸附量也会降低。当 ϕ_A 从 0 增加到 1 时，3MPa 下气体绝对吸附量下降了 27.9%，而 20MPa 下气体绝对吸附量下降了 47%。与绝对吸附量相反，过量吸附量对 ϕ_A 的依赖性很小。

孔隙结构对总吸附量的影响比绝对吸附量和过余吸附量的影响要复杂一些。当指定温度和压力时，总吸附量不仅取决于 ϕ_A，还取决于 V_{total}/A_{total}。$\phi_A = 0$ 时不同 V_{total}/A_{total} 下总吸附量随压力的变化曲线如图 9.29 所示。$V_{total}/A_{total} = 1$nm 和 50nm 时不同 ϕ_A 下总吸附量随压力的变化曲线如图 9.30 所示。结果表明，V_{total}/A_{total} 支配总吸附量，而 ϕ_A 对总吸附量的影响可以忽略不计。在所有条件下，总吸附量随压力增加。随着体积表面积比 V_{total}/A_{total} 的增加，总吸附量以线性方式增加。当 V_{total}/A_{total} 从 1nm 变为 10nm 时，总吸附量在 3MPa 时增加 4.5 倍，在 20MPa 时增加 7.2 倍。当 $V_{total}/A_{total} = 100$nm 时，总吸附量在 3MPa 和 20MPa 时分别是 $V_{total}/A_{total} = 1$nm 时的 51 倍和 80 倍。

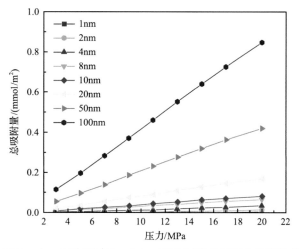

图 9.29　$\phi_A = 0$ 时不同 V_{total}/A_{total} 下总吸附量随压力的变化曲线

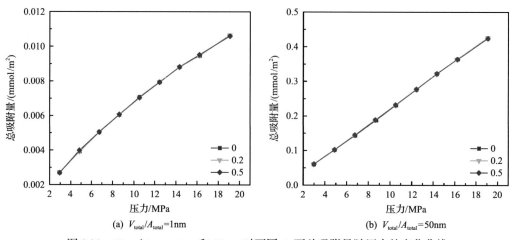

(a) $V_{total}/A_{total}=1nm$ (b) $V_{total}/A_{total}=50nm$

图 9.30 $V_{total}/A_{total}=1nm$ 和 50nm 时不同 ϕ_A 下总吸附量随压力的变化曲线

3. 吸附相气体占比

吸附相气体和自由相气体占比对更好地了解页岩气的储存和流动行为很重要，因为吸附相气体在页岩基质内的运移比自由相气体需要更长的时间[52]。吸附相气体和自由相气体占比可以通过由核磁共振 T_2 谱得到的真实页岩样品的孔径分布进行预测[53]。吸附相和自由相气体占比随压力的变化曲线如图 9.31 所示。吸附相气体占比随着压力的增加而减少。当压力从 3MPa 增加到 20MPa 时，吸附相气体占比下降了 35%。实际上，随着压力的增加，吸附相气体和自由相气体都逐渐增加，其中自由相气体增加得更快。随着压力的增加，压力对吸附相气体和自由相气体占比的影响变得微不足道。孔体积分布在 20nm 处最大，因此自由相气体占比大于吸附相气体占比。吸附相气体占比的减少和自由相气体占比的增加与实验现象相同[53]。在 7.76MPa 时，测得的吸附相气体占比为 0.337[53]，接近 7MPa 时的预测值 0.293 和 9MPa 时预测值的 0.277。该模型测得的吸附相气体占比高于预测值，这是因为所选页岩样品中含有有机质、矿物质和黏土[53]。

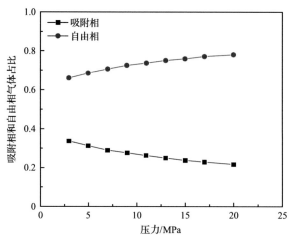

图 9.31   吸附相和自由相气体占比随压力的变化曲线

本节研究了孔隙结构对吸附相气体和自由相气体占比的影响。在新模型的基础上，当温度和压力一定时，吸附相气体和自由相气体占比仅取决于 ϕ_A 和 V_{total}/A_{total}。由于吸附相气体和自由相气体占比之和为 1，本节只讨论吸附相气体占比。$\phi_A=0$ 和 $\phi_A=0.5$ 时不同 V_{total}/A_{total} 下吸附相气体占比随压力的变化曲线如图 9.32 所示。结果表明，孔隙结构显著影响吸附相气体占比。当 ϕ_A 固定时，随着 V_{total}/A_{total} 的增加，吸附相气体占比急剧下降。原因是平均孔径随着 V_{total}/A_{total} 的增加而增加。V_{total}/A_{total} 存在临界值，高于该临界值时吸附相气体占比均小于 0.5，说明孔隙中自由相气体多于吸附相气体。当 $\phi_A=0$ 和 $\phi_A=0.5$ 时 V_{total}/A_{total} 临界值分别为 1.79nm 和 1.32nm。

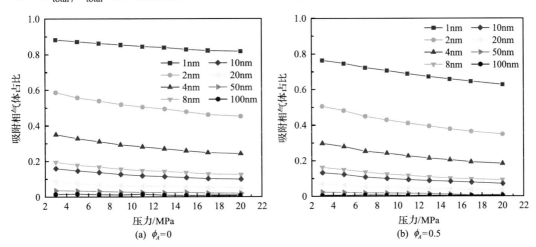

图 9.32 当 $\phi_A=0$ 和 0.5 时不同 V_{total}/A_{total} 下吸附相气体占比随压力的变化曲线

吸附相气体占比随 ϕ_A 的增加而减少。随着压力的增加，ϕ_A 的影响增强。$V_{total}/A_{total}=$ 1nm 条件下，ϕ_A 从 0 增加到 0.5 时，在 3MPa 下，吸附相气体占比减少了 13.3%；在 20MPa 下，吸附相气体占比下降了 22.9%。$V_{total}/A_{total}=$50nm 条件下，ϕ_A 从 0 增加到 0.5 时发现了相同的趋势，在 3MPa 和 20MPa 时，吸附相气体占比分别下降了 13.9% 和 23.5%。

参 考 文 献

[1] Trikkel A, Kuusik R, Maljukova N. Distribution of organic and inorganic ingredients in Estonian oil shale semicoke. Oil Shale, 2004, 21: 227-236.

[2] Jin Z, Firoozabadi A. Effect of water on methane and carbon dioxide sorption in clay minerals by monte carlo simulations. Fluid Phase Equilibria, 2014, 382: 10-20.

[3] Tian Y, Yan C, Jin Z. Characterization of methane excess and absolute adsorption in various clay nanopores from molecular simulation. Scientific Reports, 2017, 7(1): 12040.

[4] Hu M, Cheng Z, Zhang M, et al. Effect of calcite, kaolinite, gypsum, and montmorillonite on huadian oil shale kerogen pyrolysis. Energy & Fuels, 2014, 28(3): 1860-1867.

[5] 孙菁悦. CO$_2$、CH$_4$ 在纳米孔隙内吸附特性分子模拟. 大连: 大连理工大学, 2020.

[6] Zhou H, Xie J, Liu B, et al. Molecular simulation of methane adsorption in activated carbon: The impact of pore structure and surface chemistry. Molecular Simulation, 2015, 42(9): 776-782.

[7] Billemont P, Coasne B, de Weireld G. An experimental and molecular simulation study of the adsorption of carbon dioxide and methane in nanoporous carbons in the presence of water. Langmuir, 2010, 27(3): 1015-1024.

[8] Coasne B, Jain S K, Gubbins K E. Adsorption, structure and dynamics of fluids in ordered and disordered models of porous carbons. Molecular Physics, 2006, 104(22-24): 3491-3499.

[9] Firouzi M, Rupp E C, Liu C W, et al. Molecular simulation and experimental characterization of the nanoporous structures of coal and gas shale. International Journal of Coal Geology, 2014, 121: 123-128.

[10] Sharma A, Namsani S, Singh J K. Molecular simulation of shale gas adsorption and diffusion in inorganic nanopores. Molecular Simulation, 2014, 41(5-6): 414-422.

[11] Zhai Z Q, Wang X Q, Jin X, et al. Adsorption and diffusion of shale gas reservoirs in modeled clay minerals at different geological depths. Energy & Fuels, 2014, 28: 7467-7473.

[12] Makaremi M, Jordan K D, Guthrie G D, et al. Multiphase monte carlo and molecular dynamics simulations of water and CO_2 intercalation in montmorillonite and beidellite. The Journal of Physical Chemistry C, 2015, 119(27): 15112-15124.

[13] Phillips J C, Braun R, Wang W, et al. Scalable molecular dynamics with NAMD. Journal of Computational Chemistry, 2005, 26(16): 1781-1802.

[14] Heinz H, Koerner H, Anderson K L, et al. Force field for mica-type silicates and dynamics of octadecylammonium chains grafted to montmorillonite. Chemistry of Materials, 2005, 17(23): 5658-5669.

[15] Jorgensen W L, Maxwell D S, Tirado-Rives J. Development and testing of the OPLS all-atom force field on conformational energetics and properties of organic liquids. Journal of the American Chemical Society, 1996, 118(45): 11225-11236.

[16] Potoff J J, Siepmann J I. Vapor-liquid equilibria of mixtures containing alkanes, carbon dioxide, and nitrogen. AIChE Journal, 2001, 47(7): 1676-1682.

[17] Chen C, Hu W F, Li W Z, et al. Model comparison of the CH_4/CO_2/Water system in predicting dynamic and interfacial properties. Journal of Chemical and Engineering Data, 2019, 64: 2464-2474.

[18] Darden T, York D, Pedersen L. Particle mesh Ewald: AnN·log(N) method for Ewald sums in large systems. The Journal of Chemical Physics, 1993, 98(12): 10089-10092.

[19] Brunger A T. X-PLOR 3.1: The howard hugher medical institute and department of molecular biophysics and biochemistry. New Haven: Yale University, 1992.

[20] 芦迪. 页岩 CH_4、CO_2 吸附特性及影响因素研究. 大连: 大连理工大学, 2021.

[21] 杨建, 詹国卫, 赵勇, 等. 川南深层页岩气超临界吸附解吸附特征研究. 油气藏评价与开发, 2021, 11: 50-55, 62.

[22] 张奇. 微纳米孔隙介质超临界 CO_2/CH_4 吸附特性研究. 郑州: 郑州大学, 2021.

[23] Wu H, Chen J, Liu H. Molecular dynamics simulations about adsorption and displacement of methane in carbon nanochannels. The Journal of Physical Chemistry C, 2015, 119: 13652-13657.

[24] Liu Y, Wilcox J. Molecular simulation studies of CO_2 adsorption by carbon model compounds for carbon capture and sequestration applications. Environmental Science & Technology, 2012, 47(1): 95-101.

[25] Liu Y, Wilcox J. Molecular simulation of CO_2 adsorption in micro- and mesoporous carbons with surface heterogeneity. International Journal of Coal Geology, 2012, 104: 83-95.

[26] Kazemi M, Takbiri-Borujeni A. Modeling and simulation of gas transport in carbon-based organic nano-capillaries. Fuel, 2017, 206: 724-737.

[27] Sun H, Zhao H, Qi N, et al. Molecular insight into the micro-behaviors of CH_4 and CO_2 in montmorillonite slit-nanopores. Molecular Simulation, 2017, 43(13-16): 1004-1011.

[28] Xiong J, Liu X, Liang L, et al. Adsorption of methane in organic-rich shale nanopores: An experimental and molecular simulation study. Fuel, 2017, 200: 299-315.

[29] Wang S, Feng Q, Zha M, et al. Supercritical methane diffusion in shale nanopores: Effects of pressure, mineral types, and moisture content. Energy & Fuels, 2017, 32(1): 169-180.

[30] Lin K, Yuan Q, Zhao Y P. Using graphene to simplify the adsorption of methane on shale in MD simulations. Computational Materials Science, 2017, 133: 99-107.

[31] Yang N, Liu S, Yang X. Molecular simulation of preferential adsorption of CO$_2$ over CH$_4$ in Na-montmorillonite clay material. Applied Surface Science. 2015, 356: 1262-1271.

[32] Zhou W, Zhang Z, Wang H, et al. Molecular insights into competitive adsorption of CO$_2$/CH$_4$ mixture in shale nanopores. RSC Advances, 2018, 8: 33939-33946.

[33] Wang Z H, Hu S D, Guo P, et al. Molecular simulations of the adsorption of shale gas in organic pores. Materials Research Innovations, 2015, 19(sup5): S5-106-S5-111.

[34] Sharma A, Namsani S, Singh J K. Molecular simulation of shale gas adsorption and diffusion in inorganic nanopores. Molecular Simulation, 2014, 41(5-6): 414-422.

[35] Rouquerol J, Avnir D, Fairbridge C W, et al. Recommendations for the characterization of porous solids (Technical Report). Pure and Applied Chemistry, 1994, 66(8): 1739-1758.

[36] Keller L M, Holzer L, Wepf R, et al. 3D geometry and topology of pore pathways in opalinus clay: Implications for mass transport. Applied Clay Science, 2011, 52(1-2): 85-95.

[37] Kuila U, Prasad M. Specific surface area and pore-size distribution in clays and shales. Geophysical Prospecting, 2013, 61(2): 341-362.

[38] Chalmers G R L, Bustin R M. The organic matter distribution and methane capacity of the Lower Cretaceous strata of Northeastern British Columbia. International Journal of Coal Geology, 2007, 70(1-3): 223-239.

[39] Beliveau D. Honey, I shrunk the pores. Journal of Canadian Petroleum Technology, 1993, 32(8): 15-17.

[40] Clarkson C R, Marc Bustin R. Variation in micropore capacity and size distribution with composition in bituminous coal of the Western Canadian Sedimentary Basin. Fuel, 1996, 75(13): 1483-1498.

[41] Lithoxoos G P, Labropoulos A, Peristeras L D, et al. Adsorption of N$_2$, CH$_4$, CO and CO$_2$ gases in single walled carbon nanotubes: A combined experimental and monte carlo molecular simulation study. The Journal of Supercritical Fluids, 2010, 55(2): 510-523.

[42] Dubinin M M. Fundamentals of the theory of adsorption in micropores of carbon adsorbents: Characteristics of their adsorption properties and microporous structures. Carbon, 1989, 27(3): 457-467.

[43] Chen Y, Wei L, Mastalerz M, et al. The effect of analytical particle size on gas adsorption porosimetry of shale. International Journal of Coal Geology, 2015, 138: 103-112.

[44] Cao T, Song Z, Wang S, et al. A comparative study of the specific surface area and pore structure of different shales and their kerogens. Science China Earth Sciences, 2015, 58(4): 510-522.

[45] Clarkson C R, Solano N, Bustin R M, et al. Pore structure characterization of North American shale gas reservoirs using USANS/SANS, gas adsorption, and mercury intrusion. Fuel, 2013, 103: 606-616.

[46] Ninjgarav E, Chung S G, Jang W Y, et al. Pore size distribution of pusan clay measured by mercury intrusion porosimetry. Journal of Civil Engineering, 2007, 11(3): 133-139.

[47] Chen G, Lu S, Zhang J, et al. Keys to linking GCMC simulations and shale gas adsorption experiments. Fuel, 2017, 199: 14-21.

[48] Zhang T, Ellis G S, Ruppel S C, et al. Effect of organic-matter type and thermal maturity on methane adsorption in shale-gas systems. Organic Geochemistry, 2012, 47: 120-131.

[49] Kaufhold S, Dohrmann R, Klinkenberg M, et al. N$_2$-BET specific surface area of bentonites. Journal of Colloid and Interface Science, 2010, 349(1): 275-282.

[50] Psarras P, Holmes R, Vishal V, et al. Methane and CO$_2$ adsorption capacities of kerogen in the eagle ford shale from molecular simulation. Accounts of Chemical Research, 2017, 50(8): 1818-1828.

[51] Ji L, Zhang T, Milliken K L, et al. Experimental investigation of main controls to methane adsorption in clay-rich rocks. Applied Geochemistry, 2012, 27(12): 2533-2545.

[52] Liu Y, Zhang J, Tang X. Predicting the proportion of free and adsorbed gas by isotopic geochemical data: A case study from lower permian shale in the Southern North China Basin (SNCB). International Journal of Coal Geology, 2016, 156: 25-35.

[53] Huang X, Zhao Y P. Characterization of pore structure, gas adsorption, and spontaneous imbibition in shale gas reservoirs. Journal of Petroleum Science and Engineering, 2017, 159: 197-204.

第 10 章 | CO₂ 咸水层封存

如前所述，CO_2 地质封存地点主要包括海洋、深部咸水层、煤层、贫化油气藏等。其中，深部咸水层广泛分布于沉积盆地中，全球封存量预计为 1000～10000Gt，相当于全球数十年 CO_2 排放总量，可以说咸水层具有最大的碳封存潜力。通常而言，咸水层为可渗透的沉积岩层，主要成分是溶解性固体总量(TDS)浓度大于 1000ppm、不适合饮用或农业使用的咸水。作为我国首个 CO_2 咸水层封存项目，神华集团在鄂尔多斯盆地成功完成了 30 万 t 试点目标封存量，证明了 CO_2 咸水层封存的可行性与安全性。本章主要从实验和模拟两个方面介绍封存储层物性及气液多相渗流特性，并重点阐述咸水层封存条件下 CO_2 封存效率及其影响机制。

10.1　封存储层物性及渗流参数

咸水层中 CO_2 的封存机理主要包括地质结构封存、溶解封存、矿物封存、残余封存等[1-3]。通常认为，注入到地下的 CO_2 重新回到地表需要相当长的时间(上万年或者上百万年)；在此之前，CO_2 在上述机理共同作用下被永久固定在地下封存目标区域，避免了泄漏的可能。储层内的 CO_2 封存机理如图 10.1 所示。

(1)地质结构封存[4,5]。由于 CO_2 与地层水的密度差，注入的 CO_2 向上漂浮。当移动到致密封闭盖层之后，受毛细管力的作用，CO_2 被束缚在盖层的下方。发生此类封存的地质构造包括背斜、断块和地层尖灭等。在注入早期阶段，CO_2 以地质结构封存为主。

(2)溶解封存。注入的 CO_2 通过扩散方式与地层水接触并发生混合溶解，实现 CO_2 溶解封存[6,7]。饱和 CO_2 的地层水与未饱和 CO_2 的地层水存在密度差，促进溶解 CO_2 的饱和地层水向下运移，产生对流混合现象，进一步促进未饱和地层水与 CO_2 接触，提高溶解速度和溶解量。溶解封存具有持续时间长的特点，其封存总量随着时间长期持续变化。在注入后期，以溶解封存为主。

(3)矿物封存。溶解到水中的 CO_2 和周围岩石中的矿物质(如钠、钾类硅酸盐和钙、镁、铁等碳酸盐)发生反应[8, 9]，CO_2 生成为新的碳酸盐或直接被吸附在矿物质表面。矿物封存是一种地球化学封存机理，主要依赖于储层岩石矿物成分、地层水化学成分、温度和压力等[10]。

(4)残余封存。部分 CO_2 由于毛细管压力及两相界面张力的作用，以气态或超临界态形式被长久固定在地质结构孔隙中。CO_2 停止注入以后，由于与水存在密度差，CO_2 向储层顶部运移，即形成水驱 CO_2 过程[11]。在此过程中，部分 CO_2 被水相隔离，在毛细管压力作用下被封存在孔隙空间[12]。残余封存的 CO_2 最终将会溶解在地层水中。

综上可以看出，残余封存、溶解封存、矿物封存的封存速度慢，持续时间长，一直持续几百年或者上千年[13]。

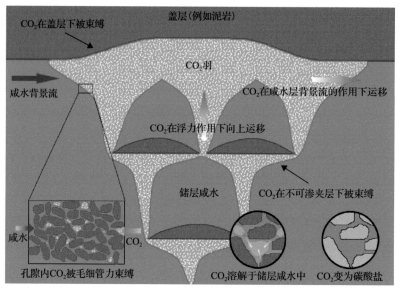

图 10.1　CO_2 地质封存主要的封存机理

CO_2 咸水层封存涉及不同时间尺度、多种封存机理，是多相流体渗流、传质与储层介质变形等耦合的动态过程[14-16]。当前咸水层封存研究仍然面临各种困难和挑战，例如，注入 CO_2 对储层物性参数影响及其压力响应特性、封存系统内咸水运移和性能评估，以及封存过程黏性指进、重力分异、毛细圈闭等物理化学问题。在现阶段，开展实验室内咸水层内多相流体渗流特性研究，对解决 CO_2 咸水层封存的关键科学问题有重要的指导意义和实际价值。

10.1.1　渗流可视化分析

核磁共振成像仪(MRI)是研究 CO_2 封存的有效计算工具，能够实现非透光物质内部的三维可视化测量，如图 10.2 所示。该平台主要包括三个部分：MRI 成像系统、注入回收系统和温度压力控制系统。MRI 成像系统是核心部分，包括 MRI 仪器、岩心管。

10.1.2　典型储层物性参数

咸水层储层骨架结构复杂，导致封存过程多相渗流规律难以准确测试和预测。本节将首先阐述储层条件下岩心内气-液两相流体物理特性、渗流特性等基础参数测量，进而获得储层岩心孔隙度、渗透率等参数。用于渗流特性测量实验的驱替相流体为纯度为 99.9%的工业用 CO_2，被驱替相流体为盐水溶液，盐水溶液采用矿物盐 NaCl 与水配置，浓度为 1mol/L。本节选取五组岩心：两组 Berea 岩心（B1 和 B2）、两组人造砂岩岩心（S1 和 S2）和一组人造石灰岩岩心（L1）。Berea 岩心为均质岩心，人造砂岩岩心和人造石灰岩岩心属于非均质岩心，岩心内部有明显的轴向层理面。岩心样品参数如表 10.1 所示。

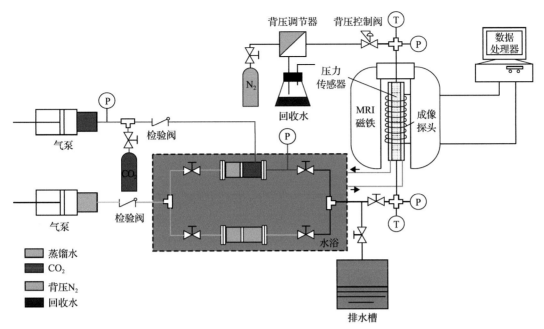

图 10.2 核磁共振成像实验系统图

表 10.1 岩心样品参数

参数	岩心				
	B1	B2	S1	S2	L1
直径 D/mm	15.16	15.36	15.31	15.32	15.26
长度 L/mm	40.17	40.77	40.91	40.81	40.24
干重/g	14.14	15.21	15.88	15.28	15.74
湿重/g	16.55	17.51	17.79	17.09	17.85

1. 孔隙度

对于咸水层 CO$_2$ 封存，只有相互连通的孔隙才有意义，因为连通孔隙不仅可以储集地下咸水，还能为 CO$_2$-咸水渗流提供通道。由于无法将 CO$_2$ 注入不连通的孔隙，其对 CO$_2$ 封存没有实际意义。实验测量孔隙度通常是指有效孔隙度。本节利用 MRI 图像测量了不同岩心的孔隙度[16]，即利用 MRI 图像信号强度计算多孔介质孔隙度，间接计算得到片层孔隙度，对多个片层孔隙度求平均值可以得到 MRI 平均孔隙度。一般情况下，砂岩的孔隙度为 10%～40%，石灰岩的孔隙度为 5%～30%。通常可按孔隙度值划分或评价储层多孔介质储集性能的优劣。储层评价等级分为极差（<5%）、差（5%～10%）、一般（10%～15%）、好（15%～20%）、特好（>20%）。实验选取的五组岩心的孔隙度都高于20%，表明实验岩心的储集性能较好。

图 10.3 为利用 MRI 图像计算得到的 Berea 岩心和人造砂岩岩心片层孔隙度分布曲线。由图可知，各个岩心样品不同片层孔隙度在孔隙度平均值±5%的范围内波动。Berea岩心与人造砂岩岩心都属于砂岩，平均孔隙度都在 20%以上。B1 岩心孔隙度最大，S2

岩心孔隙度最小。岩心样品孔隙度数据如表 10.2 所示。可以看出，应用 MRI 图像信号强度计算获得的平均孔隙度与传统的孔隙度测量方法结果比较一致。如前所述，MRI 图像信号强度计算孔隙度的方法可以获得岩心样品的局部片层孔隙度，这是传统饱和称重法测量孔隙度难以实现的。

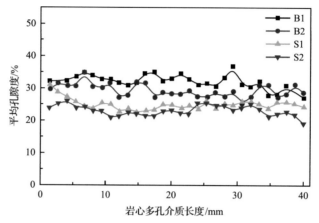

图 10.3　Berea 岩心和人造砂岩岩心片层孔隙度分布曲线

表 10.2　岩心样品孔隙度数据

孔隙度	岩心				
	B1	B2	S1	S2	L1
MRI 平均孔隙度/%	32.1	29.3	24.9	23.2	27.3
饱和称重法孔隙度/%	33.2	30.5	25.3	24.1	28.7
相对误差/%	−3.3	−3.9	−1.6	−3.7	−4.9

以人造石灰岩岩心样品为例，分析岩心局部孔隙度对毛细管俘获驱替和吸渗过程结束后残余驱替相饱和度的影响。利用 MRI 图像测量得到人造石灰岩岩心样品平均孔隙度为 27.3%，石灰岩岩心沿轴向各片层孔隙度在 22%～34%内波动。实验所用人造石灰岩岩心片层的孔隙度存在差异，孔隙分布不均匀。根据片层孔隙度变化，将该石灰岩岩心样品沿着轴向划分为七个层面进行局部分析，第一层面位置对应流体注入口处，第七层面位置对应流体运移出口处(图 10.4)。

岩心的渗透特性通常用绝对渗透率来表示，绝对渗透率是单一相流体通过岩心时，岩心允许其通过的能力，其大小取决于岩心自身性质，与流通经过岩心的流体无关。本节用盐水作为岩心绝对渗透率测量介质，拟合压降ΔP 与注入速率的关系曲线，根据达西公式计算得到绝对渗透率。为了减少测量误差，每个岩心样品至少测量三次，计算平均绝对渗透率。五组岩心的绝对渗透率如表 10.3 所示。根据文献[17]中给出的储层岩石渗透率评价标准，实验选取的五组岩心渗透率均大于 100mD，岩心渗透性好。

表 10.3　岩心绝对渗透率

岩心	B1	B2	S1	S2	L1
渗透率 k/mD[18]	1035.1	840.41	663.437	224.2	428

2. 饱和度

根据岩心尺寸及平均孔隙度数值，计算得到岩心孔隙体积大约为 2mL。为分析岩心局部孔隙度对残余驱替相饱和度的影响，本节开展超临界态 N_2(scN$_2$)/盐水、气态 CO_2(gCO$_2$)/盐水和超临界态 CO_2(scCO$_2$)/盐水三组流体系统的驱替吸渗实验。实验步骤如下：在实验温度和压力条件下，以恒定速度将驱替相流体注入完全饱和盐水的石灰岩样品，用于驱替岩心孔隙空间中的盐水（被驱替相）；待驱替相流体注入流量达到 8PV，且 MRI 图像信号强度趋于稳定后，开始将盐水以恒定速度注入岩心；待盐水注入流量超过 8PV，且 MRI 图像信号强度趋于稳定后，吸渗实验过程结束。驱替和吸渗流体注入速度均为 0.4mL/min，实验过程毛细管数小于 10^{-6}，能够保证流体以受毛细管力为主导的运移过程。当一组驱替相流体的驱替吸渗过程结束后，将岩心清洗烘干后再次饱和盐水，更换驱替相流体重复上述步骤。

石灰岩岩心内不同物性流体在吸渗过程后，沿轴向的平均残余驱替相（N$_2$、CO$_2$）饱和度分布及相应的片层孔隙度曲线如图 10.4 所示。可以看出，虽然残余驱替相饱和度曲线与片层孔隙度分布曲线的波动并不完全一致，但是整体变化趋势类似。局部孔隙度较高情况下对应的残余驱替相饱和度也较高。从石灰岩岩心饱和被驱替相流体的 MRI 可以看出，区域 1 对应 MRI 图像所示的岩心径向孔隙分布不均匀，说明该区域片层沿径向孔隙结构存在非均质性，如框区域 1 内初始饱和盐水的岩心 MRI 图像所示，该区域左侧存在颜色较暗说明该区域为死孔隙，无法圈闭驱替相导致最终残余驱替相饱和度较低。区域 2 内残余驱替相流体饱和度上升而孔隙度下降。该区域为结构较小的孔隙，孔隙半径越小，对应的毛细管力越大，驱替相流体注入后将孔隙内盐水驱走，并受到毛细管力作用束缚在孔隙空间中，导致该区域内残余驱替相流体饱和度上升。

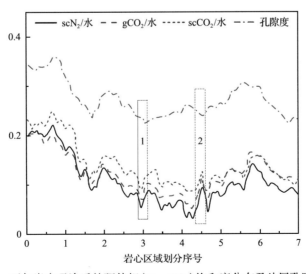

图 10.4 石灰岩内吸渗后的驱替相（N$_2$、CO$_2$）饱和度分布及片层孔隙度曲线

3. 相对渗透率和毛细管压力

1）毛细管压力

根据 Brooks 和 Corey[18]提出毛细管压力函数，将实验测量得到的被驱替相饱和度及毛细管压力数据进行拟合计算，得到毛细管压力 Brooks-Corey 函数拟合曲线，如图 10.5 所示。其中，人造砂岩岩心 S1 的注入压力为 8MPa，人造砂岩岩心 S2 的注入压力为 8MPa 和 6MPa。

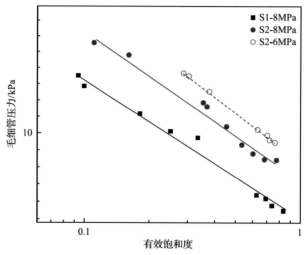

图 10.5　毛细管压力与有效饱和度变化曲线

为使毛细管压力测量能够涵盖驱替相饱和度分布范围，CO_2 注入流速从 0.03mL/min 逐渐增加到 2mL/min。测试过程中，利用 MRI 采集不同注入流速条件下岩心入口处图像，并计算得到被驱替相饱和度值，实时记录岩心两端压力差数据。图 10.6 为实验测得的不同注入压力下人造砂岩岩心 S1 和 S2 的毛细管压力曲线。毛细管压力曲线能够表征岩心两端压降与岩心入口片层驱替相饱和度的关系。可以看出，由右至左各条曲线反映了速度增加对驱替过程毛细管力变化的影响。毛细管压力曲线在驱替相注入初期变化较为平缓，被驱替相饱和度从 1 开始减小。随着驱替相流体的不断注入，被驱替相饱和度衰减速度增加，毛细管压力急剧增加。在驱替相注入初始期，岩心 S1 的毛细管压力低于岩心 S2 的毛细管压力。由于岩心 S1 的孔隙度、渗透率高于岩心 S2，岩心 S1 的孔喉半径更大。在相同驱替相流体、不同注入压力条件下，岩心 S2 在驱替相流体注入初始阶段毛细管压力存在差异，6MPa 下气态 CO_2 和 8MPa

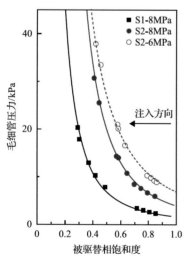

图 10.6　不同注入压力下人造砂岩岩心 S1 和 S2 的毛细管压力曲线

下超临界 CO_2 在驱替过程的入口压力不同。

实验结果表明,岩心 S1 的入口压力为 0.538kPa,低于岩心 S2 的入口压力,该结果符合两组岩心的渗透率和孔隙度特性。岩心 S1 的绝对渗透率、孔隙度相对较大,导致相同压力下相同流体的入口压力更低。此外,入口压力也受到驱替相流体注入压力的影响;同一岩心,流体注入压力越高,入口压力越大。

2) 相对渗透率

图 10.7 为根据 Burdine 理论计算得到的上述三组实验的相对渗透率曲线[19]。可以看出,三组相对渗透率曲线存在一定差异。在 CO_2 氛围条件下,驱替相流体盐水在岩心 S1、S2 呈中性润湿,计算得到的相对渗透率曲线也体现出两组人造砂岩岩心为中性润湿,驱替相流体与被驱替相流体的等渗点都处于饱和度为 0.5 左右的位置。

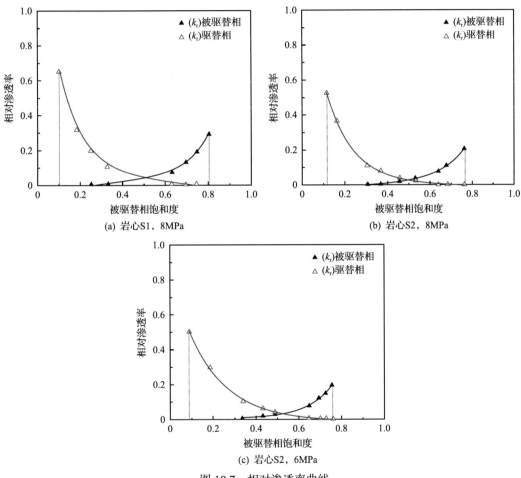

(a) 岩心S1,8MPa

(b) 岩心S2,8MPa

(c) 岩心S2,6MPa

图 10.7 相对渗透率曲线

在 8MPa 注入压力下,岩心 S2 驱替过程的相对渗透率曲线与 6MPa 注入压力工况相似。由于多孔介质孔隙度、渗透率的差异,在相同注入压力条件下,岩心 S1 和 S2 的相对渗透率曲线也存在差异。在 8MPa 注入压力条件下,岩心 S1 相对渗透率曲线的等渗点高于岩心 S2。驱替过程中岩心 S1 的被驱替相饱和度略高于岩心 S2，因为岩心 S1 的孔隙度和渗透率要高于岩心 S2。与岩心 S2 相比，岩心 S1 具有更大的孔隙体积和更小的比表面积，更利于流体在岩心中流动运移，导致驱替结束后岩心 S1 内的残余被驱替相饱和度更低。此外，对于岩心 S2，超临界 CO_2 驱替过程的残余被驱替相饱和度要低于气态 CO_2 驱替过程。值得注意的是，计算得到的残余被驱替相饱和度要比实验测量值低，主要原因是实验所用人造砂岩岩心具有明显的层理结构，岩心的非均质性导致残余被驱替相饱和度更低。

10.2　CO_2-咸水多相渗流特性

本节通过测量不同注入流量、注入压力和温度下的 CO_2 驱替和吸渗过程，系统阐释两相渗流特性及其相互作用机制，并分析渗流特性对封存效率的影响规律。填砂多孔介质毛细管俘获实验所用人造砂砾样品为均质玻璃砂 BZ-02 及树脂颗粒 XH10 和 XH30（日本 Ube 工程有限公司），其中均质玻璃砂主要材质为钠钙玻璃，树脂颗粒主要材质为三聚氰胺。实验中除单一均质填砂方式外，还采用分层及两种颗粒按比例混合填砂方式，用以模拟不同地层构造结构。实验流体主要有 CO_2、N_2、十二烷、氯化锰溶液以及去离子水，如表 10.4 所示。

表 10.4　分层填砂毛细管俘获 CO_2 驱替和水吸渗实验参数

序号	温度 T /℃	压力 P /MPa	驱替		吸渗	
			CO_2 注入速度 /(mL/min)	毛细管数 Ca	水注入速度 /(mL/min)	毛细管数 Ca
1	40	6.0	0.05	7.25×10^{-9}	0.05	2.66×10^{-8}
2	40	6.0	0.5	7.25×10^{-8}	0.5	2.66×10^{-7}
3	40	6.0	3	4.35×10^{-7}	3	1.60×10^{-6}
4	40	8.0	0.05	1.06×10^{-8}	0.05	3.10×10^{-8}
5	40	8.0	0.5	1.06×10^{-7}	0.5	3.10×10^{-7}
6	40	8.0	3	6.36×10^{-7}	3	1.86×10^{-6}

10.2.1　储层特征的影响

通过改变填砂样品填充方式开展毛细管俘获实验，可以分析填砂类型变化对驱替、吸渗过程的影响。本节所述实验 MRI 视场角（FOV）上方 1cm 高度范围内为致密填砂层，定义为区域 a；FOV 下方 3cm 高度范围内为孔隙度较大的混合填砂层，定义为区域 b。FOV 上部填充混合填砂层、孔隙度与区域 b 一致，FOV 下部填充致密填砂层、孔隙度与区域 a 一致。采用自上而下注入开展 CO_2 驱替水实验，采用自下而上注入开展水重新吸渗进入孔隙实验。

图 10.8 为第 1 组 CO_2 驱替实验 MRI 图像和第 1 组水吸渗实验 MRI 图像。图像颜色越亮代表孔隙内含水量越高，图像颜色越暗代表孔隙内含水量越低。驱替过程气体注入

压力为 6MPa(CO_2 为气态)，注入速度为 0.05mL/min。从图中可以看出，CO_2 更容易通过孔隙度较高的区域 b，壁面效应导致靠近填砂管壁区域的颜色相对较暗。填砂方式导致区域 a(上层)孔隙度和渗透率低于区域 b(下层)，CO_2 驱替运移到区域 a 的入口压力高于区域 b；CO_2 自上而下注入填砂多孔介质时，会受到上层致密填砂层的阻碍，造成区域 b 孔隙水无法被 CO_2 彻底驱替。从图中可以直接观察到 CO_2 不稳定驱替前缘。水吸渗过程结束后，仍有部分 CO_2 残余在多孔介质中[图 10.8(b)]，该部分 CO_2 主要是由毛细管俘获机理达到封存效果。

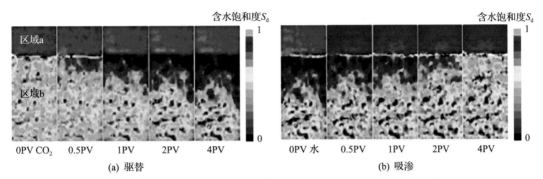

图 10.8　6MPa、0.05mL/min 条件下驱替实验与吸渗实验 MRI 图像

CO_2 驱替开始后，MRI 图像信号强度没有出现即刻下降趋势。在注入初期，区域 b 内 MRI 图像信号强度存在上升阶段，主要原因是孔隙结构变化引起滞后效应。从区域 a 小孔隙中被 CO_2 驱替出来的水进入区域 b 孔隙空间中，造成区域 b 中 MRI 图像信号强度上升。吸渗结束后，区域 b 的 MRI 图像信号强度要低于驱替开始前的信号强度。这是因为 CO_2 通过毛细管俘获的方式束缚在孔隙空间中，导致孔隙空间水含量降低。

在驱替和吸渗实验中，区域 a 信号强度变化趋势与区域 b 相比均呈现相反状态。驱替过程 CO_2 首先通过 FOV 上部大孔隙混合填砂层，水被驱替到区域 a 孔隙空间中，导致驱替开始后区域 a 的 MRI 图像信号强度首先呈现上升趋势。CO_2 运移通过区域 a 开始进入区域 b 后，因为区域 b 孔隙度、渗透率较高，更有利于 CO_2 进入多孔介质的孔隙空间并驱替走孔隙水，所以区域 b 的 MRI 图像信号强度下降。同时由于壁面效应的存在，部分 CO_2 会从壁面处突破，所以区域 b 孔隙空间内水并没有被驱替完全。

图 10.9 为不同注入量条件下被驱替相饱和度的变化曲线。可以看出，填砂层界面处被驱替相饱和度变化最为显著。根据经验和理论分析，通常认为驱替过程中被驱替相饱和度会下降，吸渗过程中被驱替相饱和度会上升。但是，驱替和吸渗过程区域 a 被驱替相饱和度变化与预期变化趋势相反，驱替过程被驱替相饱和度上升，吸渗过程被驱替相饱和度下降。区域 a 处的被驱替相饱和度最高值出现在驱替结束后，被驱替相饱和度最低值出现在吸渗结束后。

1. 驱替过程

通过改变流体注入量扩大毛细管数变化范围。以分层填砂实验为例(第 2、3、5、6 组)，分析不同毛细管数条件下驱替和吸渗实验过程的饱和度变化。图 10.10 为 6MPa

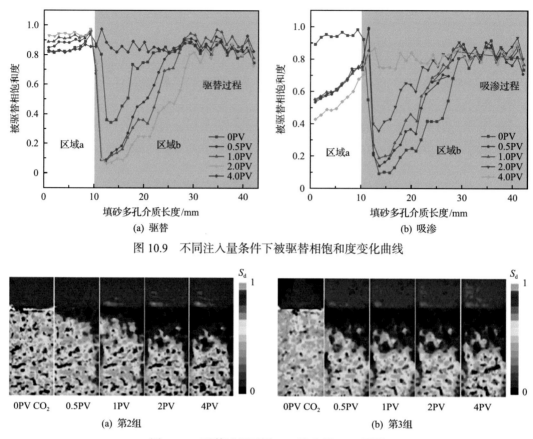

(a) 驱替　　　　　　　　　　　　　　(b) 吸渗

图 10.9　不同注入量条件下被驱替相饱和度变化曲线

0PV CO₂　0.5PV　1PV　2PV　4PV
(a) 第2组

0PV CO₂　0.5PV　1PV　2PV　4PV
(b) 第3组

图 10.10　驱替过程不同 CO_2 注入量 MRI 图像

条件气态 CO_2 驱替过程。可以看出，气态 CO_2 更易从两侧壁面处突破，导致 CO_2 不能完全驱替孔隙空间的水。注入速度越大，CO_2 从壁面突破现象越明显。超临界态 CO_2 的驱替效率明显高于气态 CO_2。当注入速度为 0.5mL/min 时，CO_2 驱替前缘位置随着注入量增加而逐渐下移。当注入速度增加到 3mL/min 时，驱替过程 CO_2 迅速突破多孔介质形成注入通道，CO_2 优先从形成的通道内运移通过，驱替前缘不再继续下移。

图 10.11 为被驱替相饱和度随毛细管数的变化曲线。根据测量的孔隙度，可以计算出视野范围内分层填砂多孔介质的孔隙体积。驱替过程 CO_2 注入量通常根据孔隙体积进行初步核算。本节主要分析孔隙结构变化对毛细管俘获的影响，没有采用 CO_2 饱和盐水作为被驱替流体。CO_2 溶解水现象可以通过被驱替相饱和度变化情况进行分析。CO_2 驱替孔隙空间水，MRI 图像信号强度会降低；而 CO_2 溶解水后，MRI 图像信号强度并不受影响，被驱替相饱和度可根据 MRI 图像信号强度计算得到。CO_2 驱替注入速度较低时，CO_2 溶解进入水的现象更为明显。

如图 10.11 所示，分析注入 0.5PV 后被驱替相饱和度变化(黑方点)可知，0.5mL/min 气态 CO_2 注入条件下，被驱替相饱和度从初始的 1 变化到 0.75；而 3mL/min 气态 CO_2 注入条件下，被驱替相饱和度从初始的 1 变化到 0.65；0.5mL/min 超临界态 CO_2 注入条件下，被驱替相饱和度从初始的 1 变化到 0.53；3mL/min 超临界态 CO_2 注入条件下，被驱替相饱和度从初始的 1 变化到 0.46。也就是说，相同注入量条件下，高注入速度（3mL/min）与低注入速度（0.5mL/min）相比，被驱替相饱和度变化幅度较小。说明在相同 CO₂ 注入量条件下，驱替过程 CO₂ 注入速度越小，CO₂ 溶解越多，用于驱替孔隙内水的 CO₂ 就越少。增加注入速度可在一定程度上影响 CO₂ 溶解量。

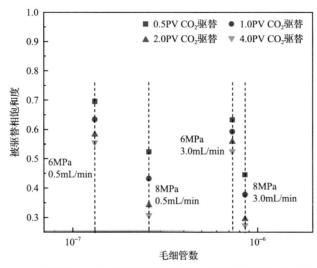

图 10.11　不同注入量条件下被驱替相饱和度随毛细管数的变化曲线

2. 吸渗过程

对比分析分层填砂吸渗过程（第 2、3、5、6 组）可以发现，由于水注入方向和 CO₂ 注入方向相反，且水的密度和黏度远高于 CO₂，所以相比 CO₂ 驱替过程而言，水吸渗更容易达到入口压力。水优先从驱替过程形成的通道进入多孔介质，因此吸渗过程前缘形状与驱替过程前缘形状类似。被驱替相饱和度与水注入量成正比，驱替相饱和度呈线性降低趋势。

在相同压力（相同的 CO₂ 相态）条件下，水注入速度从 0.5mL/min 增加到 3mL/min，毛细管数变大，并未对残余驱替相饱和度产生显著影响。当水注入量达到 4PV 后，残余的驱替相饱和度无明显变化，吸渗过程达到稳定状态。注入压力为 8MPa 吸渗过程的驱替相饱和度整体高于 6MPa，主要原因是 8MPa 压力下初始驱替相饱和度较高，而初始驱替相饱和度越高，残余驱替相饱和度越高。驱替结束后，残存在孔隙空间中的流体是饱和去水的 CO₂，也就是说 CO₂ 溶解现象对吸渗过程的影响较小，水吸渗入孔隙空间后排挤出占据在孔隙空间内的 CO₂，被驱替相饱和度迅速升高。

气态 CO₂ 更容易从壁面处突破形成窜流，导致驱替效率降低，所以气驱时平均残余被驱替相饱和度大约为 55%，高于超临界态 CO₂ 驱替的 30%。吸渗过程水会优先进入驱替过程形成的流动通道，将大孔隙内 CO₂ 驱出，部分 CO₂ 被封存到小孔隙空间。吸渗过程结束后，残余驱替相饱和度波动范围在 13%～25%。超临界 CO₂ 封存量、驱替效率高于气态 CO₂ 注入过程，故咸水层封存以超临界 CO₂ 注入，毛细管俘获效率更高。

10.2.2 注入压力与注入流速的影响

CO$_2$ 咸水层封存通常是将高压超临界态 CO$_2$ 通过注入井灌注到指定的储层空间。然而在实际操作过程中，会出现压力、温度不满足 CO$_2$ 超临界态条件，导致气态 CO$_2$ 注入储层的情况[20]。另外，不同注入速率也会导致多孔介质内气液运移速率和羽流形态分布不同。因此，有必要考虑注入温度压力、流速变化等造成 CO$_2$ 相态变化及其对毛细管俘获驱替的影响。本节同样采用 BZ-02 玻璃砂作为均质多孔介质，开展压力和注入流速对 CO$_2$ 驱替盐水的影响实验[21]。选取 6MPa 气态 CO$_2$ 注入和 8MPa 超临界态 CO$_2$ 注入两种模式，分别开展 4 组不同注入流速(0.03mL/min、0.08mL/min、0.3mL/min、0.8mL/min)的 CO$_2$ 驱替水实验。

本节实验工况的毛细管数小于 10^{-7}，以保证 CO$_2$ 驱替盐水过程是由黏度主导的达西流动[22]。表 10.5 为不同压力和注入速度条件下驱替结束后残余被驱替相饱和度和突破时间。可以看出，相同注入压力条件下，随着 CO$_2$ 注入流速提高，突破时间缩短、残余被驱替相饱和度增加。提高 CO$_2$ 注入速度会促使多孔介质内形成 CO$_2$ 运移通道，造成 CO$_2$ 驱替盐水效率降低。然而，与分层填砂实验结果对比，分层填砂内 CO$_2$ 注入速度增加到 3mL/min 时，驱替结束后残余被驱替相饱和度与小速度(0.05mL/min、0.5mL/min)条件下的残余被驱替相饱和度相比略有降低。这是由于 3mL/min 的 CO$_2$ 注入速度驱替实验毛细管数大于 10^{-7}，无法保证多孔介质内 CO$_2$ 运移由黏度主导，也说明注入流速对提高最终封存量存在极限。受孔隙结构及填砂材料润湿性差异的影响，分层填砂驱替过程结束后残余被驱替相饱和度与均质 BZ-02 填砂驱替过程结束后的残余盐水相饱和度的范围不同。

表 10.5   CO$_2$ 驱替盐水实验残余被驱替相饱和度和突破时间

注入压力/MPa	注入流速/(mL/min)	残余被驱替相饱和度	突破时间
6	0.03	0.28	276min54s
	0.08	0.36	106min30s
	0.3	0.39	85min12s
	0.8	0.37	40min28s
8	0.03	0.25	208min44s
	0.08	0.32	95min51s
	0.3	0.34	63min54s
	0.8	0.34	31min57s

在相同注入速度条件下，8MPa 超临界态 CO$_2$ 驱替过程与 6MPa 气态 CO$_2$ 驱替过程相比，突破时间缩短，残余盐水饱和度降低。主要原因是超临界态 CO$_2$ 的密度和黏度高于气态 CO$_2$，浮力和界面张力更小，这些都利于驱替效率的提高。上述结论与分层填砂多孔介质内驱替实验结果吻合。

图 10.12 为 BZ-02 玻璃砂中两种注入压力下注入流速 0.08mL/min 驱替过程示意图，其中图 10.12(a)对应 6MPa，图 10.12(b)对应 8MPa。图像顶部和底部分别对应 CO$_2$ 入口

端和出口端。由于 BZ-02 填砂不够致密，CO_2 注入后优先通过渗透率较高区域。随着 CO_2 不断注入，入口处图像颜色逐渐变暗，从图中可以分辨出 CO_2 驱替前缘。当注入压力为 6MPa、注入时间为 76～80min 时，可以观察到气态 CO_2 突破形成的通道。通道形成后会造成 CO_2 过早突破视野范围内的多孔介质，造成气态 CO_2 驱替效率降低。从图 10.12（b）超临界态 CO_2 驱替图像中可以观察到柱塞状的驱替前缘，驱替前缘随着注入时间稳定下移。

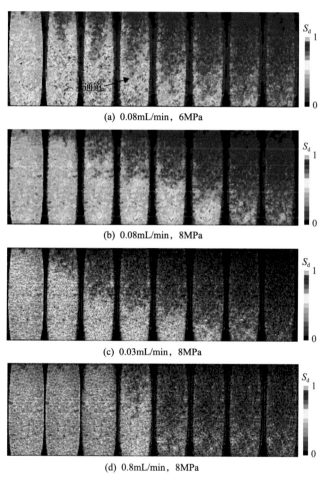

(a) 0.08mL/min，6MPa

(b) 0.08mL/min，8MPa

(c) 0.03mL/min，8MPa

(d) 0.8mL/min，8MPa

图 10.12 BZ-02 玻璃砂内 CO_2 驱替过程

保持 CO_2 注入压力不变，改变驱替过程 CO_2 注入速度。驱替效率、CO_2 饱和度变化受注入速度的影响。0.03mL/min 注入速度驱替实验，视野范围内 CO_2 突破阶段持续时间更长，可观察到 CO_2 驱替前缘界面逐步稳定下移，驱替结束后图像颜色整体更暗，说明 CO_2 驱替效率更高。0.8mL/min 注入速度驱替实验，CO_2 迅速突破视野范围内多孔介质，突破阶段持续时间短，驱替前缘变得更尖锐，驱替效率降低，见图 10.12（c）、（d）。

10.2.3 注入方向的影响

咸水层封存毛细管俘获过程中，受注入井及地质构造影响，CO_2 注入储层空间后运移方向并不固定。本节主要论述注入方向及注入量对毛细管俘获的影响。实验仍旧采用 BZ-02 玻璃砂为填砂介质，N_2 代替 CO_2 作为驱替相流体，以避免 CO_2 溶解作用对毛细管俘获过程的影响，在常温常压下开展了驱替相流体(N_2)和被驱替相流体(水)的驱替和吸渗实验。为了便于实验开展及分析，本节主要讨论竖直放置填砂管毛细管俘获实验，注入方向分为向上注入和向下注入，通过改变注入速度及注入量改变初始驱替相饱和度，重点分析注入量及注入方向对初始驱替相饱和度变化对残余驱替相饱和度的影响。

根据孔隙度计算得到视野范围内孔隙体积约为 2mL，通过注入泵控制 N_2 注入量，分析不同注入方向下 N_2 注入量分别为 0.5PV、2PV、4PV 和 6PV 驱替过程的 MRI 图像。图 10.13 为 N_2 以 1mL/min 注入速度向上和向下注入驱替过程不同注入量条件的 MRI 图像；MRI 图像信号强度越低，图像颜色越暗，说明 N_2 饱和度越高。

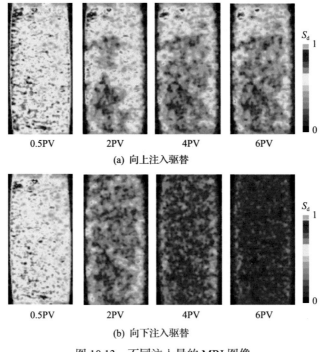

图 10.13 不同注入量的 MRI 图像

对比分析图 10.13(a)和(b)可以发现，N_2 向上注入驱替过程 MRI 图像信号强度均要高于相同注入量条件下的向下注入驱替过程。图像信号强度与多孔介质内含水量成正比，也就是说，在相同驱替相注入量条件下，向上注入驱替过程结束后，被驱替相饱和度高于向下注入工况。向上注入驱替过程结束后，初始驱替相饱和度低于向下注入的初始驱替相饱和度。由于驱替相 N_2 密度小于被驱替相水密度，N_2 向上注入驱替过程中受到向上浮力，一旦驱替相 N_2 的注入压力达到入口压力，N_2 会沿着多孔介质中渗透率较高的区域逸出，突破通道一旦形成，便会优先从通道流经。因此，相比 N_2 向下注入驱替的情况，向上注入驱替相波及范围较小。对比相同注入方向条件下不同注入量引起的多孔介质内饱和度变化可以发现，随着注入量的增加，向下注入驱替相饱和度变化更为显著。

　　驱替结束后，以相同注入方向、注入速度和注入量开展水吸渗实验，计算得到向上注入、向下注入毛细管俘获实验的最终残余驱替相饱和度为 16.2%、24.1%，表明向下注入毛细管俘获残余驱替相饱和度更高，驱替相毛细管俘获量更高。

　　改变注入速度及注入量可以获得更大范围的初始驱替相饱和度范围，改变注入方向会影响初始驱替相饱和度，本节对向上和向下两种注入方向、注入速度及注入量变化引起的初始驱替相饱和度变化进行总结，分析初始驱替相饱和度与残余驱替相饱和度的关系。图 10.14、图 10.15 分别对应不同注入方向、不同注入速度条件下驱替结束、吸渗结束后的 MRI 图像。可以看出，驱替过程结束后，MRI 图像信号强度越低(图像越暗)，对应吸渗过程结束后的信号强度越低；也就是说，驱替过程结束后多孔介质内驱替相饱和度越高，吸渗过程结束后被束缚住的残余驱替相饱和度越高。注入流速较低的毛细管俘获过程中，重力、黏性力作用被凸显，与毛细管力共同影响两相运移。由于向下注入驱替过程受到的重力作用为有利因素，有助于克服毛细管力、浮力等不利影响，

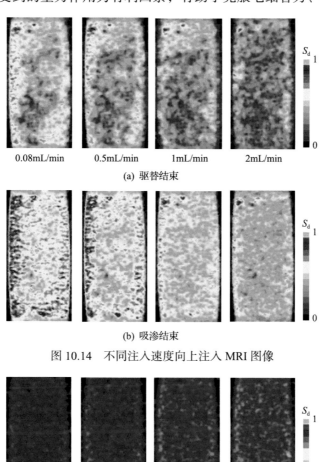

S_d 1

0

| 0.08mL/min | 0.5mL/min | 1mL/min | 2mL/min |

(a) 驱替结束

S_d 1

0

| 0.08mL/min | 0.5mL/min | 1mL/min | 2mL/min |

(b) 吸渗结束

图 10.14　不同注入速度向上注入 MRI 图像

S_d 1

0

| 0.08mL/min | 0.5mL/min | 1mL/min | 2mL/min |

(a) 驱替结束

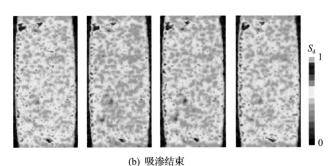

(b) 吸渗结束

图 10.15 不同注入速度向下注入 MRI 图像

向下注入驱替效率较高；改变注入速度与注入量对初始驱替相饱和度的影响不大，导致吸渗结束后的残余驱替相饱和变化很小。

　　根据 MRI 图像可以计算驱替结束后初始驱替相饱和度和吸渗结束后残余驱替相饱和度。根据已有研究文献，各国学者提出了许多预测残余饱和度的模型。Spiteri 等[23]给出了一个关于初始驱替相饱和度和残余驱替相饱和度的关系式：

$$S_r = \alpha S_i - \beta S_i^2 \tag{10.1}$$

式中，S_r 为残余驱替相饱和度；S_i 初始驱替相饱和度；参数 α 和 β 对应于初始斜率和曲线的曲率。根据实验数据拟合初始驱替相饱和度-残余驱替相饱和度曲线，如图 10.16 所示。根据给定公式及拟合曲线计算得到参数 α、β 分别为 0.688 和 0.489，符合文献中给定的 $0 \leqslant \alpha \leqslant 1$、$\beta \geqslant 0$ 的要求。

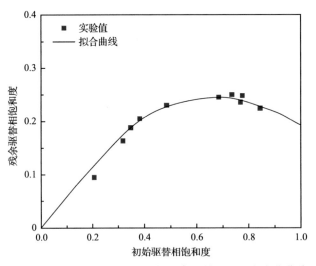

图 10.16 初始驱替相饱和度与残余驱替相饱和度变化曲线

10.3 CO_2 咸水层封存模拟实例

数值模拟方法研究 CO_2 在咸水层内运移和封存效率是重要手段之一，可以分析 CO_2-

盐水系统的多相流动过程、对 CO$_2$ 羽的运移路径进行预测、评估 CO$_2$ 存储量、验证存储技术可行性及存储安全性。与其他方法相比，数值模拟方法具有成本低和不受时空限制的特点。近年来，很多研究机构和学者展开了 CO$_2$ 咸水层封存数值模拟研究。

美国伊利诺伊州 CO$_2$ 封存示范项目是世界上最大的碳封存项目之一，因其地质勘探信息完整、项目进展信息完善，该项目常被用于 CO$_2$ 封存研究的数值模拟案例分析。如图 10.17 所示[24]，伊利诺斯盆地覆盖伊利诺伊州的大部分地区以及印第安纳州和肯塔基州的部分地区，属于克拉通盆地，其地下 2000 多米的砂岩区已封存了超 100 万 t CO$_2$。伊利诺斯盆地深层盐水储层有 120 亿~1610 亿 t 的 CO$_2$ 储存能力，满足长期储存所需的地质要求。另外，伊利诺伊州每年可产生固定 CO$_2$ 源约 2.91 亿 t，使得该盆地有一个极好的碳封存前景[25]。

图 10.17　伊利诺斯盆地 Decatur 项目位置[24]

伊利诺伊州东北部和中东部西蒙山砂岩分布最广泛，厚度最大[26]。伊利诺伊州 Basin-Decatur 项目（IBDP）所处的地层中，寒武纪西蒙山砂岩层大约厚 457m，上面覆盖着 152m 厚的上寒武纪 Eau Claire 组，下面不整合地覆盖在前寒武纪基底上的阿根廷组上[27-29]。根据 IBDP 现场的地球物理测井数据和岩心样本，西蒙山砂岩层按照岩性地层剖面主要可分为下部、中部和上部三个部分（图 10.18）。储层质量最好的岩石是西蒙山下部，主要包括在河流辫状河和冲积平原环境下生成的次长石砂质沉积岩，以及薄、低渗透互层泥岩[26]。西蒙山中部主要由在风成河和辫状河环境下沉积的石英砂质岩组成，具有明显的石英胶结作用[26]。西蒙山上部由潮间带的砂岩和页岩沉积物组成。奥克莱尔组主要由富含碳酸盐的页岩和粉砂岩组成。IBDP 注入层位于西蒙山砂岩层下部，深度约为2133m。

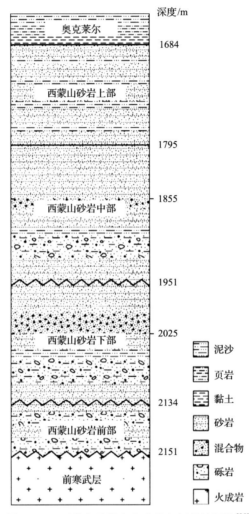

图 10.18　西蒙山砂岩和奥克莱尔组的地层柱[30]

10.3.1　控制方程

　　在典型 CO_2 咸水层地质封存模拟系统中，主要考虑三种组分：超临界态 CO_2、水和 NaCl。系统中温度和压力条件对 CO_2 地下咸水层封存模拟结果的影响十分显著。在一般情况下，真实地层中温压环境为：$12℃ \leqslant T \leqslant 110℃$、$P \leqslant 60MPa$。在特定温度和压力条件下，流体可以以气相(g)、水相(w)和液相(l)三种形式存在，气相是指气态 CO_2，水相内含有溶解的 NaCl 和 CO_2，液相是指溶解水的液相 CO_2。这三种不同相态可以进行组合，得到 7 种流体相状态，分别为单相态水相(w)、单相态液相(l)、单相态气相(g)、水相与液相混合两相态（w, l）、水相与气相混合两相态（w, g）、气相与液相混合两相态（g,l）以及三相混合态（w, l, g）。此外，如果流体内含有 NaCl，有可能存在固态盐（s）。

达西定律扩展形式和质量守恒方程可用于描述多孔介质内等温 CO$_2$-水两相流动：

$$v_\alpha = -\frac{Kk_{r\alpha}}{\mu_\alpha}(\nabla p_\alpha - \rho_\alpha g) \tag{10.2}$$

$$\frac{\partial}{\partial t}\left[\varphi \sum_\alpha \left(\rho_\alpha S_\alpha X_\alpha^i\right)\right] + \sum_\alpha \nabla \cdot \left(\rho_\alpha X_\alpha^i q_\alpha\right) = 0 \tag{10.3}$$

式中，v_α 为达西速度；α 为流体相（如气相和液相）；i 为流体相 α 中的组分（如 CO$_2$ 和水）；K 为固有渗透率张量；k_r 为某种流体相的相对渗透率；μ 为动态黏度；p 为压力；ρ 为密度；g 为重力矢量；φ 为孔隙度；S 为饱和度；X 为质量分数；q 为达西通量；t 为时间。

此外，还需描述变量之间关系的本构方程为数值建模提供约束。

流体饱和度与质量分数应满足以下约束：

$$\sum_\alpha S_\alpha = 1 \tag{10.4}$$

$$\sum_\alpha X_\alpha^i = 1 \tag{10.5}$$

毛细管压力 P_c、气相压力 P_g 和液相压力 P_l 应满足局部毛细管平衡关系：

$$P_c = P_g - P_l \tag{10.6}$$

毛细管压力与流体饱和度之间的本构关系式，其一般表达式为

$$P_c = P_c\left(S_\alpha\right) \tag{10.7}$$

相对渗透率与流体饱和度之间的本构关系式，其一般表达式为

$$k_{r\alpha} = k_{r\alpha}\left(S_\alpha\right) \tag{10.8}$$

10.3.2 实例分析

本节基于伊利诺伊州 CO$_2$ 咸水层封存示范项目的数据和特征，进行二维 CO$_2$ 封存数值模拟，分析各向异性和各向同性条件下 CO$_2$ 羽流运移特征和分布状态变化。

1. 基本参数、初始与边界条件

图 10.19 为伊利诺伊州 CO$_2$ 咸水层封存场地尺度模拟示意图。作者团队建立的二维 CO$_2$ 咸水层封存模型的研究区域设置为 10km×600m，代表垂直于注井轴线的研究区域的横截面。咸水层储盖组合竖直方向共 600m，上覆 120m 厚泥岩盖层，底部为 395m 厚砂岩含水层作为 CO$_2$ 主要封存场所。

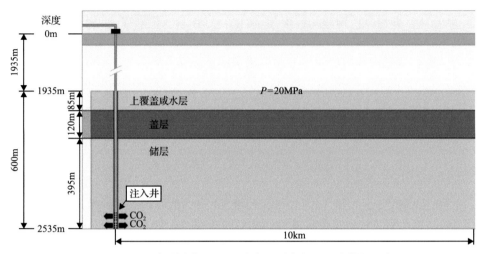

图 10.19　美国伊利诺伊州 CO_2 咸水层封存场地尺度模拟示意图

模型设置盖层和咸水层。考虑到该地区岩层孔隙特征，将地表下 2140～2535m 处设置为储层，并在其左下端设一注入井。其上为 120m 厚低渗致密盖层。CO_2 注入前，模型中残余气饱和度均为 0，入口压力为 3131Pa，整个区域初始毛细管压力均为 3131Pa。

假设注入井的 CO_2 注入速度为 3.2kg/s，区域右侧设定为第一边界条件，压力服从静水压力分布；左侧注入井上为第二边界条件。此模型是在等温条件下进行的。

CO_2 和盐水的相对渗透率、毛细管压力与饱和度之间的关系均采用 van-Genuchten 模型[31]，毛细管压力 P_c 与流体饱和度 S_{eff} 的关系可表示为

$$P_c = \frac{\rho_w g}{\beta}(S_{eff}^{-1/m} - 1)^{1-m} \tag{10.9}$$

式中，β 为毛细管入口压力系数；S_{eff} 为有效饱和度，其计算方式如下：

$$S_{eff} = \frac{S_w - S_{wr}}{1 - S_{gr} - S_{wr}} \tag{10.10}$$

式中，S_w 为水饱和度；S_{wr} 为残余水饱和度；S_{gr} 为残余气饱和度。

相对渗透率与流体饱和度的关系可表述为

$$k_{rw} = S_{eff}^{0.5}[1-(1-S_{eff}^{1/m})^m]^2 \tag{10.11}$$

$$k_{rg} = (1-S_{eff})^{1/3}(1-S_{eff}^{1/m})^{2m} \tag{10.12}$$

实验数据[32]与渗透率模型的最佳拟合结果为 $m=0.457$，如图 10.20 所示。表 10.6 列出了本模型所使用的全部参数。

2. 结果和讨论

在渗透率各向同性和各向异性条件下，注入 1 年后的咸水层 CO_2 饱和度模拟分布图如图 10.21 所示。当处于渗透率各向同性条件时，CO_2 羽整体呈现均匀驱替，其运移速率较慢，CO_2 饱和度在已波及区域没有发生较高累积。当处于渗透率各向异性条件时，

CO₂ 羽运移速率明显加快, 咸水地层内 CO₂ 羽的波及面积显著增加, 且在盖层下发生局部累积, CO₂ 封存效率明显提升。可见, 储层岩石的各向异性对 CO₂ 封存效果和安全性具有重要影响。

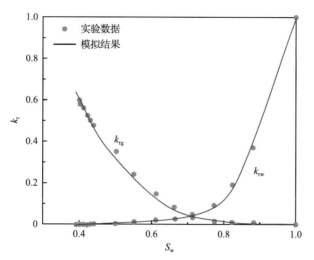

图 10.20　气相相对渗透率曲线[30]

表 10.6　模型中流体特性参数

流体特性	盖层	储层
水平渗透率 k_h/m^2	1.0×10^{-21}	3.312×10^{-13}
垂直渗透率 k_v/m^2	1.0×10^{-21}	1.799×10^{-14}
盐水密度/(kg/m³)	1100	1100
盐水黏度/(Pa·s)	1.252×10^{-3}	1.252×10^{-3}
CO₂ 密度/(kg/m³)	550	550
CO₂ 黏度/(Pa·s)	8.1×10^{-5}	8.1×10^{-5}
残余水饱和度	0.2	0.2
残余气饱和度	0	0

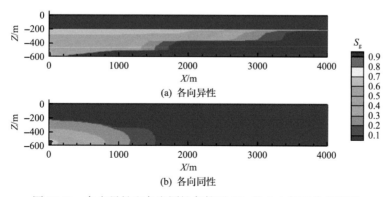

图 10.21　各向异性和各向同性条件下 CO₂ 注入 1 年后分布预测

参 考 文 献

[1] Hamid E M, Hassan H, Christopher P G, et al. Convective dissolution of CO_2 in saline aquifers: progress in modeling and experiments. International Journal of Greenhouse Gas Control, 2015, 40: 238-266.

[2] Dias M M, Wilkinson D. Percolation with trapping. Journal of Physics A: General Physics, 1986, 19(15): 3131-3146.

[3] 朱佩誉. CO_2 在咸水层的地质封存及应用进展. 洁净煤技术, 2021, 27(S2): 33-38.

[4] Brooks R H, Corey A T. Hydraulic properties of porous media. Hydrology, 1964, 3: 1-25.

[5] Sminchak J, Gupta N, Byrer C, et al. Issues related to seismic activity induced by the injection of CO_2 in deep saline aquifers. Journal of Energy & Environmental Research, 2002, 2: 32-46.

[6] Maneleine J G, Jerome A N, Marc A H, et al. Two-phase gravity currents in porous media. Journal of Fluid Mechanics, 2011, 678: 248-270.

[7] Erik L, Dag W B. Vertical convection in an aquifer column under a gas cap of CO_2. Energy Conversion and Management, 1997, 38: 229-234.

[8] Bentham M, Kirby M. CO_2 storage in saline aquifers. Oil & Gas Science and Technology, 2005, 60(3): 559-567.

[9] Maddinelli G, Brancolini A. MRI as a tool for the study of waterflooding processes in heterogeneous cores. Magnetic Resonance Imaging, 1996, 14(7): 915-917.

[10] Gunter W, Wiwehar B, Perkins E H. Aquifer disposal of CO_2-rich greenhouse gases: extension of the time scale of experiment for CO_2-sequestering reactions by geochemical modelling. Mineralogy and Petrology, 1997, 59(1-2): 121-140.

[11] Bradshaw J, Bachu S, Bonijoly D, et al. CO_2 storage capacity estimation: Issues and development of standards. International Journal of Greenhouse Gas Control, 2007, 1(1): 62-68.

[12] 李铱. CO_2 地质储存中残余水形成过程研究. 北京: 中国地质大学, 2013.

[13] Bachu S, Gunter W D, Perkins E H. Aquifer disposal of CO_2: Hydrodynamic and mineral trapping. Energy Conversion and Management, 1994, 35(4): 269-279.

[14] 蒋兰兰. CO_2 地质封存多孔介质内气液两相渗流特性研究. 大连: 大连理工大学, 2014.

[15] 吕鹏飞. CO_2 咸水层封存润湿性与非均质性孔隙-岩心尺度影响机理研究. 大连: 大连理工大学, 2019.

[16] 滕莹. CO_2 咸水层封存毛细管俘获与对流混合特性研究. 大连: 大连理工大学, 2019.

[17] 秦积舜, 李爱芬. 油层物理学. 东营: 石油大学出版社, 2001.

[18] Brooks R H, Corey A T. Properties of porous media affecting fluid flow. Journal of the Irrigation and Drainage Division, 1966, 92(2): 61-90.

[19] Branko B, Martin J B. Pore-scale modeling of transverse dispersion in porous media. Water Resources Research, 2007, 43(12): 12-11.

[20] Mark L B, Sheng P, Gregory S, et al. Measuring air-water interfacial areas with X-ray microtomography and interfacial partitioning tracer tests. Environmental Science and Technology, 2007, 41(6): 1956-1961.

[21] Nordbotten J M, Celia M A, Bachu S. Injection and storage of CO_2 in deep saline aquifers: Analytical solution for CO_2 plume evolution during injection. Transport in Porous Media, 2005, 58(3): 339-360.

[22] Bikkina P, Wan J M, Kim Y M, et al. Influence of wettability and permeability heterogeneity on miscible CO_2 flooding efficiency. Fuel, 2015, 166: 219-226.

[23] Spiteri E J, Juanes R, Blunt M J, et al. A new model of trapping and relative permeability hysteresis for all wettability characteristics. SPE Journal, 2008, 13: 277-288.

[24] Ii R L, Larssen D, Salden W, et al. Preinjection reservoir fluid characterization at a CCS demonstration site: Illinois Basin-Decatur Project, USA. Energy Procedia, 2013, 37: 6424-6433.

[25] U.S. Department of Energy, National Energy Technology Laboratory. Carbon Sequestration Altas of the United States and Canada, Pittsburgh, 2008.

[26] Hannes E L, John H M. Reservoir uncertainty, precambrian topography, and carbon sequestration in the Mt. Simon Sandstone, Illinois Basin. Environmental Geosciences, 2009, 16(4): 235-243.

[27] Freiburg J T, Morse D G, Leetaru H E, et al. A depositional and diagenetic characterization of the Mt. Simon Sandstone at the Illinois Basin-Decatur Project carbon capture and storage site, Decatur, Illinois, USA. Champaign: Illinois State Geological Survey, 2014.

[28] Hannes E L, Jared T F. Litho-facies and reservoir characterization of the Mt Simon Sandstone at the Illinois Basin-Decatur Project. Greenhouse Gases: Science and Technology, 2014, 4(5): 580-595.

[29] Freiburg J T, Leetaru H E, Monson C. The Argenta formation: A newly recognized cambrian stratigraphic unit in the Illinois Basin//49th North-Central Section Geological Society of America Meeting, Madison, 2015.

[30] Berger P M, Yoksoulian L, Freiburg J T, et al. Carbon sequestration at the Illinois Basin-Decatur project: Experimental results and geochemical simulations of storage. Environmental Earth Sciences, 2019, 78(22): 646.

[31] Genuchten M T. A closed-form equation for predicting the hydraulic conductivity of unsaturated soils. Soil Science Society of America Journal, 1980, 44(5): 892-898.

[32] Shi J Q, Sinayuc C, Durucan S, et al. Assessment of carbon dioxide plume behaviour within the storage reservoir and the lower caprock around the KB-502 injection well at In Salah. International Journal of Greenhouse Gas Control, 2012, 7: 115-126.